SE AO MENOS...

A Artmed é a editora oficial da FBTC

L434s Leahy, Robert L.
      Se ao menos... liberte-se do arrependimento e viva melhor a partir dos conhecimentos da ciência cognitiva / Robert L. Leahy ; tradução: Marcos Viola Cardoso ; revisão técnica: Carmem Beatriz Neufeld. – Porto Alegre: Artmed, 2023.
      x, 237 p. ; 25 cm.

      ISBN 978-65-5882-075-8

      1. Arrependimento. 2. Emoções. 3. Psicologia. 4. Terapia cognitivo-comportamental. I. Título.

CDU 159.92(075.9)

Catalogação na publicação Karin Lorien Menoncin – CRB 10/2147

ROBERT L. LEAHY

SE AO MENOS...

LIBERTE-SE DO ARREPENDIMENTO E VIVA MELHOR A PARTIR DOS CONHECIMENTOS DA CIÊNCIA COGNITIVA

Tradução:
Marcos Viola Cardoso

Revisão técnica:
Carmem Beatriz Neufeld
Professora associada do Departamento de Psicologia da Faculdade de Filosofia, Ciências e Letras de Ribeirão Preto (FFCLRP) da Universidade de São Paulo (USP). Fundadora e coordenadora do Laboratório de Pesquisa e Intervenção Cognitivo-comportamental (LaPICC-USP). Mestra e Doutora em Psicologia pela Pontifícia Universidade Católica do Rio Grande do Sul (PUCRS). Bolsista produtividade do CNPq.
Presidente da Federación Latinoamericana de Psicoterapias Cognitivas y Comportamentales (ALAPCCO — Gestão 2019-2022/2022-2025).
Presidente fundadora da Associação de Ensino e Supervisão Baseados em Evidências (AESBE — 2020-2023).

Porto Alegre
2023

Obra originalmente publicada sob o título *If only ... finding freedom from regret*

ISBN 9781462547821

Copyright © 2022 The Guilford Press. A Division of Guilford Publishing, Inc.

Gerente editorial
Letícia Bispo de Lima

Colaboraram nesta edição:

Coordenadora editorial
Cláudia Bittencourt

Capa
Paola Manica | Brand&Book

Leitura final
Paola Araújo de Oliveira

Editoração
Ledur Serviços Editoriais Ltda.

Reservados todos os direitos de publicação, em língua portuguesa, ao
GRUPO A EDUCAÇÃO S.A.
(Artmed é um selo editorial do GRUPO A EDUCAÇÃO S.A.)
Rua Ernesto Alves, 150 – Bairro Floresta
90220-190 – Porto Alegre – RS
Fone: (51) 3027-7000

SAC 0800 703 3444 – www.grupoa.com.br

É proibida a duplicação ou reprodução deste volume, no todo ou em parte, sob quaisquer formas ou por quaisquer meios (eletrônico, mecânico, gravação, fotocópia, distribuição na Web e outros), sem permissão expressa da Editora.

IMPRESSO NO BRASIL
PRINTED IN BRAZIL

Autor

Robert L. Leahy, PhD, é professor clínico de Psicologia do Departamento de Psiquiatria da Weill Cornell Medical College, diretor do Instituto Americano de Terapia Cognitiva em Nova York e recebeu o Prêmio Aaron T. Beck da Academia de Terapias Cognitivas e Comportamentais. Autor ou organizador de 29 livros, tem suas obras publicadas em 21 idiomas. No Brasil, entre outros títulos, a Artmed Editora publicou *Como lidar com as preocupações, Livre de ansiedade, Vença a depressão antes que ela vença você, A cura do ciúme* e *Não acredite em tudo que você sente*.

Agradecimentos

É sempre difícil ser completamente justo nos agradecimentos às pessoas que me ajudaram e cujos trabalhos influenciaram minha escrita. Mas, primeiramente, me permitam agradecer a Bob Diforio, que tem sido um agente literário dedicado, eficiente e sábio por muitos anos, e cujas experiências e senso de humor são sempre inspiradores. Além disso, também sou grato às minhas editoras na Guilford Press, Kitty Moore e Christine Benton, que me ajudaram a organizar o complexo conteúdo deste livro. A sabedoria delas foi de grande valia na extensa pesquisa sobre o arrependimento. Da mesma forma, gostaria de agradecer aos meus assistentes editoriais e de pesquisa, Nicolette Molina, Jack Frank e Alana Silber, por seus esforços de pesquisa minuciosos, revisões de literatura e edições detalhadas do original.

Há muitos colegas profissionais, vários deles meus amigos, que me influenciaram, incentivaram e questionaram minhas ideias. O apoio deles será sempre valorizado: Aaron Beck, David A. Clark, Ray DiGiuseppe, Windy Dryden, Paul Gilbert, Allison Harvey, Steve Hayes, Stefan Hofmann, Rod Holland, Steve Holland, Lynn McFarr, Lata McGinn, Doug Mennin, Jim Nageotte, Costas Papageorgiou, Shirley Reynolds, John Riskind, Bill Sanderson, Phillip Tata, Dennis Tirch, Edward Watkins e Adrian Wells. Gostaria também de agradecer aos meus colegas do American Institute for Cognitive Therapy de Nova York (www.cognitivetherapynyc.com), que foram tão pacientes comigo enquanto eu apresentava os vários estágios da pesquisa em nossas conferências de quarta-feira.

E, é claro, mais uma vez dedico este livro, sem arrependimentos, à minha companheira de vida, Helen, cuja força, compaixão, inteligência e amor pela vida transcendem tudo.

Sumário

	Introdução	1

PASSO 1. ENTENDA O ARREPENDIMENTO

Capítulo 1	O que é arrependimento?	11
Capítulo 2	Como funciona o arrependimento	23

PASSO 2. APRENDA A TOMAR BOAS DECISÕES

Capítulo 3	Quais suposições conduzem suas decisões e estimulam seu arrependimento?	47
Capítulo 4	Como você percebe o risco?	65
Capítulo 5	A antecipação do arrependimento leva à ação ou à inércia?	87
Capítulo 6	Fazendo uma escolha	107

PASSO 3. FAÇA O ARREPENDIMENTO TRABALHAR A SEU FAVOR

Capítulo 7	Como lidar efetivamente com desfechos decepcionantes	131
Capítulo 8	Deixando a ruminação de lado	155

Capítulo 9	Aprendendo com a culpa	169
Capítulo 10	Como usar o arrependimento produtivo	189
	Palavras finais: Olhando para o passado enquanto olhamos para o futuro	205
	Recursos de apoio	211
	Referências	215
	Índice	227

Em loja.grupoa.com.br, acesse a página do livro por meio do campo de busca e clique em Material Complementar para baixar conteúdo selecionado.

Introdução

Para que serve o arrependimento?

Todo mundo se arrepende de algo em algum momento da vida. Por que você se prende a decisões do passado? De que coisas você mais se arrepende? Os arrependimentos o levam a tomar alguma atitude em específico? Ou o impedem de fazer qualquer coisa? Talvez você esteja lendo este livro porque está cansado de reagir ao arrependimento se afundando em decepção consigo mesmo ou construindo em sua mente um futuro vazio e inútil. Você pode estar cansado de remoer oportunidades que deixou escapar porque estava com medo de cometer um erro. Ou, talvez, esteja começando a sentir que todas as grandes decisões que você tomou foram erradas e que você devia ter previsto os fracassos que elas acabaram causando.

Como a maioria das coisas na vida, o arrependimento tem sua utilidade. Ele pode ser uma muleta para se apoiar, mas também pode ser uma ferramenta de aprendizagem. Você pode usar o que aprendeu para seguir em frente, talvez em uma direção diferente, e abrir portas que nunca imaginou. O arrependimento pode ajudá-lo a tomar decisões de maneira diferente, de forma a minimizar arrependimentos desnecessários ou exagerados. Como ninguém pode prever o futuro com perfeita clareza, alguns arrependimentos são inevitáveis. A boa notícia é que podemos escolher o que fazer com os arrependimentos quando eles surgirem.

Vou nos levar em uma jornada pelos altos e baixos e por todos os detalhes do sentimento de arrependimento. E espero que eu possa mostrar a você como usá-lo com sucesso, como aprender com ele e até mesmo como planejá-lo. E também vou mostrar que, quando o arrependimento torna você refém, o aprisiona e envolve em culpa, autorrecriminação e dúvida paralisante, existe uma saída.

"Se ao menos..." não precisa ser uma expressão final.

Na verdade, a palavra final deve ser "próximo".

É difícil imaginar uma vida plena sem alguns arrependimentos. Todos podemos imaginar que, se tivéssemos feito escolhas diferentes, algo poderia ter se saído melhor para nós. E muitos de nós imaginamos que, se fizermos uma escolha agora, poderemos nos arrepender no futuro. O arrependimento pode nos deixar presos ao passado, revivendo decisões anteriores e fantasiando que a vida teria sido muito melhor se tivéssemos agido de outra forma. Ele pode nos manter ancorados no passado, incapazes de seguir em frente, enquanto refletimos sobre tomar uma nova decisão e antecipamos que poderemos nos arrepender se ela não sair como esperado. Se você for como a maioria das pessoas, às vezes pode se prender ao arrependimento, insistindo no que escolheu fazer ou não fazer, descartando os aspectos positivos de sua vida atual, criticando a si mesmo e virando refém de uma enxurrada de sentimentos negativos como ansiedade, tristeza, remorso, decepção e desespero. Há momentos em que nós nos pegamos pensando "Eu poderia/deveria ter feito", enquanto estamos tocando a vida e sendo perseguidos por nossos arrependimentos. Alguns de nós nunca escapam.

Lisa veio me ver quando estava quase com 40 anos, reclamando amargamente de dois relacionamentos de longa data nos quais ela sentiu que o homem a havia levado a acreditar que eles se casariam. Enquanto seu relógio biológico avançava, ela pressionava o parceiro por compromisso, mas não conseguia o que queria. Zangada, deprimida, sentindo que o tempo estava se esgotando, ela remoía sobre como isso era injusto, como ela havia se fechado para outras possibilidades, e oscilava entre culpar os ex-parceiros e a si mesma. O arrependimento de Lisa foi estimulado pela crença de que ela precisava de um marido para ser feliz e de um homem para ter um filho, e nada mais a satisfaria.

Mei é sócia de uma *startup* que parece não estar indo a lugar algum. Ela pensa agora que deveria ter seguido uma carreira mais tradicional, com mais segurança e menos responsabilidades. Ela passa horas sonhando acordada sobre a vida que poderia ter levado se não tivesse aderido ao movimento das *startups,* que parecia tão atraente para ela quando era mais jovem. Ao ver amigos desfrutando de empregos e renda mais seguros, Mei se considera uma idiota, ingênua e irresponsável por não prever os riscos envolvidos. Agora ela acha que qualquer decisão que tomar será ruim, porque vê sua escolha de carreira como um desastre do qual nunca se recuperará.

Kevin é casado com Gabriela há 12 anos, e parece que a única coisa que eles fazem é brigar. Ela se tornou fria, indiferente e distante, raramente demonstrando qualquer sinal de afeto. Quando eles começaram a namorar, Kevin acreditava que Gabriela resolveria seus problemas de solidão e baixa autoestima. Ele pensou: "Isso é o melhor que vou conseguir; afinal, já estou envelhecendo". Agora ele se arrepende de estar com ela, mas não vê saída porque eles têm um filho de 5 anos e, afinal, quem iria querê-lo agora?

Talvez você possa escrever sua própria história sobre arrependimento. Talvez arrependimentos pareçam seguir você por aí. Eles o fazem refém. Sua mente está focada neles tanto quando você se preocupa com possíveis arrependimentos no futuro, caso faça uma mudança, quanto quando agoniza com arrependimentos sobre o passado. À medida que você lê este livro, tente identificar quais são seus arrependimentos, ou do que você espera se arrepender no futuro, e veja se as ideias que aqui cobriremos esclarecem o que você está passando e o ajudam a lidar com o sofrimento que paira sobre sua cabeça.

Pense também em como você vivencia o que reconhece como arrependimento. O arrependimento é um conjunto de pensamentos e uma ampla gama de emoções. Os pensamentos podem ser desde "Eu deveria ter feito algo diferente" até "Sou um idiota por ter feito isso". Ele está sempre relacionado com o que fizemos ou deixamos de fazer, com uma sensação recorrente de que deveríamos ter feito algo diferente. As emoções que decorrem desses pensamentos podem ser tristeza, desamparo, desespero, raiva, confusão e, até mesmo, curiosidade. Elas são complicadas, e o arrependimento não é simplesmente ansiedade ou tristeza. Algumas pessoas o vivenciam sem emoções intensas, por exemplo, "Lamento ter tido esse relacionamento, mas posso seguir em frente agora". Porém, outras pessoas não conseguem superá-los, criticando a si mesmas sem parar e se sentindo presas ao passado.

VOCÊ NÃO ESTÁ SOZINHO NISSO

Arrependimento é a segunda emoção mais comumente mencionada pelas pessoas. A mais comum é "amor". Se seus arrependimentos geralmente estão centrados em decisões que você tomou ou não sobre relacionamentos românticos, você está bem acompanhado. Mas do que mais você se arrepende? Decisões sobre trabalho, estudo, onde morar, o que fazer e o que não fazer? Se você tem tendência a se arrepender, pode se arrepender todos os dias de coisas triviais, como o que pediu em um restaurante, o que disse ao seu parceiro no café da manhã e o caminho que tomou para chegar ao trabalho ou a uma loja. Talvez seus arrependimentos sejam sobre coisas mais importantes na vida, como a escolha de um parceiro, uma decisão sobre que carreira seguir ou sobre onde morar. Você não está sozinho, e isso talvez não soe muito reconfortante. São os arrependimentos que ficam presos na cabeça que são preocupantes, e você provavelmente acha que precisa eliminá-los.

Mas podemos eliminar os arrependimentos? *Devemos* eliminá-los? A resposta curta para isso é *não*.

O QUE VOCÊ APRENDERÁ NESTE LIVRO

O arrependimento é uma ótima ferramenta de aprendizado que pode ser usada para tornar sua vida melhor e para tomar decisões com as quais você pode conviver, que o levam na direção que você realmente deseja ir. E quando, às vezes, os resultados inevitáveis e decepcionantes surgem, como acontece com todos nós, você não deve permitir que o arrependimento o oprima.

Se você está lendo este livro porque...

- fica frequentemente ansioso ao tomar decisões, contido pelo medo de se arrepender do resultado;
- está triste com sua vida atual porque acredita que tudo seria muito melhor se você tivesse seguido um caminho diferente;
- sente-se incapaz de mudar porque acredita que seu julgamento não é confiável, considerando todos os arrependimentos que você tem sobre o que aconteceu no passado;
- sente-se privado porque é impossível desfrutar plenamente o que você tem quando está sempre comparando com o que você imagina que *poderia* ter;

... você vai...

- aprender a tomar decisões de forma a minimizar o arrependimento;
- aprender a lidar com o arrependimento que você não pode evitar;
- e, melhor de tudo, aprender a tornar o arrependimento produtivo.

As pessoas ficam pensando em suas decisões do passado, elas as remoem, como se estivessem reproduzindo a vida imaginária que teriam tido se não tivessem feito o que fizeram. Elas desconsideram e desacreditam sua vida atual, bebem para aplacar a dor, culpam outras pessoas pelas decisões que tomaram e, mais importante, elas culpam a si mesmas. Tenho visto pessoas na casa dos 70 anos que vivem se lamentando de decisões tomadas décadas atrás. Elas estão ancoradas, presas, envoltas e derrotadas pelo único pensamento que as atormenta: "*Se ao menos eu tivesse feito algo diferente...*".

Nos capítulos seguintes, descreverei as descobertas científicas sobre o arrependimento; quem lamenta o quê, diferenças culturais e de gênero, diferenças de idade e suas consequências. E também examinaremos como o arrependimento pode ser útil; como pode nos instruir, nos impedir de agir impulsivamente e nos ajudar a aprender com nossos erros (e os de outras pessoas). Vou ajudá-lo a explorar a maneira como você pensa sobre o arrependimento, quais suposições você pode ter sobre a maneira como deve tomar decisões, quais são suas expectativas sobre como sua vida deveria ser e como você responde aos pensamentos intrusivos que surgem em sua cabeça. Abordarei essa questão na perspectiva da terapia cognitivo-comportamental moderna (TCC). O grande valor da TCC é que é possível aprender ferramentas que podem ser usadas para lidar com pensamentos e sentimentos negativos. É como ter seu terapeuta ao seu lado o tempo todo. Mas o terapeuta agora é *você*. Sua nova compreensão sobre o arrependimento, como ele funciona, como o vivencia e o que você pode ser capaz de fazer de maneira diferente para se libertar da armadilha do "se ao menos..." culmina na obtenção de estratégias para tornar o arrependimento produtivo. Você não tentará mais eliminá-lo de sua vida, mas irá utilizá-lo em seu próprio benefício, com um aumento da autoconsciência e novas habilidades para navegar pelas muitas decisões que a vida apresenta.

Muitos de nós viramos reféns de preocupações, ruminações e arrependimentos como se tivéssemos que ser controlados, obedecer e nos envolver com quaisquer pensamentos problemáticos que nos ocorram. Mas, quando entendemos a "lógica" e o "poder" do arrependimento por meio das lentes da TCC, nos tornamos capazes de usar uma ampla gama de ferramentas para reverter o arrependimento, de colocá-lo de lado, de focar a importância do momento presente e de tomar decisões sem nos sentirmos derrotados antes mesmo de começar. Essas ferramentas têm sido usadas há anos por terapeutas cognitivo-comportamentais para ajudar as pessoas a lidar com depressão, ansiedade, preocupação, raiva, ciúme, inveja e, agora, arrependimento. Essas são ferramentas que podemos usar todos os dias, mesmo por alguns minutos, que podem nos ajudar a nos libertarmos da armadilha do "Se ao menos".

COMO USAR ESTE LIVRO

O objetivo principal deste livro é ensinar como fazer o arrependimento trabalhar a seu favor e não contra você. Para atingir essa meta, precisamos seguir três passos:

1. Aprender como funciona o arrependimento;
2. Refletir sobre como temos tomado decisões que nos levam ao arrependimento e o que poderíamos fazer de maneira diferente;
3. Aprender como lidar com resultados decepcionantes.

O arrependimento é uma resposta humana natural e normal a decisões que não têm o desfecho esperado. Ninguém pode controlar todos os fatores que determinam o que acontece no futuro e, quando acontecem coisas que estão completamente fora de nosso controle, não sentimos arrependimento, mesmo que não gostemos do resultado. Então, arrependimento tem tudo a ver com nossas decisões. No Passo 1 (Capítulos 1 e 2), discuto em profundidade o que a ciência nos diz sobre como podemos nos arrepender do que fizemos ou não fizemos e como podemos ter arrependimentos do passado e, também, antecipar arrependimentos futuros. As evidências da pesquisa também nos ajudam a compreender os tipos de problemas de que diferentes pessoas se arrependem e os resultados negativos do arrependimento excessivo. Veremos como o arrependimento excessivo pode nos levar à inércia e a uma vida que nunca muda para melhor, ou ao caos de uma vida de alto risco não ancorada por decisões racionais e razoáveis. Essa exploração nos leva à alternativa óbvia: tomar decisões bem pensadas que medem o risco e a recompensa com a maior precisão possível, ao mesmo tempo em que aprendemos com os erros inevitáveis que todos cometemos às vezes. Isso é o que eu chamo de *arrependimento produtivo*. Sugiro que todos leiam essa seção do livro para obter uma base sólida de compreensão sobre arrependimentos. O Capítulo 2 termina com uma visão geral do arrependimento produtivo que será útil para o resto do livro, pois cada capítulo mostra como você pode transformar os componentes do arrependimento improdutivo, desde a tomada de decisão falha até maneiras inúteis de responder a resultados decepcionantes, em arrependimentos produtivos que levam ao aprendizado e ao crescimento.

   Depois de entender o que é o arrependimento e como ele funciona na mente humana, você pode começar a analisar como faz suas próprias escolhas. Podemos pensar na tomada de decisão como tendo três partes: os pressupostos fundamentais que trazemos para tomar decisões, o processo de pensamento que seguimos ao analisar uma decisão e, por fim, os comportamentos que usamos quando fazemos uma escolha. Dividi o Passo 2 em uma sequência de quatro capítulos, embora o processo de tomada de decisão raramente seja todo linear. O Capítulo 3 cobre as suposições que formam a base do seu estilo de decisão. O Capítulo 4 explica o importante papel da percepção de risco, que cria uma ponte entre as suposições fundamentais e a análise de escolhas. Se você superestimar o risco, hesitará em fazer mudanças e, se ignorá-lo, tomará decisões que podem levar a resultados muito negativos. Ambos os estilos podem levar ao arrependimento. O Capítulo 5 trata da análise de decisões, como antecipamos o arrependimento, o que é muitas vezes baseado na tendência a superestimar ou subestimar o risco, e o impacto que isso tem sobre tomarmos uma decisão ou ficarmos presos em inércia. No Capítulo 6, veremos que tipos de ações tendemos a seguir quando finalmente tomamos uma decisão. Transferir a responsabilidade para os outros ou para a sorte e restringir nossas apostas, entre outras abordagens, podem resultar em escolhas das quais nos arrependeremos. Mas analisar cuidadosamente esses comportamentos e como eles funcionam individualmente pode nos ajudar a escolher outras maneiras de tomar uma decisão.

   No Passo 3, você tomou sua decisão. Você se arrepende? Vou continuar dizendo: é impossível eliminar todo o arrependimento. Você vai tomar algumas decisões que levarão a resultados de que não gosta e vai se arrepender do que fez ou deixou de fazer para chegar até aqui. O objetivo nesses casos é evitar ficar no fundo do poço e, em vez disso, aprender com quaisquer que sejam seus erros. O primeiro desafio é identificar esses erros de forma realista. No Capítulo 7, vou ajudá-lo a aprender a pensar sobre esses resultados sem o filtro duro e áspero das expectativas irrealistas e a autocrítica. Uma consequência significativa do arrependimento excessivo é a tendência de remoer o passado, evitar e culpar os outros. Esses hábitos não levam a lugar algum, e o Capítulo 8 ensina como evitar essas armadilhas. Algumas pessoas também (ou em vez disso) se recolhem na culpa, na vergonha e na autocensura. No Capítulo 9, aprenderemos a manter a culpa em um nível apropriado e, então, reconhecer nossa responsabilidade e aprender com a experiência para nos tornarmos pessoas melhores e fazermos escolhas melhores no futuro.

   Nesse ponto do livro, já teremos visto como transformar o arrependimento improdutivo em arrependimento produtivo por meio de aspectos específicos da tomada de decisão e, também, como lidar com o arrependimento. O Capítulo 10 reúne essas especificidades em diretrizes gerais que podemos usar para tomarmos boas decisões e aprendermos com os erros, onde quer que a vida nos leve. Em minhas "Palavras finais", revisamos os principais pontos de como tomar decisões que irão minimizar o arrependimento e como viver com resultados que podem não corresponder às nossas expectativas. O arrependimento faz parte da vida, mas ele não precisa assumir o controle e nos fazer reféns.

E, com isso, vamos começar.

Passo 1

ENTENDA O ARREPENDIMENTO

O que é arrependimento?

Uma das qualidades mais notáveis da natureza humana é a capacidade de pensar sobre o que poderá ser e o que poderia ter sido. Nossa imaginação nos permite considerar uma vasta gama de possibilidades para que possamos planejar o futuro e imaginar alternativas que, no final das contas, podemos nem sequer seguir. Poderíamos optar por perseguir aquele relacionamento, aquela carreira, aquela compra (ou até aquela sobremesa) que idealizamos, mas hesitamos, porque temos medo das consequências potencialmente desagradáveis que podem surgir. Imaginamos que buscar outro relacionamento colocará nosso relacionamento atual em risco, ou desistir da carreira que estamos seguindo para seguir algum outro trabalho poderá acabar em desastre, ou comprar aquele item caro nos endividará, ou comer aquele delicioso bolo de chocolate nos levará a engordar enquanto estamos tentando emagrecer.

E, assim como podemos imaginar ter arrependimentos no futuro, muitas vezes somos também atormentados por arrependimentos do passado. Como seria nossa vida se tivéssemos buscado um parceiro, uma carreira, um lar ou hábitos de saúde diferentes? Estaríamos mais felizes hoje? Mais realizados e bem-sucedidos em nosso trabalho? Desfrutando de um lugar mais confortável para viver e cabendo em nossas roupas novamente? Ao que parece, a lista do que podemos nos arrepender é infinita.

A emoção da possibilidade

Apesar disso, talvez o arrependimento seja o custo da sabedoria. Podemos imaginar um mundo melhor do que aquele em que vivemos; podemos imaginar como seria a vida se tivéssemos feito escolhas diferentes. O arrependimento é a habilidade de imaginar possibilidades. É a *emoção da possibilidade*, a emoção da aspiração. Ela aponta para o que poderia ter sido ou para o que poderá ser, não se limitando à situação existente.

Considere algumas dessas observações sobre o arrependimento.

> As lágrimas mais amargas derramadas sobre túmulos são por palavras não ditas e ações não feitas.
> *Harriet Beecher Stowe*

> Talvez tudo o que se possa fazer seja esperar se arrepender pelas coisas certas.
> *Arthur Miller*

> Existem duas possibilidades — uma é fazer isso e a outra é fazer aquilo. Minha opinião sincera e meu conselho de amigo é o seguinte: faça ou não faça, você vai se arrepender de qualquer jeito.
> *Soren Kierkegaard*

Algumas pessoas dizem que nunca devemos nos arrepender. Elas afirmam que nada de bom pode vir de arrependimentos, que devemos viver completamente no momento presente. Elas dizem que não faz sentido se arrepender de algo que você mesmo escolheu e que deixar o passado para trás é a única coisa razoável a se fazer. Outros estão presos, congelados no tempo com arrependimentos sobre o que escolheram fazer (ou não fazer) no passado. Eles parecem não conseguir gostar do que têm ou podem fazer agora porque imaginam o que acreditam que teria sido uma vida melhor se ao menos tivessem feito escolhas diferentes. Como foi dito em uma tirinha: "A única razão para viver no passado é que o aluguel era mais barato".

Quem está certo?

Ambos podem estar parcialmente certos e parcialmente errados. Na verdade, temos que perceber que se o arrependimento é tão comum, tão parte da natureza humana, deve ter algum valor. Por que ele teria evoluído? Por que ele sobrevive? Para que serve? Talvez haja vantagens em se arrepender. Mas o arrependimento tem seu lado ruim. Ele leva à culpa, à indecisão, à ruminação, à preocupação com arrependimentos futuros e à depressão. Ele é o "ou/ou" nas nossas escolhas, as decisões que não tomamos, as possibilidades que imaginamos, mas nunca experimentamos. É uma batalha interior. Imaginamos o que poderia ter sido e, muitas vezes, desvalorizamos o que de fato temos.

Arrependimento: "devia, podia, ia"

Uma possível definição para arrependimento, segundo o *Dicionário Oxford*, é "um sentimento de tristeza, pesar ou decepção por uma ocorrência ou algo que alguém fez ou deixou de fazer". Porém, por trás dessa simples definição existem outras suposições que carregamos sobre coisas das quais nos arrependemos. Por exemplo, acreditamos que nós *devíamos* ter previsto o ocorrido, que *tínhamos controle* sobre as consequências e que o resultado era *importante*, ou mesmo essencial, para nossa felicidade. "Eu tinha o controle", "Eu deveria ter" e "É importante" são elementos-chave para discernir os arrependimentos triviais daqueles que levamos por anos. Por exemplo, quando nos arrependemos de algo que fizemos ou deixamos de fazer, presumimos que tínhamos algum *controle* sobre o resultado, que sabíamos o que aconteceria e poderíamos ter feito algo diferente. Isso é diferente de se sentir triste com um resultado. Por exemplo, é possível se sentir triste porque um amigo morreu, mas também perceber que isso não foi causado por nada que você fez. (O que pode ser um arrependimento é não dizer a ele o quanto você o amava, porque sobre esse aspecto todos temos controle.) É possível se sentir chateado porque bateram no seu carro ao passarem um sinal vermelho, mas não é provável que você se arrependa do que aconteceu, pois não se responsabilizaria por algo que não poderia prever. Logo, arrependimento tem algo a ver com um resultado negativo em que sabíamos o que aconteceria e poderíamos ter escolhido fazer algo diferente. Precisamos ter isso em mente porque muitas vezes, quando nos sentimos arrependidos, estamos assumindo que sabíamos de tudo e controlávamos tudo, mas a realidade é que estávamos tomando decisões com conhecimento e controle limitados.

A tirania dos deveria

Nossas suposições de que sabíamos e tínhamos controle são especialmente importantes quando pensamos: "Eu deveria ter feito algo diferente". Talvez "devêssemos" ter, mas em muitos casos, não sabíamos como as coisas iriam se desenrolar e talvez não tivéssemos controle sobre o resultado. Não faz sentido dizer: "Eu deveria ter feito algo sobre o qual não tinha conhecimento ou que não controlava". Não diríamos a alguém: "Você deveria ter olhos castanhos, não azuis". Não controlamos a cor dos nossos olhos. Não responsabilizamos as pessoas por algo que elas não poderiam prever.

E tem mais, quando pensamos que deveríamos ter feito algo diferente também pensamos: "Eu deveria me autocriticar e ficar remoendo isso". Por exemplo, eu poderia pensar "Eu devia ter pago meus impostos em dia... agora recebi uma multa", mas, em vez de me autocriticar, eu poderia escolher aprender com a experiência e aceitar a multa. Eu poderia fazer meu imposto de renda com antecedência ano que vem. O nosso "deveria" nos arrependimentos volta para nos assombrar. Aqui está como isso aparece:

Eu não deveria ter dito aquilo, então agora eu devo me autocriticar e insistir nisso.

Eu não deveria ter aceitado este trabalho, então agora eu devo me rotular como um fracassado.

Eu não deveria ter bebido tanto ontem à noite, então agora eu devo dizer a mim mesmo o quão ruim eu sou.

E, o mais importante, "Eu devo me criticar repetidamente por não fazer o que deveria ter feito".

Veremos que temos uma escolha aqui. Podemos *autocriticar* ou *autocorrigir*. Imagine que você está aprendendo tênis. Você continua batendo a bola na rede. Temos duas instrutoras de tênis: Carol, a crítica, e Laura, a mentora. Carol, a crítica, diz para você pegar a raquete de tênis e batê-la contra sua cabeça dez vezes, repetindo: "Eu sou um idiota", para lhe ensinar uma lição que você nunca esquecerá. Você então acerta a bola na rede e desmaia devido a uma lesão cerebral grave. Em outro cenário, sua instrutora Laura, a mentora, mostra como segurar a raquete de tênis e como mover o braço. Agora você rebate a bola por cima da rede. Você aprendeu algo e seu cérebro ainda está intacto.

Podemos autocriticar ou autocorrigir.

Você pode ter se arrependido de ter acertado a bola na rede. Você pode dizer a si mesmo: "Droga, essa foi uma péssima jogada". Mas o que realmente vai ajudá-lo? Autocrítica ou autocorreção? O ponto aqui é que você tem uma escolha sobre o que fazer a seguir: você se repreende ou corrige seu saque?

Além disso, quando nos arrependemos de algo, geralmente estamos assumindo que esse algo é importante. Por exemplo, digamos que você saiba que suas calças estão um pouco gastas e há um pequeno buraco em um dos bolsos, mas você coloca algumas moedas nele do mesmo jeito e depois percebe que as perdeu. Você pode se arrepender por um segundo, mas por quanto tempo você ficaria remoendo isso? O quão importante são algumas moedas? Digamos que você está preso no trânsito e se sente frustrado, quase enfurecido. Você percebe que vai se atrasar 20 minutos. Você começa a se arrepender, pensando: "Eu devia ter saído mais cedo". Sua ansiedade e raiva consigo mesmo aumentam, e você diz a si mesmo: "Isso é terrível. Eu sou um idiota mesmo". Agora você está equiparando um atraso de 20 minutos a uma *coisa terrível*, em vez de um inconveniente temporário, e está se rotulando com base nessa única escolha. Além disso, você está assumindo que sabia que ficaria preso no trânsito. Isso faz sentido? Você realmente estava pensando "Eu sei que vou ficar preso no trânsito, mas que se dane, vou fazer isso de qualquer maneira"? Os 20 minutos são tão importantes assim para você?

Às vezes, nos arrependemos de algo que achamos *essencial*, quase como se não pudéssemos sobreviver sem isso. Por exemplo, uma estudante universitária foi a uma festa ontem à noite e, agora, foi mal em uma prova. Ela se arrepende de não ter estudado, mas agora acha que é um desastre não ter se saído bem na prova. Ela começa a pensar que essa prova era essencial para ela se sair bem na faculdade, na vida, e que nada a ajudará a superar isso. Ir bem na prova é visto como tão importante que ela fica ansiosa e deprimida. Mas uma única prova é insubstituível? Eu sei o que realmente é essencial. Respirar. Não uma prova.

Às vezes, é claro, seu arrependimento pode ser sobre um curso de ação com consequências significativas. Por exemplo, Kevin se casou há 12 anos e ele e Gabriela tiveram um filho, Pedro. O casamento deles tem sido um relacionamento sem amor e sem sexo há dez anos, e Kevin está pensando em se separar. Porém, agora ele fica pensando sobre como sua vida teria sido melhor se ele nunca tivesse se casado com Gabriela. E talvez ele esteja certo. Mas o arrependimento de Kevin o mantém preso ao passado. Mesmo que ele estivesse melhor sem Gabriela, focar no arrependimento, criticar a si mesmo e culpar Gabriela não vai ajudá-lo a seguir com a sua vida. As opções para Kevin são se autocriticar e se arrepender da decisão passada ou fazer uma mudança em sua vida agora. O arrependimento está em conflito com o foco em aspectos positivos futuros que você pode buscar.

> Persistir no arrependimento pode levá-lo a se arrepender do fato de que você ficou se arrependendo.

Como soam os arrependimentos?

Como soam os arrependimentos? Bem, ouça a si mesmo e a seus amigos e veja se você reconhece alguma dessas frases:

- Eu me arrependo de ter comprado aquela ação, de ter aceitado aquele emprego, de ter me mudado para esta cidade.
- Eu me arrependo de não ter acabado aquele relacionamento antes.
- Eu me arrependo de ter dito algo tão estúpido.
- Eu me arrependo de ter bebido tanto ontem à noite.
- Eu me arrependo de não ter estudado mais.

Ou pense em arrependimentos que você possa ter no futuro:

- Vou me arrepender de acabar esse relacionamento.
- Vou me arrepender de jogar fora essas roupas.
- Vou me arrepender de vender essa ação.
- Vou me arrepender de dizer a ele o que realmente sinto.

Uma das partes-chave do arrependimento é o pensamento "Se ao menos...". É muito fácil reconhecê-lo. "Se ao menos eu tivesse estudado mais, se ao menos eu tivesse acabado aquele relacionamento, se ao menos eu tivesse aceitado aquele outro emprego ou se ao menos eu não tivesse dito aquela coisa estúpida." Achamos que a alternativa que rejeitamos teria tornado nossa vida muito melhor. Então nos debruçamos sobre isso. O arrependimento é aquele lembrete contínuo de que poderíamos ter feito algo diferente e que um resultado melhor estava ou poderia estar ao nosso alcance. E acreditamos que o resultado diferente, aquele que nunca experimentamos ou experimentaremos, é *essencial* para nossa felicidade. É como se a refeição que você perdeu fosse a última. Como se nunca mais fosse comer.

Mas, na verdade, você vai.

O arrependimento anula *o que é* a favor do que *poderia ter sido*. O que poderia ter sido torna-se inimigo do que é verdade em sua vida atual. Você se pune com o que imagina que poderia ter sido possível. "Se ao menos eu tivesse seguido essa outra carreira,

> Arrependimento é a "emoção da anulação": ele apaga e anula a vida que estamos vivendo.

eu seria feliz hoje" ou "Se ao menos eu tivesse filhos, nunca me sentiria sozinho novamente" ou "Se ao menos eu tivesse me mudado para a Califórnia, eu estaria aproveitando minha vida agora". Idealizamos o que nunca tivemos e desacreditamos o que temos ou podemos ter no futuro.

DO QUE VOCÊ SE ARREPENDE?

Você está desconsiderando a vida que está vivendo atualmente? Isso soa mal, não é? Como se nada em sua vida valesse a pena ou fosse valioso. Para começar a descobrir o que é arrependimento, pense em sua vida por alguns minutos. Do que você se arrepende? Pode ser algo que você fez ou deixou de fazer. Pense um pouco. Escrever seu arrependimento e conferir ele de vez em quando enquanto lê este livro pode ser útil. Do que você se arrepende? Quais foram alguns dos seus maiores arrependimentos? Do que você se arrependeu no passado, mas não se arrepende mais?

É importante perceber que você pode ter arrependimentos, mas depois pode deixá-los para trás. Como se você fosse dar uma geral de tempos em tempos em sua mente. Em caso de dúvida, simplesmente jogue fora.

Agora, pense por alguns minutos em uma decisão recente que você estava tentando tomar (ou uma que você está tentando tomar agora). Do que você teme que possa se arrepender no futuro? Novamente, pode ser útil fazer algumas anotações sobre isso e relembrá-las enquanto lê o livro.

Quando pensamos em nossos arrependimentos, podemos perceber que existem certas áreas de nossa vida, certos problemas, que nos incomodam mais do que outras. Veja a lista a seguir de várias áreas sobre as quais as pessoas têm preocupações.

Trabalho
Relacionamentos
Questões financeiras
Tempo desperdiçado
Lazer
Viagens
Comportamento sexual
Desenvolvimento profissional
Educação
Amizades
Saúde
Valores/Espiritualidade
Exercícios
Crescimento pessoal

Em qual dessas áreas você já se arrependeu de algo? Ao olhar para a sua lista de arrependimentos sobre o passado, você acha que se arrepende mais das ações que fez ou das que não fez? Existem certas áreas de sua vida nas quais você se arrepende mais do que outras? Em quais áreas você tem mais arrependimentos? Existem certas decisões que você está considerando agora ou no futuro em que pode se arrepender das ações que tomar? Como exploraremos mais nos próximos capítulos, seu medo de arrependimentos futuros pode mantê-lo preso, travado na indecisão, procrastinando e evitando questões importantes em sua vida.

QUAIS SÃO OS ARREPENDIMENTOS MAIS COMUNS?

Em uma pesquisa nacional nos Estados Unidos, os pesquisadores descobriram que os arrependimentos mais comuns eram sobre a vida amorosa, família, educação, carreira, finanças, criação dos filhos, saúde, "outros", amigos, espiritualidade, comunidade, lazer e identidade. Os homens se arrependem mais das conquistas e as mulheres se arrependem mais dos relacionamentos românticos ou das experiências sexuais. Isso pode refletir a pressão cultural para que os homens tenham sucesso (embora as mulheres também possam se arrepender de suas decisões passadas em relação à escola e às conquistas). E certamente também há muitos homens que se arrependem de suas escolhas íntimas e românticas. Na verdade, se você é altamente propenso a se arrepender, pode se arrepender até de sua última conversa durante o jantar ou do caminho que fez para chegar ao restaurante.

Estudos sobre arrependimento em mulheres universitárias mostram que elas são mais propensas a se arrepender de ter feito sexo, de não ter feito sexo mais de uma vez ou de ter feito sexo com outra pessoa depois de conhecê-la por menos de 24 horas.

Em uma revisão que resume as pesquisas de nove estudos sobre arrependimentos, incluindo participantes que variam de estudantes de graduação a idosos, os arrependimentos mais frequentes em ordem decrescente foram relacionados a educação (32%), carreira (22%), vida amorosa (15%), criação dos filhos (10%), identidade (5%), lazer (3%), finanças (3%) e família (2%). Em outro estudo, foi solicitado a estudantes universitários que descrevessem uma experiência vívida que gostariam que tivesse sido diferente (ou seja, um arrependimento). A duração média do arrependimento foi de dois anos, e a ordem dos arrependimentos foi a seguinte: (1) vida amorosa, (2) amigos, (3) educação, (4) lazer, (5) identidade e (6) carreira. Segundo esses pesquisadores, jovens universitários podem estar em relacionamentos românticos menos estáveis e, portanto, abertos a mais oportunidades de arrependimento.

Quando medimos a intensidade da emoção associada ao arrependimento, a pesquisa mostra maior intensidade para arrependimentos sobre as relações sociais (romance e família) em comparação com outras áreas da vida. Curiosamente, o que as pessoas fazem com seus arrependimentos tem um impacto no bem-estar posterior. Uma área de estudo relevante é a revisão da "meia-idade" – como você olha para sua vida por volta dos 40 anos. Um estudo descobriu que as mulheres que se arrependeram do que fizeram no início da vida, mas não fizeram correções ou mudanças ao longo do tempo, eram mais propensas a ter menos bem-estar psicológico e a ficar remoendo arrependimentos em comparação com as mulheres que fizeram mudanças. Assim, o arrependimento pode ser "produtivo" em levar a mudanças positivas.

As mulheres que *voluntariamente* optaram por não ter filhos eram menos arrependidas, relataram níveis mais altos de bem-estar e sentiram maior domínio em sua vida em comparação com as mulheres que não tiveram filhos involuntariamente. Aparentemente, assumir a escolha da decisão tomada leva a pessoa a ficar mais confortável e aceitar melhor o resultado.

As mulheres que tiraram licenças-maternidade mais longas após o nascimento de seus filhos expressaram menos arrependimentos depois. As mulheres que retornaram ao trabalho mais cedo também eram mais propensas a se arrepender mais se houvesse menos comprometimento por parte da empresa com a flexibilidade do horário de trabalho. Mas há efeitos interessantes de "coorte". O ano em que a mãe nasceu é relevante, pois provavelmente reflete mudanças históricas em como as mulheres enxergam carreira e família.

Em um estudo comparando mulheres mais velhas (60 anos) com mulheres mais jovens (40 e 20 anos), houve uma inversão na natureza dos arrependimentos. As mulheres mais velhas, que tiveram filhos antes dos grandes movimentos feministas, eram mais propensas a se arrepender de colocar a família à frente da carreira, enquanto as mulheres mais jovens eram mais propensas a se arrepender de colocar a carreira em primeiro lugar. Aparentemente, uma vez estabelecidos o direito e a oportunidade de se ter uma carreira, algumas mulheres sentem a liberdade de escolher a família em detrimento da carreira. É claro que também seria interessante ver dados de homens sobre essas questões, mas infelizmente não há nenhum.

Como os arrependimentos evoluem ao longo de nossa vida?

Todos os estágios de nossa vida são ocasiões que podem gerar arrependimento. Cada um deles pode demandar coisas diferentes, além de situações de tomada de decisões e potenciais arrependimentos. Crianças pequenas podem se arrepender de terem dito algo que afastou um amigo. Adolescentes do ensino médio podem se arrepender de não terem estudado para uma prova. Estudantes universitários podem se arrepender de terem escolhido o "curso errado" e "perdido" tempo. Os jovens adultos podem se arrepender de terem aceitado um emprego que não era o que eles queriam. Recém-casados podem se arrepender de terem se casado com a pessoa errada. Pense em sua própria vida e reflita sobre quais foram os arrependimentos em diferentes estágios dela. O conteúdo dos seus arrependimentos mudou?

Como as pessoas mais velhas lidam com seus arrependimentos? À medida que as pessoas envelhecem, elas percebem que têm oportunidades e tempo limitados para desfazer decisões e resultados ruins. Assim, lamentar algo quando você já está em uma idade mais avançada é perceber que é improvável que você tenha a oportunidade de corrigir ou mudar as coisas. Mesmo levando isso em conta, a pesquisa mostra que os indivíduos mais velhos geralmente têm um "viés de positividade", olhando para o lado positivo das coisas, e são mais habilidosos do que os mais jovens em prever suas emoções futuras e regulá-las. Em um estudo comparando pessoas mais jovens e mais velhas, os pesquisadores descobriram que os "arrependimentos de uma vida" (arrependimentos de longo prazo) eram mais comuns entre indivíduos mais velhos, mas que os arrependimentos diários ou de curto prazo eram menos comuns entre os idosos. Aparentemente, as pessoas mais velhas se adaptam à sua vida diária tendo menos arrependimentos no curto prazo, ou seja, vivem o dia a dia da melhor maneira possível para elas.

Dado que certos tipos de arrependimentos não podem ser "desfeitos", isto é, há menos oportunidades de mudar de carreira ou perseguir objetivos educacionais após os 60 anos, os indivíduos mais velhos podem lidar com essa falta de oportunidade simplesmente *desengajando-se* dessas possibilidades (por exemplo, não se importando com elas ou pensando sobre elas de forma diferente) e perseguindo outros objetivos. Isso é o que a pesquisa mostra. Em comparação com os alunos de graduação, que se viam ainda focados nos objetivos pelos quais relataram arrependimento (por exemplo, romance e educação), os indivíduos mais velhos se concentraram em se afastar dessas metas anteriores em direção a objetivos mais novos ao seu alcance. *A capacidade de se desvencilhar de arrependimentos anteriores e se concentrar nos objetivos atuais foi associada a um grande bem-estar psicológico, menos depressão e menor tendência de remoer o passado.* Todos nós devíamos aprender essa lição! Deixar o passado para trás e seguir em frente.

Em um estudo comparando indivíduos mais jovens (25 anos) com indivíduos mais velhos (acima de 65 anos), os participantes jogaram um jogo no qual eles eram confrontados com uma perda logo de cara. Eles poderiam então continuar jogando (na esperança de reverter a perda) ou pegar seus ganhos e sair do jogo. Participantes mais jovens e idosos deprimidos eram mais propensos a continuar jogando, tentando desfazer seus arrependimentos pela perda ao continuar jogando. Enquanto isso, participantes mais velhos saudáveis ou não deprimidos eram mais propensos a pegar seus ganhos e sair do jogo. Esse "desengajamento" estava relacionado à ativação do estriado ventral, uma parte do cérebro envolvida na tomada de decisões e na regulação de emoções. Essa parte do cérebro serve como mediadora entre recompensa e prazer e a antecipação de recompensa, afetando, assim, a tomada de decisão. Afinal, a tomada de decisão visa buscar o prazer e evitar a dor. Os idosos deprimidos eram semelhantes aos adultos mais jovens, pois tentavam desfazer seus arrependimentos assumindo um risco adicional. Eles não conseguiam desistir, deixar o jogo para trás e seguir em frente e acabavam se tornando reféns de seus arrependimentos.

Até as crianças pequenas sentem arrependimento. Um estudo com crianças de até 5 anos concluiu que elas também sentiam arrependimento. Outra pesquisa demonstrou arrependimento em crianças de até 6 ou 7 anos. E o sentimento de "alívio" ao descobrir que o resultado que você alcançou é melhor do que o esperado? Isso parece não se desenvolver até os 7 anos de idade. Em outro estudo, crianças de até 4 anos mostraram arrependimento. A capacidade de entender que os outros também podem se arrepender parece surgir a partir dos 7 anos. Outra pesquisa mostra que as crianças que se arrependem de uma escolha são mais capazes de adiar gratificações, isto é, o arrependimento as ajuda a tomarem decisões menos impulsivas. Talvez o arrependimento tenha suas vantagens, até mesmo para crianças.

Embora não haja pesquisas que identifiquem os arrependimentos comuns de crianças pequenas, estudos com adolescentes indicam que uma proporção significativa relata se arrepender de ter tido relações sexuais "cedo demais" (32% das meninas e 27% dos meninos) ou mesmo apenas de ter feito sexo (13% de meninas e 5% de meninos).

À medida que as crianças e os adolescentes envelhecem, eles são mais propensos a expressar arrependimentos e a entender que outras pessoas também se arrependem. Isso se deve ao aumento da sofisticação cognitiva que vem com a idade – a capacidade de imaginar o que poderia ou não ser e de julgar a nós mesmos (e aos outros) por possibilidades hipotéticas ou imaginárias. À medida que envelhecemos durante a infância e a adolescência, começamos a perceber uma ampla gama de mundos e escolhas possíveis e aumentamos o risco de nos decepcionarmos. Ironicamente, o arrependimento é um marco do desenvolvimento. Um marco com o qual preferíamos não ter que lidar.

Arrependimentos e cultura: existem diferenças entre o Ocidente e o Oriente?

Existem diferenças culturais nos arrependimentos das pessoas. Por exemplo, os estudantes norte-americanos se arrependem mais de *situações pessoais* (relacionadas a realizações ou educação), enquanto os estudantes japoneses se arrependem mais de *situações interpessoais* (relacionamentos e família). Resultados semelhantes foram encontrados ao se comparar participantes ocidentais com taiwaneses. Essa diferença entre norte-americanos e asiáticos reflete o fato de que a cultura norte-americana, e ocidental em geral, enfatiza mais a identidade e a realização individual, enquanto a cultura asiática é mais coletivista e enfatiza mais a cooperação e a coordenação. A tradição ocidental parece dar maior foco a indivíduos e suas ações, enquanto a cultura asiática enfatiza o contexto interpessoal. Isso pode explicar as diferenças culturais nos arrependimentos que as pessoas mais sentem: escolha e realização individuais entre os ocidentais e relações interpessoais entre os asiáticos.

E os arrependimentos relacionados a carreiras?

A revista *Fortune* entrevistou empresários sobre seus maiores arrependimentos. Embora a entrevista não tenha sido um estudo científico, a conclusão deles foi a seguinte lista de maiores arrependimentos entre os grandes empresários: não utilizar bem o tempo, não aprender com os fracassos, confiar apenas no talento e não no que pode ser ensinado, não pedir ajuda, dizer não ao crescimento, ser duro consigo mesmo, esperar demais, não conhecer suas limitações e não delegar o trabalho suficientemente. Em uma pesquisa com 836 adultos de todas as idades, os seguintes arrependimentos de investimento foram os mais comuns: começar a poupar para a aposentadoria tarde demais, adiar investir em ações e não comprar uma ação específica. A *Harvard Business Review* entrevistou 30 profissionais entre 28 e 58 anos sobre seus arrependimentos mais comuns na carreira. Eles descobriram que essas pessoas eram mais propensas a se arrepender de aceitar um emprego apenas pelo dinheiro, de não se demitirem mais cedo, de não começarem seu próprio negócio, de não serem mais produtivos na escola e de não seguirem a intuição em assuntos relacionados a carreiras.

Portanto, existem diferenças culturais, de idade e de gênero no arrependimento, e podemos acabar guardando arrependimentos por anos, até décadas. Mas o arrependimento é sempre uma coisa tão ruim? Vejamos como o arrependimento pode nos prejudicar, ou nos ajudar, explorando como ele funciona.

2

Como funciona o arrependimento

O arrependimento pode parecer seguir certa lógica, a do "cometi um erro e agora devo me criticar". Se você se sente sobrecarregado e pressionado pelo arrependimento, sabe como esse sentimento pode ser forte. Mas os princípios por trás da terapia cognitivo-comportamental (TCC) revelam que a lógica do arrependimento pode ser distorcida e seu poder exagerado. Assim como há uma lógica para mantê-lo preso ao seu arrependimento, há também uma lógica convincente que pode libertá-lo das armadilhas que o fazem refém desse sentimento.

Você pode mudar a maneira como pensa sobre o arrependimento, entendendo que a decepção como consequência de alguma decisão tomada não significa que nunca mais poderá confiar no seu próprio julgamento. O fato de que pode ver o erro em uma escolha agora não significa que deveria ou poderia ter visto ele antes. O arrependimento não precisa levar à autorrecriminação. Nunca se sentir arrependido não é um sinal de sabedoria ou integridade, pode ser apenas um sinal de que você não aprendeu com seus erros. Você pode abrir espaço para o arrependimento em vez de tentar eliminá-lo completamente, pode usá-lo para lhe ajudar a tomar decisões melhores. Esse é um dos benefícios do que chamo de *arrependimento produtivo*.

Quando falamos sobre o poder do arrependimento, é preciso saber que você pode ter um arrependimento sem gastar muito tempo com ele. Você não precisa ser tiranizado por ele a ponto de nunca mais tomar decisões. Não precisa deixá-lo lhe perseguir e lhe encher de culpa e ruminação. E você não precisa eliminá-lo de sua vida para enfraquecer o poder dele sobre você. No entanto, é exatamente isso que muitos de nós tentamos fazer. Tentar eliminar completamente um pensamento ou sentimento só torna esse pensamento ou sentimento mais poderoso. Nós vamos aprender como podemos viver ao lado do ruído de fundo do arrependimento sem sermos engolidos por ele.

A falácia do "livre de arrependimentos"

Em geral, os arrependimentos são pensamentos intrusivos e indesejados que você tem, como lembranças ou imagens de como sua vida poderia ser ou pensamentos de que deveria ter tomado decisões diferentes. O pensamento intrusivo de "eu deveria ter feito algo diferente" então leva a uma ampla gama de emoções, dependendo das circunstâncias e da pessoa. Essas emoções podem incluir remorso, ansiedade, tristeza, desamparo, desesperança, culpa, vergonha e até mesmo uma sensação de desafio e curiosidade para aprender com a própria experiência.

Muitas vezes tentamos evitar esses pensamentos indesejados, dizendo a nós mesmos para parar de pensar neles, mas geralmente falhamos. Isso é como ficar chateado com suas pernas e tentar fugir delas. Não importa quão rápido você corra, suas pernas estarão logo atrás de você.

Não adianta dizer "Pare de se arrepender disso agora" ou "Se arrepender é um desperdício", porque dizer a si mesmo para parar de pensar em algo só o deixará ainda mais preocupado com os pensamentos que tenta suprimir. Isso é o que chamamos de *efeito rebote*. Em uma série de estudos de Daniel Wegner, da Harvard University, os participantes foram convidados a não pensar sobre ursos-polares. Ao tentarem evitar essas imagens, eles perceberam que passaram a pensar mais ainda em imagens de ursos-polares. Isso também vale para tentar reprimir outros pensamentos intrusivos, como os de arrependimentos.

Por que temos dificuldade em suprimir esses pensamentos sem sofrermos esse efeito? Primeiro, para intencionalmente pararmos de pensar em algo, precisamos pensar nesse algo, o pensamento indesejado. Nos perguntamos: "Em que *não devo* pensar? Meus arrependimentos! Ah não! Acabei de lembrar do meu arrependimento". Então esses pensamentos continuam surgindo. Segundo, quando tentamos suprimir algo e inevitavelmente falhamos nisso, esse algo se torna ainda mais importante para nós. Isso acontece porque pensamos: "Tentei parar de pensar nesses arrependimentos e agora não consigo tirá-los da cabeça. Isso deve significar que eles têm alguma relevância. Eu tenho que ficar de olho agora! O que está acontecendo?".

Ter arrependimentos não é o verdadeiro problema. O problema é não saber o que fazer com eles. Este capítulo apresenta uma visão geral de como os arrependimentos funcionam para que você possa passar a controlá-los e torná-los produtivos.

Você não vai conseguir eliminar os dias chuvosos, mas certamente pode se vestir adequadamente para eles.

> O importante não é se livrar completamente dos arrependimentos, mas sim ter uma estratégia para lidar com eles.

OS MECANISMOS POR TRÁS DO ARREPENDIMENTO

Vejamos o que está por trás do arrependimento e o que o torna mais propenso a ser guardado.

Arrependimentos se consolidam quando não conseguimos suportar a ambivalência

Não existe certeza neste mundo incerto. Disso eu tenho certeza.

Os arrependimentos são nossa visão negativa da ambivalência, nossa visão negativa de sentimentos contraditórios sobre o que é e o que poderia ser.

Se você perguntar a uma pessoa comum o que ela pensa sobre a palavra *dúvida*, ela provavelmente lhe dirá que não é coisa boa. Algumas pessoas se gabam de não terem dúvidas sobre suas previsões e escolhas; elas estão absolutamente certas de si mesmas. Podemos até considerá-las confiantes, mas elas podem ser na verdade rígidas, irreais e ingênuas. Nossas visões negativas de dúvidas e ambivalência nos fazem pensar que temos que nos livrar delas. Queremos "saber com certeza" e ser absolutamente claros em nosso pensamento. Isso é o que defini como *mente pura*: a ilusão de que nossa mente será sempre clara, lógica, não aberta a contradições e livre de dúvidas. Mas a dúvida faz parte dos julgamentos, e eles envolvem olhar para os *prós e contras*. Devo comprar aquele carro? Quais são as vantagens e desvantagens? Devo aceitar esse trabalho? Quais são os custos e benefícios? Quais são as alternativas? Escolher envolve sentimentos contraditórios, comparações e dúvidas. A escolha envolve *comparações*, e qualquer *decisão* tem seus sacrifícios.

Quando você analisa os prós e os contras de escolher algo, está reconhecendo que sua decisão envolve trocas e incertezas. Como eu disse, "Não existe certeza neste mundo incerto".

Você provavelmente observa que existem algumas pessoas que parecem muito confiantes em suas opiniões e facilmente fazem previsões com o que parece ser uma certeza incontestável. Muitos dos comentaristas "especialistas" da televisão ou de mídias digitais parecem extremamente confiantes sobre suas previsões e interpretações. É como se estivéssemos observando pessoas sem ambivalência, sem dúvidas sobre o que estão dizendo. Elas sabem com certeza. Afinal, são *especialistas*. Mas as pesquisas sobre figuras da mídia fazendo previsões mostram que as previsões dessas pessoas estão corretas na mesma medida que as de qualquer outra pessoa. Elas simplesmente estão dando palpites em cima de informações fundamentadas. Mas não deixam de ser "palpites". E aqui está algo que é muito interessante de se notar: quanto mais elas apresentam certeza em suas opiniões, menos precisas elas são em suas previsões.

Essa observação levou o psicólogo Philip Tetlock, da University of Pennsylvania, a examinar o que acontece em previsões e julgamentos realmente bons. Ao coletar

Flexibilidade e falta de certeza são partes relevantes de uma boa previsão.

dados de milhares de pessoas que tomavam decisões, ele conseguiu identificar uma pequena porcentagem que era excelente em fazer previsões precisas. Ele chamou essas pessoas de *Superprevisores*. O que elas tinham em comum? Tetlock descobriu que os superprevisores sempre *qualificam* seus julgamentos e previsões: "Eu diria que tenho cerca de 60% de certeza disso" e "Eu prevejo com 75% de confiança que ele vencerá por uma margem de 5 a 8%". Os superprevisores não dizem: "Tenho certeza absoluta de que ela vencerá por uma margem de 7%". Eles *valorizam sua dúvida* e qualificam seus pronunciamentos. E eles também fazem algo que muitos de nós poderíamos fazer mais: eles mudam suas previsões quando obtêm novas informações. Na verdade, eles continuamente questionam suas previsões, pois entendem que a informação é fluida.

Uma boa tomada de decisão envolve ambivalência e dúvida. *Confiança não é o mesmo que precisão.*

Porém, muitos de nós parecem pensar que vivemos em um mundo onde a certeza é fácil de ser conseguida. Um mundo em que quando estamos decidindo algo devemos sempre ter certeza absoluta. Essa ilusão da certeza pode dificultar a tomada de decisões quando não temos "todas as informações" – o que nunca temos, de qualquer forma. Nossa intolerância à incerteza nos leva a iguálá-la a um mau resultado, como um sinal de que somos irresponsáveis se a aceitarmos, e como se estivesse nos dizendo que devemos buscar constantemente mais e mais informações até chegarmos ao ponto de perfeição: quando *temos certeza absoluta de algo*.

Parte dessa intolerância à incerteza é a intolerância de sentimentos contraditórios sobre alguma coisa. Um homem me perguntou: "Como posso me casar se tenho sentimentos contraditórios?". Outra mulher me disse: "Não sei se devo aceitar esse emprego, pois tenho sentimentos contraditórios". Essa exigência de que tudo esteja ou do lado positivo ou do lado negativo torna difícil vivermos com resultados mistos. Como eu disse ao homem que hesitou em se casar: "Se você é honesto consigo tanto antes quanto depois de se casar, você pode aceitar esses sentimentos contraditórios como simplesmente sendo parte de viver no mundo real".

Nós não reconhecemos que nosso pensamento é tendencioso

Muitas vezes pensamos, com plena confiança, que somos realistas e objetivos, mas todos nós somos propensos a ter predisposições e hábitos problemáticos de pensamento. Sempre vemos as coisas do nosso ponto de vista, muitas vezes baseando nossos julgamentos em informações limitadas, como o que ouvimos recentemente, uma imagem que vimos, nossas emoções do momento ou o que queremos acreditar que seja verdade. Isso não significa que somos desonestos ou incompetentes, significa que somos humanos. Porém, raramente damos um passo atrás e perguntamos: "Estou sendo realista?".

Quando estamos confiantes ou pessimistas, raramente damos um passo atrás e nos perguntamos: "Existe um ponto de vista diferente?".

Existem certas propensões de pensamentos, hábitos de pensamento problemático, que nos levam a ser intolerantes à ambivalência. Veja se alguma das *propensões de pensamento* no quadro a seguir é familiar.

Essa rigidez de pensamento nos torna propensos a virarmos reféns dos arrependimentos tanto do passado quanto de antecipação do futuro. Pense no quão absurda é essa intolerância à ambivalência. Por exemplo, pense no seu melhor amigo ou no seu parceiro. Você tem sentimentos contraditórios sobre eles? Eles têm sentimentos contraditórios

---

Propensões de pensamento comuns no arrependimento

Pensamento preto ou branco: "Ou é tudo bom ou é tudo ruim." Quando nós pensamos que os resultados de nossas ações ou decisões vão ser ou completamente positivos ou completamente negativos.

Rotulação: "Isso é uma alternativa inaceitável ou uma escolha horrível." Quando temos dificuldade em enxergar que tudo vem com um preço e que sermos flexíveis poderia nos ajudar a tomar decisões melhores.

Minimização do positivo: "O lado positivo não é tão importante." Quando não damos crédito ao lado positivo pois estamos buscando uma alternativa que seja perfeita.

Filtro negativo: Quando focamos principalmente nos aspectos negativos de uma escolha. Esse filtro seletivo nos leva a sentir que não importa o que façamos, o resultado será inaceitável, pois o lado negativo é sempre realçado.

Adivinhação: "Isso certamente vai dar errado." Quando temos o hábito de prever que as coisas não darão certo mesmo não tendo informações suficientes para fazer essas previsões.

Catastrofização: "O resultado esperado é insuportável." Quando em vez de vermos a situação como um todo, em que há aspectos positivos e negativos, a tratamos como se ela fosse inteiramente negativa.

Raciocínio emocional: "Já que sou ambivalente, esta deve ser uma escolha terrível." Quando buscamos uma emoção plena de confiança, em vez de percebermos que nossas emoções raramente condizem com a realidade das situações.

Deverias: "Eu devo estar completamente feliz com a minha escolha e não devo ser ambivalente." Quando pensamos que deveríamos sempre ficar felizes, contentes e as que as coisas devem sempre dar certo. Esse é um exemplo de perfeccionismo emocional.

sobre você? Isso significa que você precisa romper sua amizade ou acabar seu relacionamento? Você tem sentimentos contraditórios sobre você mesmo? Podemos pensar na ambivalência como *a riqueza e a realidade de seus sentimentos*. Há valor em enxergar o positivo e o negativo. Certamente faz mais sentido viver no mundo real da ambivalência do que buscar a meta impossível do ideal (a mente pura, sem ambivalência, sem dúvidas). A busca pela perfeição o tornará infeliz. E arrependido.

Tenha em mente que nossos pensamentos tendenciosos e nossa intolerância à incerteza nos tornam mais propensos a sentir arrependimento e a antecipá-lo.

O arrependimento nos impede de fazer mudanças ao nos ameaçar com o "remorso do comprador"

Quando você considerou seus arrependimentos passados e atuais no Capítulo 1, você notou do que se arrepende mais? Ações tomadas ou inação? Você pode se surpreender ao descobrir que se arrependeu mais das escolhas que não fez do que das que fez. Em longo prazo, durante nossa vida, tendemos a nos *arrepender mais por ações que não realizamos*. Nos arrependemos mais do *que não fizemos* do que das *coisas que fizemos*. Parece que nos ajustamos ao longo do tempo ao que fizemos, mas podemos pensar anos depois em como as coisas teriam sido melhores se tivéssemos feito diferente. Isso pode acontecer porque muitas vezes acabamos lidando com os resultados das ações tomadas, mas podemos passar anos imaginando o que teria acontecido se tivéssemos tomado uma decisão diferente. Esse é o problema do arrependimento: punimos a nós mesmos mais com o possível (o que poderia ter sido) do que com o que realmente é. Em longo prazo, tendemos a nos ajustar a nossa realidade atual e a dar sentido a ela.

Na vida cotidiana, somos confrontados por decisões simples ou decisões mais complicadas. De qualquer jeito teremos decisões a tomar. Tenha em mente que decidir não fazer algo ainda *é uma decisão*. Se você é propenso à indecisão, é mais provável que pense que se arrependerá de *fazer algo*, ou seja, de *fazer mudanças*. E, de fato, logo após as pessoas tomarem uma atitude, se elas são propensas a se arrepender, elas experimentam o "arrependimento quente", isto é, *sentem o arrependimento mais intensamente*. Você pode ter experimentado essa intensa, repentina e dolorosa emoção de que fez a escolha errada logo depois de se comprometer com uma decisão. Sua dúvida de repente começa e o faz refém. Isso é como o "remorso do comprador", quando você compra algo que pensou que queria, mas depois fica reconsiderando se realmente precisava daquilo. Mas agora já é tarde demais. Você fica preso.

Essa intensidade muitas vezes desaparece. No entanto, como muitos de nós nos concentramos nas consequências de curto prazo de nossas ações, muitas vezes somos *cegados*, impedidos de decidir por tomar uma ação porque achamos que vamos ter o *arrependimento quente* depois. Também acreditamos que esse arrependimento quente vai durar muito tempo. Por exemplo, um homem que esperava se arrepender se ele se casasse enquanto era ambivalente percebeu após o primeiro ano que havia vantagens reais no relacionamento que ele havia negligenciado anteriormente. Seu "arrependimento quente" logo antes e logo depois do casamento começou a se dissipar com o tempo. E um benefício adicional foi que ele tirou a decisão de discussão.

O arrependimento nos diz que não seremos capazes de lidar com outra decepção

Se sua lista de arrependimentos for muito maior no lado das "estradas não percorridas" do que no lado dos "caminhos seguidos", você pode ser vítima da crença de que não é tão resiliente quanto realmente é. Embora possamos não acreditar, muitas vezes nos acostumamos com o que escolhemos, seja bom ou não tão bom. (Embora alguns de nós possam ficar presos a arrependimentos por anos, a maioria das pessoas se adapta à vida que elas têm.) Essa é uma forma do que os psicólogos chamam de *esteira hedonista* e funciona para bons e maus resultados. As pessoas que ganham muito dinheiro repentinamente se sentem melhor por um tempo, mas um ano depois sua felicidade está de volta ao que era antes. As pessoas que se mudam para uma nova casa também apresentam um pico de felicidade temporário, mas depois que se acostumam, sua felicidade volta ao nível anterior. O mesmo processo funciona para eventos negativos da vida. Ao revisar estudos de vários eventos negativos significativos da vida, como ficar deficiente, ter uma perda financeira grave, ficar desempregado ou se divorciar, os pesquisadores descobriram que, dentro de um ano após o evento negativo, a maioria das pessoas volta ao nível anterior de felicidade. Geralmente nos acostumamos com o lado bom e o lado ruim em nossa vida. Esse é um exemplo de *resiliência* – nos acomodamos e nos ajustamos aos piores eventos que podemos ou tememos vivenciar, mas raramente esperamos que consigamos lidar tão bem com a situação quanto realmente fazemos.

Superestimamos nossas emoções

Uma razão para o nosso pessimismo em relação a nossa capacidade de lidar com as situações é que *superestimamos o quão mal nos sentiremos e o quanto nós vamos nos arrepender*. Em um estudo, alunos foram solicitados a registrar seus arrependimentos durante um período de duas semanas e a estimar, com antecedência, quantos desses arrependimentos realmente se consolidariam. Os resultados mostraram claramente que eles previram mais arrependimentos do que realmente vivenciaram. Os estudantes previram 70% de arrependimentos, mas, na verdade, se arrependeram apenas de 30% dos desfechos.

Essa tendência de superestimar o arrependimento é parte de um quadro geral mais amplo na tomada de decisões: em geral as pessoas antecipam que as coisas serão muito piores para elas, e isso é uma grande parte da razão pela qual elas acreditam que não serão capazes de lidar com as situações. Em um estudo, estudantes universitários tomaram nota de suas previsões e, posteriormente, qual foi o desfecho delas e como eles lidaram com resultados negativos. Descobriu-se que 85% dos resultados foram positivos, e 79% dos alunos disseram que lidaram bem com os 15% restantes, que foram negativos. Uma descoberta semelhante foi observada em um estudo recente em que os alunos tomaram notas de suas previsões e preocupações por um período de 30 dias. Cerca de 90% das coisas sobre as quais eles se preocupavam não se tornaram realidade. Além disso, os resultados mostraram que os alunos classificaram 30% dos resultados como melhores do que o esperado para as preocupações que não se concretizaram. É claro que nem tudo sai do jeito que gostaríamos, mas devemos ter em mente que superestimamos arrependimentos, superestimamos resultados negativos e subestimamos nossa capacidade de lidar com as dificuldades, e é isso que alimenta nosso arrependimento sobre possíveis ações futuras.

Não reconhecemos o quão bem podemos lidar com problemas reais

Outra razão para nosso pessimismo em lidar com eventos negativos é que sofremos do que os psicólogos chamam de *negligência imunológica*. Trata-se de um viés em nosso pensamento sobre o futuro em que *subestimamos* o quão bem podemos lidar com eventos negativos. Não pensamos nos eventos e experiências que nos tornarão imunes às coisas "terríveis" que podem acontecer. Não percebemos o quão bem podemos lidar com os problemas. Por exemplo, deixamos de pensar em oportunidades que podemos ter, novas fontes de recompensas e até mesmo nossas habilidades atuais e sistemas de apoio que podem nos ajudar a lidar com eventos negativos. Uma pessoa que pensa em divórcio pode acreditar que vai se arrepender porque pode prever que ficará solitária e deprimida para sempre, mas ela pode não reconhecer que ainda terá seu trabalho como fonte de recompensa, além de amigos, filhos e interesses. Ela pode não perceber que pode ter novos relacionamentos, novas experiências e novas oportunidades.

Ficamos focados e ancorados em apenas uma coisa

A razão para a negligência imunológica é que muitas vezes ficamos presos em nosso humor e situação atuais. Alguém passando pelo rompimento de um relacionamento ou perdendo o emprego pode se concentrar no momento atual, no humor atual e na perda atual. As oportunidades que estão à frente parecem fora de alcance e inimagináveis. Ficamos presos no nosso pensamento, reféns do momento e humor atuais. Estamos *ancorados* em nosso pessimismo do momento. Mas a mudança muitas vezes envolve oportunidade, mesmo que seja uma mudança negativa. Tudo isso é relevante para o arrependimento, porque se anteciparmos que tudo ficará ruim e que nos arrependeremos da mudança, há menos probabilidade de fazer uma escolha para sairmos de uma situação difícil.

Uma parte dessa incapacidade de antecipar um melhor enfrentamento à situação e melhores resultados é conhecida como "focalismo". Trata-se da tendência de *focar em uma parte* da situação, excluindo uma perspectiva mais ampla de outros fatores que podem ser úteis. Nosso foco estreito no momento pode estar em nosso atual humor ansioso, na perda antecipada de algo ou nas razões pelas quais acreditamos que as coisas não vão dar certo. É como se estivéssemos fazendo uma busca limitada por possíveis maneiras de lidar com as coisas, porque nossa mente fica presa na situação negativa que está bem na nossa frente. Por exemplo, a mulher que estava chateada com o divórcio concentrou-se em sentir falta do marido durante as férias e inicialmente não conseguiu mudar seu foco para imaginar todas as oportunidades de experiências gratificantes ou todos os seus recursos pessoais. O *focalismo* aumenta nosso arrependimento sobre o passado e nosso arrependimento antecipado sobre o futuro. A resposta ao focalismo é ter uma perspectiva mais ampla e abrir a mente para diferentes pontos no futuro. Que fatores, além daqueles imediatamente aparentes para você, podem ajudá-lo a lidar melhor com seus problemas? Expanda seu pensamento.

Oportunidades geram arrependimento

Arrependimento é uma *emoção de oportunidade*, quanto mais oportunidades vemos, maior a probabilidade de nos arrependermos de algo. E a oportunidade pode estar ou no momento em que fazemos as escolhas, por exemplo, quando temos muitas alternativas atraentes, ou na oportunidade posterior de reverter nossa decisão e corrigir as coisas. *Oportunidades geram arrependimento*. Se eu não tive a oportunidade de participar de algo, então não faria sentido para mim lamentar o fato de não ter sido bem sucedido nesse algo. Eu não tinha nenhum controle, nenhuma chance e, portanto, nenhum arrependimento. Sem escolha, sem arrependimento.

Arrependimento implica que poderíamos ter feito algo diferente. Por exemplo, se você comprar uma ação e ela perder metade do valor, você pode se arrepender dessa escolha porque poderia ter optado por não comprá-la. Em contrapartida, se você estacionar seu carro em uma garagem trancada e alguém arrombar e roubar o carro, você pode ficar com raiva, triste e ressentido, mas não faria sentido se sentir arrependido pelo fato de o carro ter sido roubado. A menos que você se culpe por estacionar em um local razoavelmente seguro, provavelmente não se arrependerá de sua escolha. Você pode estar chateado, mas você não tinha controle sobre isso.

Às vezes, tentamos eliminar nosso senso de escolha ao deixar as coisas "para a sorte" – por exemplo, jogando uma moeda para decidir. Outra tática que usamos é fazer outra pessoa escolher por nós, como se pudéssemos transferir nossa responsabilidade. Porém, como discutiremos mais adiante, em ambos os casos fizemos uma escolha, isto é, nos iludimos pensando que, deixando à sorte ou fazendo outra pessoa decidir, evitaríamos arrependimentos no futuro. Mas você pode se arrepender depois de rolar a sorte ou pedir a outra pessoa para tomar a decisão, porque ambas as ações são decisões em si. Não apenas isso, são também decisões irracionais.

Quanto mais escolhas, maior o arrependimento

É fato que quando temos mais opções sobre o que comprar ou ações que podemos tomar, estamos mais propensos a nos arrepender. Pense, por exemplo, em quando você vai comprar cereais no supermercado, onde se depara com centenas de opções de alimentos para o café da manhã. Como decidir? Dados de pesquisa mostram que o aumento de escolhas que temos quando estamos comprando não está apenas correlacionado com mais dificuldade em fazer a escolha, mas também com menos satisfação com o que escolhemos e com maior arrependimento. Afinal, se não tivéssemos alternativas, exceto aquela que realmente escolhemos, então a decisão seria fácil e não haveria nada para se arrepender depois. Quanto mais opções consideramos, menos satisfeitos ficamos com nossa escolha e maior a probabilidade de arrependimento. Às vezes pensamos que, se levarmos muito tempo tentando decidir, será menos provável que nos arrependamos do resultado. Isso é o que chamamos de *ilusão da diligência*. Porém, os dados de pesquisa mostram o contrário. Quanto mais tempo uma pessoa contempla opções, menos satisfeita e mais arrependida ela fica. A razão para isso é que quanto mais pensamos no que poderíamos ter feito, mais isso complica nossa tomada de decisão. Quanto mais opções disponíveis, mais lembraremos mais tarde como poderíamos ter escolhido outra coisa. Esse é um ponto importante porque as pessoas geralmente pensam que levar muito tempo para decidir, e considerar todas as opções possíveis, levará a menos arrependimento. Mas o oposto é verdadeiro, demorar mais leva a mais arrependimento!

Outro fator que aumenta o arrependimento é se achamos que receberemos *feedback* sobre a alternativa que rejeitamos. Dados de pesquisa mostram que, se esperam *feedback* sobre os resultados, as pessoas antecipam se sentir mais arrependidas. Por exemplo, uma coisa que você não quer ouvir é como anda seu ex-namorado, especialmente se foi você quem acabou o relacionamento. Ou, se você comprar algo, não quer ouvir como o item que você deixou de comprar é maravilhoso. Na verdade, uma maneira de lidar com isso é evitar essas informações e reforçar sua escolha encontrando mais e mais informações para ajudá-lo a pensar que o que você escolheu foi de longe o melhor.

Agora temos uma boa compreensão básica de como o arrependimento funciona, seja se estamos antecipando arrependimentos ao tentar tomar uma decisão ou refletindo sobre resultados decepcionantes que uma determinada decisão produziu. O que acontece quando não desafiamos essas formas de pensar e agir?

Os oito hábitos das pessoas altamente arrependidas

Todos nós temos a capacidade de nos arrepender, mas alguns são especialmente habilidosos em encontrar oportunidades de arrependimento onde outras pessoas não veem nada preocupante. E se desenvolvêssemos um *Livro de Regras do Arrependimento*, para que não tenhamos que deixar nossa ansiedade, remorso e tristeza ao acaso? Você sempre saberá o que pensar e o que fazer para garantir que estará preso em seus arrependimentos sobre o passado e incapaz de tomar decisões sobre o futuro porque tem medo de se arrepender dele. Aguente meu humor duvidoso por alguns momentos e veja se você está seguindo à risca as Regras do Arrependimento. Não deixe nada ao acaso, incluindo sua capacidade de se arrepender totalmente de qualquer coisa que você possa imaginar fazer ou deixar de fazer.

Aqui vai.

1. *Olhe para trás e pense no quão melhor sua vida teria sido se você tivesse feito diferente.* Esta é uma parte importante da sua caixa de ferramentas do arrependimento, pois há tantas possibilidades do que você poderia ter feito em comparação com o que você realmente fez. Talvez se tivesse escolhido uma carreira, um parceiro ou um lugar diferente para viver, você estaria muito mais feliz. As possibilidades para você fazer de si mesmo uma pessoa infeliz são infinitas. Use sua imaginação e considere todas as coisas maravilhosas que você perdeu. Se ao menos você não tivesse feito as escolhas que fez...

2. *Foque em todos os aspectos negativos que você experimentou e desconsidere todos os aspectos positivos.* Agora que você tem uma possível fonte infinita de *oportunidades perdidas* a considerar, pode se divertir pensando em todos os aspectos negativos que experimentou, comparando-os com todos os aspectos positivos que você pode imaginar que faltam em sua vida. Continue pensando sobre isso e pergunte a si mesmo: "Por que eu fiz isso?" ou "Por que não fiz outra coisa?". Talvez se você ficar remoendo e pensando sobre isso repetidamente, você encontrará uma resposta. Ou talvez não. Pense nisso também. Afinal, é sempre possível que você tenha perdido alguma coisa.

3. *Idealize as escolhas que você não fez.* Todas essas oportunidades perdidas eram como frutas maduras bem na sua frente, mas você (e *apenas você*) optou por não colher essa fruta que lhe daria uma vida quase perfeita. Ao contrário dessa vida pela qual você lutou, sua vida teria sido maravilhosa, cheia de imenso sucesso, felicidade o tempo todo e algo do qual você poderia se orgulhar. Uma vida com a qual você poderia estar satisfeito, sem se arrepender. Pense em como as coisas poderiam ter sido perfeitas se você tivesse sido sábio o suficiente para fazer escolhas diferentes. Afinal, tenho certeza de que você consegue imaginar alguma celebridade elegante na capa de uma revista cuja vida é um fluxo interminável de prazer orgástico cercado por admiradores bajuladores como você e eu. Ah, se ao menos você tivesse feito escolhas diferentes... Você estaria vivendo no Nirvana, em vez do cafofo onde você mora atualmente.

4. *Insista no fato de que você deveria sempre saber o que fazer.* O que você estava pensando quando fez essas escolhas? Afinal, você é pelo menos razoavelmente inteligente, não é? Por que você escolheu as alternativas ruins que escolheu? Não estava claro na época, quando você olha para trás agora, que a melhor alternativa

era aquela que você recusou? Agora é tão claro. E naquela época era também. Não se esquive da culpa. Você deveria saber disso. Continue repetindo isso para si mesmo. Você deveria ter previsto. Qual é sua desculpa? O que você estava pensando? Se é que estava pensando alguma coisa.

5. *Então, critique-se por não saber o que era sua obrigação saber.* Não preciso nem dizer que, já que você tinha obrigação de saber, agora você deve se criticar para se ensinar uma lição, para ser realista, para se certificar de que não vai continuar cometendo esses erros repetidamente, como você esteve propenso a fazer tantas vezes no passado. Mesmo que você tenha feito outras boas decisões, são essas decisões estúpidas e evitáveis que realmente importam. Afinal, bons tomadores de decisão reconhecem um tolo quando o veem.

6. *Avalie suas escolhas pelo melhor resultado que você pode imaginar.* Agora que você aceitou suas escolhas, deve comparar o que você tem com o melhor resultado imaginável, pois você certamente sabe que isso que escolheu não é o melhor resultado. Você sempre pode imaginar algo melhor. E você precisa do melhor, mesmo que não o mereça de verdade. Não fique satisfeito com o segundo melhor, não se acomode, não tente apenas dar o seu melhor. Isso é para perdedores. Você deve vencer o tempo todo, sempre ter o melhor, sempre imaginar como poderia ser melhor. É assim que você vai progredir, não é?

7. *Nunca aceite trocas.* Como você deve sempre ter o melhor resultado para evitar arrependimentos, recuse quaisquer trocas. Não se contente com nada menos que 100% positivo. Na verdade, não se acomode. Se houver qualquer aspecto negativo no resultado de uma escolha, isso significa que você escolheu a alternativa errada. Existe uma alternativa em algum lugar em que não há pontos negativos, nem compensações. Nem tudo na vida tem um preço se você se esforçar para fazer a escolha certa.

8. *Ao considerar uma escolha, insista que você precisa saber de tudo com certeza antes de decidir.* Bem, dadas todas as más decisões que você tomou no passado, é hora de exigir certeza absoluta antes de fazer novas escolhas. Afinal, se você tiver certeza, poderá garantir que não cometerá outro erro idiota. Leve o tempo que precisar – o que é sempre mais tempo, pois sempre há algumas informações novas que você pode ter esquecido. Continue adiando as decisões até que você "se sinta pronto" e saiba tudo o que há para saber.

O LADO POSITIVO E O LADO NEGATIVO DO ARREPENDIMENTO

O fato de você estar lendo este livro indica que você já tem uma ideia de onde os oito hábitos das pessoas altamente arrependidas podem levar – qual é a desvantagem do arrependimento. Vejamos o que a ciência acrescenta.

Qual é a desvantagem do arrependimento?

Como indicado anteriormente, o arrependimento inclui nossos pensamentos (cognições) e as emoções (sentimentos) que resultam desses pensamentos. Os pensamentos podem ser "Eu fui um idiota por fazer isso", "Eu deveria ter previsto" ou "Eu deveria ter escolhido algo diferente". Quais emoções estão associadas ao arrependimento? Podemos pensar no arrependimento como uma emoção social complexa que geralmente inclui uma ampla gama de outras emoções, como sentimentos de angústia, raiva em relação aos outros, insatisfação, culpa, vergonha, desamparo, remorso, pesar, tristeza, preocupação, raiva de si mesmo, amargura ou decepção. Veremos em capítulos posteriores como nossa reação às escolhas que fazemos pode nos levar a uma série de emoções negativas e como podemos usar diversas ferramentas poderosas para lidar melhor com a tomada de decisão e os resultados de nossas escolhas.

O arrependimento pode nos manter presos. Podemos ter arrependimentos sobre o passado ou podemos antecipar arrependimentos sobre o futuro. Podemos ficar congelados no passado enquanto remoemos as decisões que tomamos para mudar ou não mudar algo, ou o arrependimento pode nos manter congelados nas nossas tomadas atuais de decisões porque ficamos com medo de nos arrependermos do resultado mais tarde. Em uma pesquisa nacional com adultos nos Estados Unidos, o arrependimento foi relacionado a maior angústia, agitação ansiosa, depressão, falta de prazer e pensamentos negativos repetitivos. Algumas das suas consequências negativas mais comuns incluem acumulação, baixa autoestima, ansiedade social, indecisão, depressão, culpa, preocupação, ruminação, procrastinação e isolamento. Os acumuladores temem se arrepender de jogar fora algo que vão precisar mais tarde. O arrependimento aumenta a baixa autoestima porque nos criticamos pelo que escolhemos ou não escolhemos. Ele aumenta nossa ansiedade social à medida que pensamos em nossas interações com as pessoas e chegamos à conclusão de que nos deparamos toda hora com um idiota chato. Somos mais indecisos porque tememos nos arrepender de nossas decisões de fazer algo, então passamos dias, ou até semanas, tentando ter certeza de que faremos a escolha certa. O arrependimento nos deixa deprimidos em parte porque evitamos oportunidades que podem melhorar nossa vida, em parte porque nos leva a remoer escolhas e a nos preocuparmos com alternativas ou decisões passadas, e em parte porque procrastinamos e não fazemos o que precisa ser feito. E o arrependimento pode nos manter presos ao ressentimento, pois culpamos outras pessoas pelo que nos arrependemos de ter feito ou não.

Quando percebemos que estamos nos arrependendo de algo, podemos começar a pensar nas escolhas, fazer uma "autópsia" do nosso processo de decisão, e ruminar por horas, dias ou anos. Uma mulher ficou remoendo sobre seu divórcio de dez anos atrás pensando que ela se arrependia de ter se casado com o homem com quem teve um filho que ela ama. Seus arrependimentos a mantinham presa ao ressentimento, à autocrítica e à incapacidade de deixar erros e infortúnios no passado. Na verdade, seu arrependimento pelo divórcio aumentou sua desconfiança de outros homens, mas também a desconfiança sobre seu próprio julgamento.

O arrependimento está relacionado a muitos dos transtornos psicológicos mais comuns. Por exemplo, as pessoas com depressão crônica muitas vezes remoem seus "erros" ou experiências passadas, criticando-se por qualquer erro de julgamento imaginável enquanto desconsideram sua vida atual. Indivíduos com transtorno de ansiedade social, que temem uma avaliação negativa e acreditam que os outros os estão julgando por causa de sua ansiedade, antecipam que vão fazer papel de bobo e depois se arrepender. Ou vão relembrar suas interações com as pessoas e pensar que deveriam ter agido de forma diferente. Pessoas com transtorno obsessivo-compulsivo (TOC) acreditam que podem ter se contaminado com algo acidentalmente, cometido erros, deixado portas destrancadas ou que seus pensamentos negativos as levarão a fazer algo vergonhoso, como machucar alguém, dizer obscenidades ou agir impulsivamente. Elas vivem na sombra de arrependimentos passados e arrependimentos potenciais diariamente. Indivíduos com transtorno de pânico, que temem ter um ataque de pânico, vivem com medo de ter um ataque de ansiedade intenso e enlouquecer ou desmaiar com um ataque cardíaco. Eles vivem com um medo contínuo de arrependimentos futuros. Os procrastinadores evitam as tarefas que precisam ser feitas, pois acreditam que se arrependerão de fazer as coisas de forma imperfeita e que, por isso, ficarão cheios de arrependimento e autocrítica. E aqueles que expressam sua raiva e gritam, xingam e insultam os outros muitas vezes se arrependem de seu comportamento hostil, mas às vezes é tarde demais para salvarem seus empregos, suas amizades ou seus casamentos.

O lado positivo: é possível que o arrependimento possa nos ajudar?

Está na moda em alguns lugares pensar que devemos buscar a felicidade o tempo todo e que emoções desagradáveis, como ciúme, raiva, ressentimento ou arrependimento, precisam ser eliminadas. Contudo, as emoções evoluíram porque deram uma vantagem aos nossos desafortunados ancestrais. O medo de altura nos protege de cair de lugares altos, o medo de água nos protege de nos afogarmos e o medo de espaços abertos protegeu nossos antepassados de predadores famintos. O medo protege, a depressão nos ensina a recuar porque o que estamos fazendo não funciona, o ciúme ajuda a garantir nossa paternidade ou o compromisso de nosso parceiro e a inveja de que os outros estejam progredindo pode nos motivar a tentar mais e ajudar a garantir que os grupos tenham distribuição mais equitativa de alimentos e outros recursos. Sem medo, tristeza, ciúme e inveja, podemos ficar em uma situação pior.

> De que adiantam os erros se você não aprende com eles?

O arrependimento tem uma desvantagem significativa, mas se formos sábios, não queremos eliminar a capacidade de arrependimento. O arrependimento ajuda na *autorregulação*. Podemos pensar nele como uma estratégia que nos auxilia a regular o comportamento, permitindo-nos imaginar as consequências de nossas escolhas e então avaliar qual é a melhor alternativa. Se eu puder antecipar que posso me arrepender de comer uma comida apetitosa e picante tarde da noite porque prevejo que terei indigestão, então posso me impedir de tomar essa decisão. Posso regular meu comportamento antecipando o arrependimento. Ou se eu lembrar que quando me irritei com alguém e disse algo indelicado eu me senti culpado por meu comportamento, posso usar essa culpa antecipada para me regular no futuro e manter minha raiva sob controle. Posso pensar no arrependimento como uma *estratégia de aprendizado*, em que aprendo com os erros que cometi para me corrigir no futuro.

O arrependimento nos permite *fazer experiências* em nossa mente, e a capacidade para esse pensamento prospectivo pode nos ajudar a evitar alguns resultados desagradáveis. Podemos pensar no arrependimento como uma *estratégia de planejamento* que nos ajuda a imaginar diferentes caminhos a tomar ou não e então antecipar qual será o mais vantajoso. Podemos pensar no arrependimento como uma *estratégia de aprendizado* que nos permite tirar proveito de nossos erros do passado ou dos erros dos outros e planejar o futuro usando esse conhecimento. Na verdade, *não se arrepender é não aprender*. Também podemos pensar no arrependimento como *motivação* para nos esforçarmos mais, tentarmos algo diferente e nos inspirarmos a superar obstáculos que não conseguimos vencer no passado.

O arrependimento é uma daquelas emoções que evoluíram para nos dar suporte, para nos ajudar a sobreviver. É uma habilidade cognitiva e emocional. O arrependimento está relacionado com o que os psicólogos chamam de *contrafatuais* – possibilidades do que poderia ter acontecido ou do que pode acontecer no futuro. Em outras palavras, os contrafatuais não são fatos reais, são fatos possíveis. Por exemplo, é possível que se você se casasse com uma pessoa diferente você seria mais feliz, ou é possível que se você

Por que não fazer bom uso do arrependimento?

O arrependimento pode ajudá-lo a:
- Regular seu comportamento.
- Aprender.
- Planejar.
- Autocorrigir-se.
- Desculpar-se.
- Motivar-se.
- Fazer experiências na sua mente (em vez de na vida real).

escolher esse novo emprego você acabe infeliz. Os humanos são notáveis em imaginar o que pode ser ou poderia ter sido. Como isso é útil? Bem, é como fazer uma simulação do que *poderia ser* sem precisar experimentar na prática. Você pode imaginar o que aconteceria se falasse com sua chefe em um tom hostil e então imaginar a resposta dela caso decidisse demiti-lo. Esse tipo de simulação mental permite realizar um experimento sem ter que fazer nada. O arrependimento nos permite aprender com nossos erros e nos motiva a mudar no futuro. E, se anteciparmos o que podemos sentir depois de agirmos, nossa capacidade de antecipar o arrependimento pode nos impedir de agir impulsivamente. Muitas vezes pensamos no arrependimento como uma daquelas "emoções ruins", uma emoção que nunca deveríamos ter. Mas ele pode ser um componente necessário no planejamento, aprendizado e ganho com nossa experiência.

Há pessoas que têm déficits na capacidade de se arrepender. São indivíduos que muitas vezes não aprendem com seus erros ou pensam que não sofrerão as consequências. Pense em pessoas que agem impulsivamente e dizem coisas que insultam outras pessoas ou que dirigem excessivamente rápido, que abusam de drogas e álcool ou que jogam ou gastam dinheiro que não têm. Elas não estão usando a capacidade de antecipar o arrependimento de maneira adequada e, portanto, continuam cometendo os mesmos erros repetidamente. Eu tenho um lembrete para mim. Se estou com raiva de alguém, me pergunto se posso me arrepender de falar algo hostil. E isso me ajuda com a minha raiva. Eu sei que quando a bandeja de sobremesa chegar eu adoraria comer aquela *mousse* de chocolate, mas daí penso que provavelmente vou me arrepender depois. Logo, o arrependimento é uma ferramenta para o autocontrole. Ele é um guia.

Indivíduos com transtorno bipolar geralmente têm fases maníacas em que são excessivamente confiantes – pensam que podem lidar com qualquer coisa e correm riscos dos quais se arrependem mais tarde. São pessoas com vulnerabilidade biológica a períodos de mania (excitação extrema, hipersexualidade, confiança exagerada e irritabilidade intensa) e períodos de depressão (remorso, tristeza, pensamento suicida). O problema é que, quando em suas fases maníacas, elas não antecipam o arrependimento de agir de acordo com seus desejos de aventura, escapadas sexuais, oportunidades financeiras ou excitação. Já vi muitas pessoas com transtorno bipolar que colocaram seus casamentos em risco por causa do comportamento sexual, perderam seus empregos por serem agressivas ou inadequadas, ou enfrentaram ruína financeira, ou até prisão, devido a seus comportamentos. Na verdade, o arrependimento costuma fazer parte de seus episódios depressivos que ocorrem logo após os episódios maníacos. É claro que você não precisa estar sofrendo de um transtorno psiquiátrico diagnosticável para experimentar o lado negativo do arrependimento ou para usufruir das estratégias deste livro para levá-lo ao lado positivo. Você pode apenas entender que ficou preso em remorso sobre erros do passado ou paralisado quando se deparou com chances de fazer mudanças.

Embora muitas pessoas se deixem levar pelas partes negativas de seu arrependimento, dados de pesquisa mostram que as pessoas geralmente veem o arrependimento como uma *emoção positiva valiosa*, mesmo que seja desagradável. Quando solicitados a descrever e classificar as qualidades positivas e negativas das emoções desagradáveis, os pesquisadores descobriram que "o arrependimento foi classificado como a mais benéfica das 12 emoções negativas em todas as cinco funções de: dar sentido às experiências passadas, facilitar comportamentos de aproximação, facilitar comportamentos de evitação, desenvolver novos entendimentos sobre si mesmo e preservar a harmonia social".

Em um estudo, o arrependimento foi classificado como uma emoção desagradável, mas as pessoas também afirmaram que ele tinha muitas qualidades positivas em comparação com outras emoções desagradáveis. Os indivíduos relataram sentimentos contraditórios sobre emoções negativas como o tédio, a ansiedade, a raiva, o medo, a culpa, a tristeza e o orgulho e relataram principalmente sentimentos negativos sobre a inveja. No entanto, os participantes alegaram que o arrependimento os ajudou a entender experiências passadas ("Por que eu fiz isso?" ou "O que mais eu poderia ter feito?"), a fazer escolhas para tentarem melhorar as coisas (abordagem), a evitar resultados negativos, a chegar a novos entendimentos sobre si mesmos, bem como facilitou a conexão deles com os outros (em pedidos de desculpa, por exemplo). Isso faz sentido. Muitas vezes queremos entender por que cometemos erros, por que não seguimos nosso plano e o que foi que fez as coisas darem errado. Em alguns casos, isso pode levar ao remorso e à autocrítica, mas, como veremos mais adiante, podemos usar o arrependimento de maneira produtiva para aprender com nossos erros. Eu chamo isso de *arrependimento produtivo.*

O *arrependimento produtivo* envolve usar seu conhecimento dos erros para se corrigir e motivar-se a se esforçar mais no futuro. O arrependimento pode ser produtivo ou útil se o levar a aprender com seus erros ou experiências. Ele pode ser produtivo se o ajudar a evitar agir impulsivamente e pode ser útil se você puder se corrigir em vez de se criticar. Ou seja, pode ser uma *estratégia de autocorreção*, diferentemente de uma *estratégia de autocrítica*. Quando criticamos a nós mesmos, acabamos deprimidos, e isso não nos ajuda a crescer com nossos erros. Quando nos corrigimos, tratamos nossos erros como uma oportunidade de sermos flexíveis e aprendermos com o que fizemos. Os arrependimentos podem ser produtivos quando tratamos os erros como *experimentos* que nos dão informações que podemos usar para melhorar as coisas. Ao longo deste livro, mostrarei como você pode reverter os oito hábitos das pessoas altamente arrependidas para tornar o arrependimento produtivo para você.

Outra maneira pela qual o arrependimento pode ser útil é quando ele é expresso a outras pessoas a quem podemos ter magoado inadvertida ou intencionalmente. O arrependimento pode ser uma emoção particular ou que expressamos em relação aos outros. Pense no arrependimento expressado como um *pedido de desculpas* acompanhado por uma expressão de uma emoção negativa pessoal. Por exemplo, se eu disser: "Eu realmente me arrependo de ter dito isso a você e me senti muito triste com o que aconteceu", é mais provável que você me perdoe ou me dê outra chance. Mas se eu disser: "Bem, acho que você interpretou mal o que eu disse e não posso ser responsável por seus sentimentos", é provável que você se sinta ainda mais magoado e irritado comi-

Como o arrependimento pode ter um impacto produtivo ou improdutivo

Uma área em que o arrependimento desempenha um papel importante é a de estar a favor de comportamentos que protegem nossa saúde. Isso pode incluir a vacinação contra a gripe, sexo seguro, excesso de velocidade, uso do cinto de segurança, tabagismo, controle do peso, exercício, rastreamento de câncer de mama e colorretal e uso de álcool e drogas. Pesquisas mostram que pedir às pessoas que considerem suas emoções (previsão de emoção ou afetiva) ao imaginar um resultado de saúde problemático pode aumentar substancialmente a disposição delas em seguir as diretrizes para comportamentos bons para a saúde.

Em uma revisão de 81 estudos com 45.618 pessoas, os pesquisadores descobriram que havia alta correlação entre arrependimento futuro antecipado ("Você poderia se arrepender disso no futuro?") e o cumprimento de comportamentos bons para a saúde. Na verdade, foi demonstrado que perguntar sobre um possível arrependimento antecipado aumenta a adesão aos exames de câncer do colo do útero e à mamografia. Os pais que anteciparam a probabilidade de seus filhos adolescentes contraírem HPV e se arrependerem de não vaciná-los eram muito mais propensos a fazê-lo.

Contudo, muitos indivíduos não seguem os comportamentos de proteção à saúde. Eles não utilizam o arrependimento antecipado o suficiente. Por que isso acontece? Uma razão é que as pessoas minimizam o risco envolvido em certos comportamentos, como fumar, fazer sexo sem proteção, não usar cinto de segurança e consumir álcool. Uma vez que o resultado do risco está no futuro (muitas vezes o futuro distante para o tabagismo, diabetes e uso de álcool), ele é minimizado. O que os olhos não veem, o coração não sente. Segundo, tendemos a subestimar o risco de comportamentos nos quais encontramos prazer, como fumar, usar drogas, fazer sexo sem proteção e comer demais. Terceiro, muitas vezes estimamos que o risco é menor simplesmente porque ainda não sofremos uma consequência ruim. Por exemplo, a pessoa que não usa cinto de segurança afirma: "Eu dirijo há 20 anos, nunca usei cinto de segurança e nunca aconteceu nada". Quarto, muitas vezes apontamos anedotas para justificar nosso atual comportamento de risco: "John tem 85 anos e fumou a vida toda". Quinto, muitos jovens desconsideram a probabilidade de se tornarem viciados em fumar e afirmam que vão parar em algum momento no futuro. Isso ajuda a "justificar" o comportamento de risco atual e ignora a alta probabilidade dessas pessoas de desenvolverem um vício e até câncer devido aos efeitos cumulativos do tabagismo. E, sexto, uma vez que muitos desses riscos não apresentam "sintomas", dor ou desconforto no momento, os indivíduos minimizam o risco de não optarem por hábitos saudáveis. Por exemplo, dentro de um ano da prescrição de medicamentos para pressão alta, quase metade dos pacientes abandona o tratamento. Isso provavelmente se deve ao fato de que a hipertensão é um "assassino silencioso". Em geral você não sofre a consequência negativa cumulativa da pressão alta até eventualmente ter um derrame ou ataque cardíaco. Mas aí já é tarde demais.

Nos Estados Unidos, 541 mil pessoas já foram diagnosticadas com câncer de pulmão. Ainda há 34 milhões de pessoas fumando, mesmo com quase todas sabendo que fumar causa câncer de pulmão. De acordo com um estudo da Clínica Mayo, dois terços das mulheres não estão em dia com os exames para câncer do colo do útero. Além disso, 10% das pessoas não usam cinto de segurança. Outro risco evitável.

Aparentemente, milhões de nós não têm usado o arrependimento antecipado de maneira produtiva. É mais fácil mudar seu comportamento do que mudar o passado, mas essas pesquisas nos mostram que milhões de nós acabaremos nos arrependendo do passado por não antecipar nossos arrependimentos futuros.

go. A expressão do arrependimento interpessoal é um elemento-chave de um pedido de desculpas eficaz e é uma das razões pelas quais a culpa e a vergonha evoluíram nos humanos. Se eu souber que você se arrepende e tem um pouco de culpa ou vergonha, é mais provável que pense que sua consciência de seus próprios sentimentos ruins o levará a fazer a coisa certa. Quando você expressa o arrependimento apropriado de maneira apropriada, pode usar a culpa ou a vergonha de forma produtiva, conforme será descrito no Capítulo 9.

O arrependimento produtivo leva a melhores decisões

Ao longo deste livro, vou sugerir que o arrependimento pode ajudá-lo a antecipar o futuro para que você evite agir impulsivamente e aprenda com seus erros. Isso pode prevenir que você vire refém dos arrependimentos irritantes, persistentes e muitas vezes autodestrutivos que sempre acabam aparecendo.

Usar o arrependimento com sabedoria pode ajudá-lo a se tornar um melhor tomador de decisões. Muitas pessoas têm muitos arrependimentos porque, na verdade, tomaram decisões erradas. Bons tomadores de decisão estão continuamente se corrigindo e aprendendo com seus erros. Eles não ficam se olhando no espelho e dizendo a si mesmos como são maravilhosos. Portanto, o Passo 2 deste livro é dedicado a ajudá-lo a examinar como você toma decisões a fim de desenvolver algumas habilidades para evitar as consequências negativas que podem advir de uma má tomada de decisão. Tomar decisões melhores pode ajudá-lo a reduzir o risco de arrependimento, mas antecipar o arrependimento racionalmente pode ajudá-lo a tomar melhores decisões.

Vejamos, por exemplo, o seu arrependimento por ter dito algo duro para alguém de quem você gosta. O arrependimento produtivo pode ajudá-lo a aprender que isso só fará você se sentir pior em longo prazo e pode prejudicar um relacionamento que você valoriza muito. O arrependimento produtivo o ajuda a usar sua dor emocional para corrigir seu comportamento no futuro e antecipar que, se você falar de maneira hostil, se arrependerá mais tarde. Isso inclui aprender com suas experiências, aprender com as experiências de outras pessoas, desenvolver um plano de autocorreção e avaliar sua tomada de decisão. Os ingredientes do arrependimento produtivo incluem autocorreção, em vez de remorso e autocrítica excessiva, e uma lista prática de tarefas que você pode realizar em um momento diferente ou agora mesmo.

O arrependimento improdutivo é o foco contínuo em algo que você não pode corrigir, desfazer ou reverter. Ele inclui a insistência persistente no lado negativo, foco na autocrítica e pode levar tanto a um comportamento impulsivo para "desfazer" algo que você fez quanto à incapacidade de seguir em frente devido aos sentimentos de dificuldade, de prejuízo e de incapacidade de decidir sobre o futuro. O arrependimento improdutivo não produz nada de valor para você em termos de viver sua vida plenamente agora ou tomar decisões para o futuro. Ele ancora você a erros, sejam eles reais ou imaginários.

Se você for realmente sábio, poderá aprender muito mais facilmente ouvindo os arrependimentos de outras pessoas. Se olhar em volta, notará os seguintes arrependimentos típicos que as pessoas descrevem: comer demais, beber demais, gastar mais do que pode pagar, trair o parceiro, permanecer em relacionamentos sem futuro, não ser uma pessoa consciente, não se empenhar na escola ou no trabalho, agir com raiva, agir de maneira hostil e isolar-se de pessoas com quem se importam. Todos nós temos ao nosso redor pessoas, como nós mesmos, que cometeram muitos erros, e seria uma tragédia não usar a sabedoria desses erros (seus arrependimentos).

O objetivo deste livro é ajudá-lo a quebrar os oito hábitos das pessoas altamente arrependidas. Se você parar de seguir o *Livro de Regras do Arrependimento*, poderá desenvolver um novo hábito de arrependimento produtivo, apoiado por uma melhor tomada de decisão e lidando melhor com os arrependimentos. Quando leu sobre o *Livro de Regras do Arrependimento*, você pode ter pensado: "Vou me arrepender de ler este livro", mas aposto que você vê um pouco de si mesmo neste esboço bem-humorado, embora severo, de como garantir o arrependimento em sua vida. Afinal, você está seguindo seu próprio pequeno livro de regras sobre arrependimento, e isso está aumentando seu remorso, sua ansiedade, sua tristeza, sua indecisão e sua insatisfação. O humor do livro de regras lhe mostra que muitas vezes somos enganados por "regras" que na

> É melhor aprender com os erros dos outros do que com seus próprios erros.

verdade são absurdas. Se você conseguir sorrir ou rir da maneira como pensa, pode ter alguma esperança de aprender a viver com arrependimentos e não ser esmagado e preso por eles.

Afinal, se a vida costuma ser uma piada, talvez você possa rir por último.

Cada uma dessas "regras" é um ponto para discutirmos e examinarmos. Nelas verificamos se existem guias mais flexíveis, adaptáveis e realistas para tomar decisões e viver com os resultados. É isso que abordaremos no restante deste livro.

Passo 2

APRENDA A TOMAR BOAS DECISÕES

3

Quais suposições conduzem suas decisões e estimulam seu arrependimento?

O arrependimento é uma possível consequência de qualquer decisão que tomamos. Porém, a probabilidade de nos arrependermos de nossas decisões dependerá do nosso processo de pensamento sobre como as tomamos e como lidamos com o resultado delas. Quando estamos considerando nossas opções, existem certas suposições e regras que podem nos influenciar e acabar aumentando a probabilidade de nos arrependermos de nossas decisões.

Seu estilo de decisão

A maneira como pensamos sobre nossa tomada de decisões, nossos estilos de decisão, geralmente começa com uma variedade de suposições subjacentes. Trazer essas suposições à tona é um bom primeiro passo para entender nosso estilo de decisão. O Questionário de Estilo de Decisão na página a seguir aborda vários fatores que você pode considerar ao tomar uma decisão.

Examinando seu estilo de decisão

Vamos analisar suas respostas do questionário.

As afirmações 1–7 exploram a crença de que você tem muito a oferecer, de que tem muitas fontes de experiências gratificantes e de que poderá ter experiências positivas no futuro. Isso reflete seu senso de competência e sua crença de que você tem a capacidade de fazer as coisas funcionarem.

A afirmação 8 reflete uma percepção de que as coisas são imprevisíveis, o que pode torná-lo mais cauteloso ao fazer uma mudança.

Questionário de Estilo de Decisão

Indique *como você tem pensado na última semana* usando a escala abaixo. Coloque o número que você escolheu no espaço fornecido para cada afirmação. Não há respostas certas ou erradas.

1 = Completamente falso   2 = Relativamente falso   3 = Levemente falso
4 = Levemente verdadeiro 5 = Relativamente verdadeiro 6 = Completamente verdadeiro

1. ____ Tenho muito a oferecer em um relacionamento.
2. ____ Tenho muitas habilidades e competências no trabalho ou na escola.
3. ____ Tenho muitas fontes de recompensa em minha vida.
4. ____ Espero que no futuro meus relacionamentos melhorem.
5. ____ Espero que no futuro minhas habilidades e capacidades melhorem.
6. ____ Espero ter no futuro muitas experiências gratificantes.
7. ____ Geralmente sou capaz de fazer as coisas acontecerem do jeito que eu gostaria.
8. ____ A maioria das coisas na vida parece imprevisível.
9. ____ Não gosto de correr riscos.
10. ____ Sou muito cauteloso.
11. ____ Concentro grande parte da minha energia e motivação em tentar alcançar coisas positivas.
12. ____ Concentro grande parte da minha energia e tempo em evitar coisas negativas.
13. ____ Quando conquisto algo, não aproveito tanto assim.
14. ____ Não recebo crédito pelas coisas que realizo.
15. ____ Eu me culpo se as coisas não dão certo.
16. ____ Eu culpo os outros se as coisas não dão certo.
17. ____ Se eu não conseguir o que quero logo, duvido que eu consiga no futuro.
18. ____ Fico desanimado com mais facilidade do que os outros.
19. ____ Se algo não dá certo, tenho a tendência de pensar que outras coisas também não vão dar.
20. ____ Se algo dá certo, penso que outras coisas também darão.
21. ____ Mesmo quando as coisas melhoram, tenho dificuldade em ver a melhora.
22. ____ Mesmo uma pequena mudança negativa muitas vezes parece uma grande mudança negativa.
23. ____ Preciso ter certeza de que algo vai dar certo antes de tentar.
24. ____ Costumo esperar muito tempo antes de fazer coisas para me ajudar.
25. ____ Sinto que é importante convencer os outros ou a mim mesmo de que minhas decisões estão corretas.

De *Se ao menos...*, de Robert L. Leahy. Copyright © 2022 The Guilford Press. Compradores deste livro pode fotocopiar e/ou baixar versões ampliadas deste formulário (veja orientações após o Sumário).

As afirmações 9 e 10 indicam que você pode resistir a tomar decisões ou a optar por fazer mudanças.

As afirmações 11 e 12 refletem sua tendência de se concentrar no que foi ganho ou perdido, o quão importante são os resultados quando você toma decisões.

A afirmação 13 reflete o quanto você gosta de resultados positivos, quanto isso vale para você.

A afirmação 14 reflete uma tendência de desconsiderar seu papel nas realizações que advêm de suas decisões.

As afirmações 15 e 16 indicam se você tende a se culpar por resultados decepcionantes ou a atribuir a culpa aos outros.

As afirmações 17–20 refletem sua tendência de generalizar as consequências de suas decisões para outras partes de sua vida.

As afirmações 21 e 22 refletem sua tendência de minimizar os aspectos positivos e exagerar o impacto dos negativos.

As questões 23 a 25 refletem sua tendência a levar muito tempo coletando informações e buscando garantias para apoiar suas decisões antes de partir para a ação.

O questionário oferece uma visão simples de como você toma decisões das quais pode se arrepender e, também, de como antecipar o arrependimento pode ser um fator dentro de sua tomada de decisões. Vamos analisar um pouco mais profundamente o que você pode aprender sobre si mesmo com o questionário:

- *Você tende a superestimar ou subestimar o arrependimento que sentirá depois de tomar uma decisão?* Você pode, por exemplo, ter tanta falta de confiança que teme qualquer mudança da qual possa se arrepender. Ou você pode ser excessivamente confiante e assumir riscos que são perigosos e, no final das contas, irracionais. Qualquer um dos extremos pode estar associado a mais arrependimento do que o necessário ou apropriado.
- *Qual é o seu senso de sua própria eficácia ou competência?* Você acha que tem poucos recursos próprios, poucas fontes positivas de prazer e significado em sua vida e que não terá capacidade de fazer coisas melhores acontecerem? Nesse caso, você pode não estar muito disposto a se arriscar em tarefas desafiadoras, porque acredita que não tem capacidade de se recuperar de perdas e não se vê como tendo fontes alternativas de recompensa em sua vida. Sem esse senso de eficácia e competência, você verá um resultado negativo como esgotante ou devastador, porque se vê como tendo pouco a que recorrer. Assim, o arrependimento será algo em que você pode se prender, pois você não se vê como capaz de superar suas perdas. É como uma pessoa pobre perdendo uma aposta e descobrindo que não tem mais dinheiro. Em contraste, você pode superestimar sua capacidade de lidar com os problemas que surgem, pensando que é invulnerável e pode se recuperar de qualquer revés porque é muito competente e sábio. Esse excesso de confiança pode resultar em arrependimentos posteriores de que você se excedeu, não dando a si mesmo espaço para se recuperar. Muitas pessoas não percebem que são excessi-

vamente confiantes porque muitas vezes querem apenas reforçar a autoestima. O objetivo, porém, é ter uma autoestima realista, não uma sensação exagerada de que tudo vai dar certo. Isso requer honestidade consigo mesmo.

- *Quão previsível a vida lhe parece?* Se você vê a vida como imprevisível, hesitará tomar decisões, pois tem pouca confiança em sua capacidade de prever resultados. Com isso, é provável que você evite mudanças, pois para você elas são um território desconhecido que pode estar repleto de perdas e arrependimentos. Você pode esperar indefinidamente para fazer uma mudança, exigindo cada vez mais informações, muitas vezes esperando obter certeza. Sua intolerância à incerteza pode alimentar sua indecisão. Você pode acreditar que sem essa certeza terá arrependimentos, então permanece congelado onde está. Em contrapartida, você pode superestimar sua capacidade de prever resultados, acreditando que pode ver o futuro com clareza e que não precisa de muitas informações além de suas próprias intuições e palpites. Isso pode levá-lo a ser pego de surpresa pelo que mais tarde parece óbvio, deixando-o em uma posição posterior em que se arrepende de não ter moderado a confiança e se contido.

- *O quanto de risco você está disposto a correr?* Se, por um lado, você acredita que qualquer risco é inaceitável, que precisa saber com certeza absoluta o que vai acontecer se não se arrependerá de suas decisões, você terá a tendência de abordar cada decisão com muita cautela, talvez as adiando por anos e evitando mudanças necessárias. Se, por outro lado, você subestimar os riscos que enfrenta e correr riscos desnecessários, você pode acabar enfrentando repetidamente sérias consequências negativas das quais se arrependerá mais tarde.

- *O que é mais importante para você: o que você tem a ganhar ou o que tem a perder?* Alguns de nós se concentram muito em tentar progredir, melhorar as coisas e vencer em um mundo competitivo. Outros se concentram mais em evitar perdas, derrotas ou humilhações. A primeira tendência pode levar a arrependimentos por nunca se sentir satisfeito, a segunda a arrependimentos por oportunidades não aproveitadas.

> Você joga para ganhar ou joga para não perder?

- *O quão gratificante você espera que suas conquistas e outras experiências sejam?* Se valoriza e aprecia as coisas que produz e experimenta na vida, se as recompensas que você busca são realmente gratificantes, talvez esteja preparado para assumir riscos razoáveis por recompensas razoáveis. Mas se essas "recompensas" parecerem um tanto vazias, como se não valessem o trabalho ou o risco, você pode acabar evitando mudanças. Se você é propenso à depressão, pode acreditar que obter "recompensas" não será tão prazeroso de qualquer maneira, porque você já não lembra das coisas em sua vida que realmente lhe trazem prazer, então acha que não vale a pena persegui-las. Em contrapartida, se você superestimar o quão gratificante será uma experiência, pode acabar correndo riscos cada vez maiores para obtê-la, sem perceber que pode se arrepender dos resultados negativos dessa crença exagerada. Já que experiências gratificantes tendem a ser curtas, tendemos a nos acostumar com o que temos. Podemos nos encontrar continuamente assumindo riscos para obter mais e mais, porque cada vez que alcançamos um objetivo, logo ele se torna menos prazeroso do que pensávamos.

- *Você se culpa pelos resultados ruins? Aprende com eles? Ou os desconsidera completamente?* Embora a autocrítica só aumente seus arrependimentos, a incapacidade de reconhecer ou antecipar a decepção pode impedi-lo de aprender com suas experiências e seguir em frente para o próximo desafio com mais sabedoria. Ou, se sua única resposta a um resultado negativo é considerar tudo o que não funciona como irrelevante, você pode deixar de aprender com os erros e, assim, tomar cada vez mais decisões das quais se arrependerá mais tarde. É importante fazer uma distinção entre autocrítica e autocorreção. Aprendemos corrigindo a nós mesmos ao ver os "erros" como formas de coletar informações para melhorar o desempenho futuro.
- *O quão desanimado você fica quando algo não dá certo para você?* Se você é propenso a procurar qualquer sinal de que as coisas não vão dar certo e já desistir em vez de persistir, poderá acabar se arrependendo de que, talvez, se tivesse persistido, teria conseguido. No entanto, às vezes, tentar amenizar as consequências negativas pode ser a estratégia mais útil, pois continuar em um curso de ação perdedor resultará em mais resultados ruins que vão apenas estimular seu arrependimento. Reduzir o arrependimento prejudicial é encontrar o equilíbrio entre saber quando persistir e quando desistir.
- *Quanto tempo você leva para tomar decisões?* Alguns de nós adiamos a tomada de decisões porque não nos sentimos prontos ou não achamos que temos informações suficientes para fazer a escolha certa. Isso pode nos levar a gastar muito tempo coletando informações ou garantias que podem ser irrelevantes. Além disso, nossa busca por informações pode ser tendenciosa para o lado negativo – por exemplo, quando procuramos razões para não mudar, ignorando todos vários prós e contras de uma decisão. Essa demanda excessiva por informações ou garantias pode resultar na perda das oportunidades que podem surgir com a mudança. E esperar indefinidamente pode aumentar o arrependimento posterior. No entanto, se você não fizer o "dever de casa" e, portanto, tomar decisões sem conhecimento suficiente do que está enfrentando, pode se arrepender dos resultados mais tarde, pois poderá perceber que se tivesse simplesmente gastado mais tempo examinando a decisão poderia ter evitado muita dor de cabeça.

Podemos ver que cada estilo de decisão tem seus custos e benefícios, e algumas decisões podem exigir muito mais diligência do que outras. Por exemplo, decidir fazer uma cirurgia no cérebro pode exigir segundas e terceiras opiniões de cirurgiões altamente treinados, mas decidir qual filme assistir, qual entrada pedir ou qual gravata comprar pode não merecer horas de pesquisa. Avaliar seus estilos de decisão pode ajudar a entender por que e onde poderá ter arrependimentos particularmente problemáticos, mas não existe uma fórmula fácil para determinar se seus estilos levarão a mais ou menos arrependimentos. A sabedoria é muitas vezes uma questão de *equilíbrio* – a quantidade certa de risco pelas razões certas na situação certa.

Uma boa tomada de decisão não deve ser baseada na perfeição, mas em objetivos claros e realistas. Ela deve se basear na ponderação de informações, em vez de em achar que as coisas vão vir de graça sem trocas ou custos. Ela deve aceitar a incerteza e a possibilidade de que a decisão não vai dar certo, em vez de procurar uma alternativa sem riscos. E ela também deve tratar "erros" ou "resultados negativos" como experimentos que fornecem informações para futuras tomadas de decisão. Nossas emoções são importantes, porque elas nos mostram o que realmente valorizamos. Porém, por um lado, elas podem nos levar a ser impulsivos, e por outro, excessivamente focados em perigos e ameaças.

Os aspectos do estilo de decisão

Observe os seguintes aspectos do estilo de decisão e pergunte a si mesmo qual em cada par se aproxima mais de descrever como você toma decisões importantes em sua vida. Você pode circular os itens com os quais se identifica.

- Adora riscos/Detesta riscos
- Otimista/Pessimista
- Impulsivo/Hesitante
- Se planeja para ganhar/Se planeja para evitar perder
- Precisa de muita informação/Confia mais na intuição ou palpite
- Capaz de assimilar perdas/Fica devastado com perdas

É possível que ambas as ideias dos pares o descrevam. Parte disso pode depender do tipo de decisão sobre a qual você está refletindo. Tenha em mente que os extremos de cada aspecto podem até ser prejudiciais, mas, novamente, não existe uma fórmula matemática exata para determinar precisamente como seu estilo de decisão afetará os seus arrependimentos prejudiciais. Não há respostas certas ou erradas. É tudo uma questão de equilíbrio.

Vejamos cada um desses aspectos.

Adora riscos ou detesta riscos?

Por exemplo, pense em sua tendência a correr riscos. Você acha emocionante ou assustador? Dê alguns exemplos de como você pensa em assumir riscos. Um exemplo pode ser pensar em aceitar um emprego novo. Você pode ver essa decisão como sendo altamente arriscada porque acredita que, se ela não der certo, poderá arruinar sua vida.

Outra pessoa pode enfrentar essa decisão com a ideia de que ou ela simplesmente vai dar certo ou sempre existe a possibilidade de se demitir e buscar outro emprego em outro lugar. Se você adora se arriscar, pode tomar algumas decisões muito imprudentes que podem sair pela culatra. Mas se você é muito avesso ao risco, pode ficar com medo de fazer mudanças e se arrepender mais tarde por não ter feito escolhas que poderiam ter tornado sua vida melhor.

Otimista ou pessimista?

Quando tenta prever algo, você geralmente acha que não vai dar certo? Por exemplo, se você abordar a decisão de aceitar um novo emprego com uma perspectiva negativa, poderá concluir que ele será um trabalho horrível. Outra pessoa pode antecipar que será um trabalho altamente recompensador. Você pode ser otimista demais, ou seja, ingênuo sobre o potencial negativo das coisas, ou pode ser muito pessimista e ver qualquer mudança como muito arriscada ou muito perigosa. Ambos os estilos ao extremo podem levar a mais arrependimento.

Impulsivo ou hesitante?

Vamos analisar a impulsividade. Pode até ser que suas escolhas impulsivas às vezes valham a pena. Talvez a pessoa por quem você se apaixonou no primeiro encontro, com base em seu impulso e desejos momentâneos, tenha se tornado um grande parceiro para a vida toda, por exemplo. Mas talvez não. Hesitar demais também pode levar ao arrependimento. Quando espera demais, busca segurança e duvida de cada mudança, você pode acabar perdendo oportunidades, o que contribui para o arrependimento. Se continuar adiando uma decisão sobre um parceiro ou um emprego, pode descobrir que o parceiro em potencial escolheu outra pessoa e que o emprego não está mais disponível. E, então, se arrepender de ter esperado.

Joga para ganhar ou para não perder?

Outra maneira de analisar nossos estilos de tomada de decisões é nos perguntarmos se estamos jogando para ganhar ou para não perder. Novamente, qualquer um dos estilos pode acabar sendo prejudicial, dadas as circunstâncias. Outro dia eu estava no supermercado e uma mulher estava raspando seu bilhete de loteria. Ela estava jogando para ganhar. Mas as chances de ganhar na loteria em Connecticut são de uma em 292 milhões. Ela esperava ser essa pessoa. Na outra ponta do espectro está a pessoa que mantém todas as suas economias em dinheiro vivo. Ela não vai perdê-las para uma correção do mercado de ações ou uma queda no mercado imobiliário, mas, em longo prazo, ela vai perdê-las para a inflação. Qual é o equilíbrio que faz sentido para você? As pessoas que jogam para não perder têm medo de se arrepender, mas podem se colocar em uma situação pior do que a média ao longo do tempo, pois o que elas perdem são as oportunidades. As portas ao longo dos caminhos não tomados se fecham atrás delas.

Informação ou intuição?

O que você precisa saber antes de tomar uma decisão? As pessoas propensas a se arrepender exigem uma grande quantidade de informações, mesmo que nem todas sejam relevantes. Elas acreditam que provavelmente tomarão uma decisão melhor com mais informações e que, se as coisas não derem certo, se arrependerão menos, pois podem alegar que fizeram a devida diligência. Entretanto, coletar informações leva tempo. Na verdade, as pessoas propensas a se arrepender geralmente reúnem informações que as impedem de fazer uma mudança, ignorando ou desconsiderando dados que sejam a favor dela. Além disso, quanto mais tempo elas levam para coletar informações, maior a probabilidade de perderem oportunidades. Por exemplo, um homem considerando pedir sua parceira em casamento continuou adiando o convite até que pudesse descobrir se ela era a *pessoa certa*. Depois de alguns meses, ela o largou e decidiu buscar outros parceiros em potencial. Em contraste à coleta obsessiva de informações, também podemos nos encontrar agindo com base em palpites e intuição. Essa tomada de decisão "instintiva" tem certo apelo emocional, ela "parece certa", mas isso é o mesmo que dizer que você se sente com sorte em uma mesa de pôquer de um cassino. Sua sorte pode não estar nas cartas, mas apenas na sua cabeça.

As perdas são toleráveis ou devastadoras?

Outro estilo de tomada de decisão reflete sua crença de que você é capaz de assimilar perdas. Por exemplo, se um relacionamento ou um investimento não dá certo, você consegue sobreviver? Você consegue buscar outros relacionamentos, investimentos ou oportunidades? Por exemplo, as pessoas são menos propensas a sentir ciúmes em um relacionamento se acreditam que podem atrair outros parceiros atraentes. Mas se você acha que vai ter dificuldades em encontrar outra pessoa, um término pode parecer devastador. Ter um "plano B", uma forma de lidar com a perda, pode ajudá-lo a tomar decisões sob menos pressão. E, se as coisas não derem certo, seu plano B pode ajudar a reduzir ou eliminar seu arrependimento.

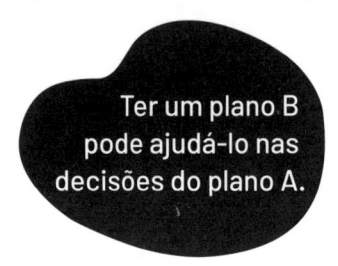

> Ter um plano B pode ajudá-lo nas decisões do plano A.

Seu estilo explicativo: atribuindo crédito ou culpa pelos resultados

O arrependimento é muitas vezes relacionado a como explicamos os desfechos. Se achamos que deveríamos ter previsto o que ia acontecer, é mais provável que nos culpemos. Mas a maneira como explicamos o funcionamento das coisas pode envolver vários aspectos. Nem todo arrependimento decorre de uma decisão mal tomada, de uma decisão que não consegue atingir um equilíbrio entre o nível de risco certo para a situação certa no momento certo. Às vezes, o resultado de uma decisão bem ponderada é decepcionante, e não havia muito o que fazer a respeito. Muitas vezes é a nossa explicação de como algo aconteceu que vai definir se sentimos o arrependimento de forma prejudicial. O arrependimento muitas vezes envolve um elemento autocrítico: "Não acredito o quão idiota fui ao tomar essa decisão". A maneira como explicamos o sucesso e o fracasso para nós mesmos (nosso *estilo explicativo*) tem um efeito importante em nossos pensamentos autocríticos e em nossos sentimentos de desesperança. Por exemplo, se atribuirmos o fracasso a nossa falta de capacidade, é mais provável que nos sintamos deprimidos, sem esperança e autocríticos. Podemos nos rotular como estúpidos ou incompetentes. Mas se explicarmos o fracasso pensando que a tarefa seria muito difícil para qualquer um ou que tivemos azar, é menos provável que nos sintamos desencorajados e autocríticos. Podemos pensar: "Ninguém teria conseguido". Esse é um elemento-chave em nosso risco de nos arrependermos. Por sua vez, se explicarmos nosso sucesso como sendo resultado de nossas habilidades ou esforço, é mais provável que nos sintamos confiantes e encorajados em relação ao futuro. Podemos dizer: "Da próxima vez, eu vou me esforçar mais". Como você explica seus sucessos e fracassos? Como você acha que isso afeta sua probabilidade de se arrepender de resultados ou antecipar arrependimentos no futuro?

Quanto arrependimento você sente depende do quanto você acha que seu fracasso foi causado por algo sobre você que é interno e estável (como falta de habilidade) e se isso é específico para uma tarefa ou é geral para muitas tarefas. Por exemplo, digamos que você foi mal em uma prova de química. Isso aconteceu por causa de suas habilidades ou esforço? As habilidades seriam uma qualidade interna e estável, algo que você acredita que não pode mudar, enquanto o esforço seria uma qualidade interna, mas variável, algo que você poderia mudar. Conseguimos mudar mais facilmente nosso esforço do que nossas habilidades. Se você acha que sua nota baixa na prova de química seria um aspecto geral que se estenderia a outras matérias, é provável que se sinta desencorajado. É como chegar à conclusão de que vai se sair mal em todas as provas de todas as disciplinas. Essa maneira "global" ou "generalizada" de explicar o fracasso aumenta a sua sensação de desesperança. Além disso, algumas pessoas acreditam que o fracasso em tarefas se deve à má sorte, o que pode fazê-las pensar que essa sorte pode mudar, apenas para que não se critiquem. Mas há também aquelas pessoas que pensam que a má sorte é uma característica pessoal, algo que carregam consigo: "É a minha sorte. Isso está sempre acontecendo comigo. Parece até que sou amaldiçoada".

Você também pode pensar em seu estilo de explicar o sucesso em uma tarefa. Quando você tem êxito em alguma coisa, tende a pensar que foi devido à habilidade ou ao esforço? Você acha que foi simplesmente sortudo? Por exemplo, muitas pessoas minimizam seu sucesso dizendo: "Ah, eu tive sorte". A sorte faz parte da vida, mas essa tendência de explicar o sucesso como produto da sorte pode minar sua confiança, já que você não tem controle sobre a sorte e não pode levar o crédito por ela. Muitas vezes, indivíduos altamente competentes podem explicar seu sucesso dizendo: "Tive sorte, não tem nada a ver comigo". O problema de atribuir suas experiências bem-sucedidas à sorte é que você não constrói autoconfiança. A autoconfiança é como uma conta de investimento na qual você coloca dinheiro regularmente. Não dar crédito a si mesmo, mas para a sorte, fará você sentir que tem pouco controle e pouca competência. A confiança não é baseada na sorte, mas sim em assumir o devido crédito pelo sucesso.

Além disso, muitas vezes explicamos nosso sucesso e fracasso de maneiras diferentes para diferentes áreas da vida. Por exemplo, quando algo não dá certo em um relacionamento, você acha que há algo relativamente estável em você que explica esse "fracasso"? Ou que a causa é algo sobre esse relacionamento em particular com essa pessoa em particular? Em seu trabalho, você acha que seu fracasso em alguma coisa é devido à sua permanente falta de habilidade, ou devido a uma tarefa específica (talvez uma atividade difícil para a maioria das pessoas)? Quando você não é bem-sucedido na escola, você acha que é por falta de habilidade em quase todas as matérias, ou é porque você não se esforçou ou a disciplina em questão não é o seu ponto forte? Podemos ver que nossas explicações para sucesso e fracasso podem nos encorajar ou desencorajar e contribuir para nossos arrependimentos ou nos aliviar da autoculpa. Afinal, às vezes podemos ter azar, mas nossa sorte pode mudar.

Seus arrependimentos podem estar relacionados a esses estilos de explicação. Por exemplo, se algo não der certo e você achar que tem um déficit permanente e fixo que se aplica a todas as situações, é provável que se arrependa de suas decisões e seus resultados. Mas se pensar sobre a situação e explicar o desfecho das decisões como resultado de algo que pode ser mudado e algo que não se aplica a outras situações, sentirá menos arrependimento.

No formulário das páginas 57–58, você pode ver seu estilo de explicação de fracasso e sucesso em diferentes áreas da vida.

Quando observa o que preencheu, o que você percebe? É mais provável que você se culpe por resultados negativos em certas áreas da vida, mas não em outras? Você tem mais ou menos tendência de se dar crédito pelo sucesso em algumas áreas, mas não em outras?

Vejamos um exemplo. Jéssica é uma profissional de sucesso que tem muitos amigos. Ela é extrovertida, carinhosa e divertida. Quando pergunto a ela o que explica seus muitos amigos e sucesso como profissional, ela me diz que é uma boa amiga, carinhosa, solidária e imparcial. Ela me diz que o motivo pelo qual ela é bem-sucedida como profissional é que ela trabalha duro, concentra toda sua energia em seus objetivos e é inteligente. Assim, seu estilo explicativo para amigos e trabalho é que seu sucesso se deve a algo estável e interno (habilidades e competências), mas ela também se dá crédito pelo esforço (ela usa muita energia para fazer as coisas darem certo). Porém, quando ela explica por que um relacionamento com um homem não dá certo, ela me diz que deve haver algo errado com ela, algo que falta. Ela se pergunta se não é atraente o suficiente, se é velha demais ou se não é interessante o suficiente. Essas explicações estáveis e internas são então generalizadas para quaisquer relacionamentos futuros que ela possa esperar ter. Ela se sente sem esperança sobre relacionamentos íntimos.

Como Explico Resultados para Diferentes Áreas da Minha Vida

Quando você falha ou é bem-sucedido em diferentes domínios ou áreas de sua vida, pode justificar o resultado de diferentes maneiras. Pode explicar o fracasso como resultado de má sorte, falta de habilidade, falta de esforço ou dificuldade da tarefa. Pode explicar o sucesso como um produto de boa sorte, suas habilidades, esforço ou facilidade da tarefa. Observe cada domínio de sua vida e avalie como você explica seus fracassos e sucessos, escrevendo ao lado de cada explicação um número da escala abaixo.

1 = Completamente falso   2 = Relativamente falso   3 = Levemente falso
4 = Levemente verdadeiro   5 = Relativamente verdadeiro   6 = Completamente verdadeiro

Áreas da minha vida	Como eu explico o fracasso	Como eu explico o sucesso
Educação	Sorte _____ Esforço _____ Habilidade _____ Dificuldade da tarefa _____	Sorte _____ Esforço _____ Habilidade _____ Facilidade da tarefa _____
Trabalho	Sorte _____ Esforço _____ Habilidade _____ Dificuldade da tarefa _____	Sorte _____ Esforço _____ Habilidade _____ Facilidade da tarefa _____
Relacionamentos	Sorte _____ Esforço _____ Habilidade _____ Dificuldade da tarefa _____	Sorte _____ Esforço _____ Habilidade _____ Facilidade da tarefa _____
Amizades	Sorte _____ Esforço _____ Habilidade _____ Dificuldade da tarefa _____	Sorte _____ Esforço _____ Habilidade _____ Facilidade da tarefa _____

(continua)

(continuação)

Áreas da minha vida	Como eu explico o fracasso	Como eu explico o sucesso
Família	Sorte _____ Esforço _____ Habilidade _____ Dificuldade da tarefa _____	Sorte _____ Esforço _____ Habilidade _____ Facilidade da tarefa _____
Saúde	Sorte _____ Esforço _____ Habilidade _____ Dificuldade da tarefa _____	Sorte _____ Esforço _____ Habilidade _____ Facilidade da tarefa _____
Finanças	Sorte _____ Esforço _____ Habilidade _____ Dificuldade da tarefa _____	Sorte _____ Esforço _____ Habilidade _____ Facilidade da tarefa _____
Outros	Sorte _____ Esforço _____ Habilidade _____ Dificuldade da tarefa _____	Sorte _____ Esforço _____ Habilidade _____ Facilidade da tarefa _____

De *Se ao menos...*, de Robert L. Leahy. Copyright © 2022 The Guilford Press. Compradores deste livro pode fotocopiar e/ou baixar versões ampliadas deste formulário (veja orientações após o Sumário).

Expectativas: você é uma pessoa maximizadora ou satisfeita?

Analisaremos outras partes do processo de tomada de decisão nos próximos dois capítulos, mas primeiro precisamos considerar um aspecto importante para muitos de nós: *maximizar* versus *ficar satisfeito*. Essa é uma suposição abrangente sobre o que necessitamos. Maximizar é um tipo de perfeccionismo sobre os resultados que podemos pensar que reflete altos padrões saudáveis, mas, quando levado longe demais, pode nos privar da oportunidade de viver no mundo real.

Lembro-me de, anos atrás, almoçar de vez em quando com um colega que sempre olhava o cardápio e ficava comparando as opções. O problema era que nenhum de nós dois tinha muito tempo para almoçar, então era um pouco desagradável esperar meu colega examinar minuciosamente todas as opções do menu. Esse era um hábito que ele tinha com muitas coisas em sua vida. Ele raramente ficava satisfeito com as coisas, incluindo refeições em restaurantes, estadias em hotéis e como as pessoas o tratavam. Ele é o que chamamos de um *maximizador*. Enquanto ele analisava as muitas alternativas, eu pensava que ficaria satisfeito até com um sanduíche de atum. Eu não achava que decidir o que pedir para o almoço merecia tanta atenção.

> Às vezes, o "bom o suficiente" é tudo o que você precisa.

Alguns de nós tentam obter o resultado máximo, ou seja, o melhor resultado, e não nos contentamos com menos. Pensando nisso, podemos distinguir as pessoas entre as maximizadoras e as satisfeitas. As pessoas satisfeitas não exigem um resultado perfeito. Elas encontram a satisfação. Veja a escala no formulário na página 60 e responda a cada pergunta da melhor forma que puder.

Ao revisar como preencheu o Questionário de Maximização, verifique se você parece se concentrar muito em maximizar, em chegar perto dos resultados ideais. Se você é propenso a maximizar, é provável que tenha mais arrependimentos, precise de mais informações para tomar decisões e seja mais indeciso. Além disso, pode ser que você seja um maximizador em algumas áreas, mas em outras não. Por exemplo, você é um maximizador no trabalho ou em relacionamentos, mas não em relação a outras áreas de sua vida?

O hábito do arrependimento

Se você toma decisões com base em certas suposições, ou se enquadra em um dos extremos dos aspectos de estilo de decisão, provavelmente você está se propiciando a ter um arrependimento mais problemático do que o necessário. Se você é tipicamente um maximizador, raramente satisfeito com algo menos do que A+, 100% e nº 1, você provavelmente vai se decepcionar e se arrepender com mais frequência. Vamos analisar agora a sua tendência geral de se arrepender de decisões e resultados esperados. Veja o questionário na página 61 e responda a cada pergunta da melhor forma que puder. Lembrando, não há respostas certas ou erradas.

Questionário de Maximização

Leia cada afirmação com atenção e preencha a resposta que melhor descreve como você geralmente pensa ou age. Não há respostas certas ou erradas. Use a escala a seguir.

1 = Completamente falso   2 = Relativamente falso   3 = Levemente falso
4 = Levemente verdadeiro   5 = Relativamente verdadeiro   6 = Completamente verdadeiro

1. Eu sempre quero o melhor. _____
2. Tenho dificuldade em me contentar com menos do que eu queria. _____
3. É difícil para mim sentir-me satisfeito. _____
4. Eu me comparo com pessoas que têm mais do que eu do que com quem tem menos. _____
5. Demoro muito para tomar decisões porque quero o melhor. _____
6. Comparo as opções, mas acho que sempre há algo melhor que eu poderia ter. _____
7. Tenho dificuldade em me comprometer porque acho que uma opção melhor pode surgir. _____
8. Realmente me incomodaria não ter o melhor resultado possível. _____
9. Aceitar menos é algo que às vezes acho inaceitável. _____
10. Acho difícil encontrar um ponto médio que me pareça compensador. _____

Pontuação: some seus pontos na coluna da direita para obter seu escore máximo.
Escores acima de 35 indicam certa tendência à maximização e escores acima de 45 indicam forte tendência à maximização.

De *Se ao menos...*, de Robert L. Leahy. Copyright © 2022 The Guilford Press. Compradores deste livro pode fotocopiar e/ou baixar versões ampliadas deste formulário (veja orientações após o Sumário).

Questionário de Arrependimento

Leia cada afirmação com atenção e preencha a resposta que melhor descreve como você geralmente pensa ou age. Não há respostas certas ou erradas. Use a escala a seguir.

1 = Completamente falso   2 = Relativamente falso   3 = Levemente falso
4 = Levemente verdadeiro   5 = Relativamente verdadeiro   6 = Completamente verdadeiro

1. Eu olho para minhas decisões passadas e me preocupo de que poderia ter tomado uma decisão melhor. _____

2. Quando penso em tomar uma decisão, me preocupo de que ficarei insatisfeito com o resultado. _____

3. Pensamentos sobre decisões passadas parecem me incomodar muito. _____

4. Muitas vezes penso em como minha vida seria melhor se eu tivesse tomado decisões diferentes. _____

5. Muitas vezes penso que deveria ter pensado melhor sobre decisões passadas que eu tomei. _____

6. Às vezes é difícil para mim decidir porque acho que serei autocrítico se as coisas não derem certo. _____

Pontuação: some seus pontos na coluna da direita para obter seu escore de arrependimento. Escores acima de 22 indicam certa tendência ao arrependimento e escores acima de 26 indicam forte tendência ao arrependimento.

De *Se ao menos...*, de Robert L. Leahy. Copyright © 2022 The Guilford Press. Compradores deste livro pode fotocopiar e/ou baixar versões ampliadas deste formulário (veja orientações após o Sumário).

Depois de preencher o formulário, some seus pontos na escala. Isso lhe dará sua "pontuação de arrependimento". Olhe para as respostas em que você pontuou acima de 4 e as considere como sinais de sua vulnerabilidade ao arrependimento. Você pode querer fazer esse teste novamente após concluir a leitura deste livro e seus exercícios, talvez retomando-o alguns meses depois, também, para ver se está lidando melhor com decisões, resultados e arrependimentos.

Ruminação: se arrependendo do arrependimento

Tomamos decisões com base em suposições que não nos ajudam. Adotamos atitudes extremas nos aspectos do estilo de decisão. Ambas as tendências produzem decisões das quais provavelmente nos arrependeremos. Quando os resultados atendem às nossas expectativas ou nos decepcionam, tiramos certas conclusões sobre nós mesmos que levam diretamente a grandes arrependimentos. Com o tempo, adquirimos o hábito de duvidar da maioria de nossas escolhas, permitindo que o arrependimento se torne sempre nossa resposta alternativa. E então tornamos as coisas ainda piores: nos arrependemos de nos arrepender.

Uma das principais características do arrependimento é a tendência de insistir nele. Chamamos isso de *ruminação* porque ficamos "mastigando" o arrependimento em nossa mente, pensando em como erramos e como teria sido se tivéssemos feito outra escolha. É como se estivéssemos nos repreendendo em nossa cabeça, apontando privadamente o dedo para nós mesmos e dizendo "Você não deveria ter feito isso".

O arrependimento dá um jeito de cavar e se alojar na mente. Alguns dos seus efeitos mais debilitantes vêm de ficar remoendo-o. Como isso acontece?

Perfeccionismo emocional: "Eu não deveria sentir esse arrependimento"

O *perfeccionismo emocional* é a crença de que nossas emoções devem ser agradáveis, razoáveis e sempre fazer sentido. Não queremos nos sentir tristes, ciumentos, zangados, ansiosos ou solitários. Quando essas emoções surgem, ficamos chateados por nos sentirmos assim. Não ficamos chateados apenas pela sensação desagradável de solidão, digamos, mas também por nos sentirmos sozinhos. É quase como pensar: "Eu nunca deveria estar triste, solitário, zangado ou desamparado". Queremos emoções perfeitas e agradáveis. Queremos um perfeccionismo emocional. Queremos não ter arrependimentos. Não podemos aceitá-los.

As pessoas que buscam o perfeccionismo emocional ficam chateadas por se sentirem chateadas e tristes por se sentirem mal. Elas podem pensar que deviam estar felizes, não frustradas, que as coisas devem sempre estar claras, que elas não devem se sentir entediadas, ambivalentes ou decepcionadas. O problema com esses padrões emocionais é que a vida tornará essas expectativas impossíveis de serem atingidas. Indivíduos suscetíveis ao perfeccionismo emocional são mais propensos a ficarem chateados com arrependimentos, porque acham que não deveriam ter esses sentimentos. Eles então remoem e se debruçam sobre o quanto se arrependem das coisas. Culpam os outros por suas decepções em vez de aceitá-las e tentar fazer o melhor que podem, dentro das limitações dadas.

Veremos como essa crença no perfeccionismo emocional torna ainda mais difícil conviver com emoções desagradáveis. Torna difícil aceitarmos esses sentimentos, ouvi-los e aprender com eles. Às vezes me sinto sozinho quando vou a congressos, mesmo que veja muitos dos meus amigos neles. Eu me sinto sozinho porque sinto falta da minha esposa. Mas eu quero ser o tipo de pessoa que sente falta de sua esposa. O preço disso é a solidão. Algumas emoções são de se esperar.

O arrependimento é uma dessas emoções que são de se esperar em uma vida plena. Todos nós tomamos decisões de fazer ou não fazer algo. Não ter arrependimentos é não ser honesto consigo mesmo ou não "jogar o jogo da vida". Você não pode fugir de seus arrependimentos, nem evitá-los e nem fazer escolhas que sempre darão certo. Mas se você é um perfeccionista emocional, vai pensar que pode. E isso vai estimular seus arrependimentos, fazendo você ter ainda mais medo de correr riscos e se sentir inerte na vida.

> O arrependimento é uma emoção de se esperar em uma vida plena.

E, mais tarde, você vai acabar se arrependendo disso.

Perfeccionismo existencial: "Eu deveria levar uma vida ideal"

Outro tipo de perfeccionismo que estimula o arrependimento é o perfeccionismo existencial, que é baseado no Mito da Vida Ideal. Ele inclui as crenças de que "minha vida deve ser sempre satisfatória", "eu devo fazer apenas o que eu quero fazer", "eu devo ser feliz o tempo todo", "meu relacionamento deve ser maravilhoso em todos os sentidos" e "meu trabalho nunca deve ser chato". O resultado do perfeccionismo existencial é a *síndrome da insatisfação*, em que raramente você fica satisfeito, constantemente pensa em como as coisas poderiam e deveriam ser melhores, reclama continuamente e insiste em não se contentar com menos.

Um jovem com uma formação acadêmica excelente reclamou de seu trabalho porque ele não era gratificante. Ele se arrependeu de ter aceitado o emprego e pensou que havia perdido uma oportunidade de fazer algo que fosse realmente emocionante, incrível e maravilhoso. Ele não conseguia aguentar o tédio, o chefe chato e a carga horária. Sonhava com a vida ideal, com a parceira ideal, e lamentava não ter feito as escolhas que lhe proporcionariam o que julgava essencial: perfeccionismo, satisfação e conforto.

A *mentalidade de Santo Graal*, a ideia de que existe uma chave secreta para destrancar uma vida perfeita, é como a busca incansável pela felicidade: uma garantia de que você se sentirá infeliz. A razão é que a vida não foi projetada para nos sentirmos felizes e realizados. Na verdade, a vida nem sequer foi projetada. Ela é o que acontece com você e o que escolhe fazer acontecer para si e para os outros. Essa idealização da sua vida pode estar relacionada ao sentimento de que você tem o direito de que as coisas aconteçam a sua maneira, mas elas não acontecem. Não existe vida ideal, nem emoção perfeita e nem relacionamento perfeito. A gama completa de emoções é o que é de se esperar. Se você quer viver uma vida com sentido, precisa estar pronto para os altos e baixos, e o lado negativo às vezes será injusto e miserável. Suas expectativas e exigências sobre como a vida deveria ser podem aumentar seus arrependimentos, porque eles sempre comparam o que se tem com o que você acha que você precisa. Se você está procurando por perfeccionismo existencial, então deveria ler ficção científica, não um livro sobre como lidar com arrependimentos. Na verdade, não precisamos de perfeição existencial. Como eu sei disso? Vou lhe contar. Você nunca teve isso, e ninguém mais tem. Você não precisa de algo que ninguém nunca teve. Mas você precisa viver sua vida. E arrependimentos, às vezes, farão parte dessa vida. O objetivo é evitar que eles tomem conta dela.

Os arrependimentos são parte de uma vida plena. É como ter um armário cheio de roupas e, de vez em quando, experimentar um casaco que esteja cheio de arrependimentos. Você tem uma escolha. Você pode colocá-lo de volta no armário. Você sempre pode experimentar outras possibilidades, outras ideias, outros comportamentos.

O arrependimento é apenas uma dessas opções. Não é a única.

4

Como você percebe o risco?

O Capítulo 3 apresentou muitas maneiras diferentes de você considerar os processos de pensamento, atitudes e suposições subjacentes tanto sobre a maneira como toma decisões quanto sobre a maneira como reage ao resultado de suas decisões. Você deve ter notado a frequência com que o risco apareceu nessa exploração. Expliquei, por exemplo, que um dos aspectos do nosso estilo de decisão é a atitude em relação ao risco. Você decidiu que, em geral, você é mais propenso ou avesso ao risco? Onde você está nesse aspecto mostra realmente suas repercussões quando começar a contemplar escolhas específicas. Se você for amante do risco, pode subestimar a probabilidade de que uma determinada decisão dê errado. Se você for avesso ao risco, pode exagerar a probabilidade de um resultado negativo. No primeiro caso, você pode se jogar em ações pouco pensadas; no último, pode congelar e não fazer nada. Qualquer um dos dois pode levar ao arrependimento, geralmente em curto prazo para decisões arriscadas que não dão certo e em longo prazo para oportunidades perdidas. O que você descobriu ser mais comum em sua vida quando analisou as decisões das quais se arrependeu no Capítulo 1?

Se ficar remoendo muito sobre o que poderia ter sido, se ao menos..., você pode se identificar com Makiko, que estava pensando em se casar, mas temia perder a liberdade que ela valorizava tanto e acabar se arrependendo de estar casada com um homem excessivamente convencional e, por esses motivos, decidiu não se casar. Ou com Susan, que antecipou que se sentiria presa e entediada no futuro e então, quando outro parceiro em potencial mais atraente e cativante apareceu, não foi capaz de buscar essa opção. Ela também decidiu não se comprometer. Ou talvez você já tenha estado no lugar de Serge, pensando em mudar de emprego, mas tão preocupado em sentir falta de seus colegas atuais, ou que a *startup* em que está pensando em ingressar não tenha sucesso, que fica onde está, pois não quer acabar em um beco sem saída, um pouco mais velho e com menos opções. E que tal Lily? Ela está tentando decidir como investir suas economias para a aposentadoria, mas acredita que pode se arrepender de optar por comprar as tão arriscadas ações, o que pode levar a grandes perdas, o que resultaria em menos segurança financeira. Então, ela deixou seu dinheiro em investimentos de baixo risco e teve que conviver com uma rentabilidade mais baixa. Todos nós alguma vez já antecipamos suficientemente um arrependimento de alguma decisão que acabamos optando por desistir. No entanto, quando superestimar o risco se torna um padrão, isso pode levar a uma vida inteira de indecisão, procrastinação e sensação de paralisação, além de grandes arrependimentos por nossa inércia.

Claro que também podemos acabar exagerando o risco de *não* fazer uma mudança como as descritas e, depois, nos arrependermos de fazê-la. Uma pessoa que pensa em se casar pode decidir fazer isso para evitar a solidão antecipada e acabar com o cônjuge errado. Uma pessoa preocupada em como se sentirá ao ver seus amigos acumularem riquezas por meio de investimentos de risco pode colocar dinheiro demais em ações arriscadas e acabar perdendo muito. Nesse caso, o arrependimento que se segue é relacionado à ação, não à inação.

E subestimar o risco? É melhor que pessoas que estão pensando em começar a fumar ou beber o quanto quiserem regularmente percebam os riscos com precisão e antecipem que se arrependerão desses comportamentos prejudiciais. Algumas pessoas fecham os olhos para os riscos de não tomar seus medicamentos para pressão arterial ou fazer um exame físico anual. Não considerar os riscos e, portanto, não antecipar o arrependimento, pode ser de fato o tipo mais perigoso de problema que pode vir com o arrependimento. Analisaremos algumas das razões pelas quais as pessoas subestimam o risco mais adiante neste capítulo.

Conforme discutido no Capítulo 2, pesquisas mostram que prevemos arrependimentos futuros e que esse viés pessimista pode nos impedir de fazer as mudanças que poderíamos fazer. Também podemos subestimar nossa capacidade de nos ajustar aos resultados no futuro, muitas vezes não reconhecendo as novas oportunidades que podem surgir e nossos recursos para lidar com isso (como amigos, família, trabalho, interesses, etc.).

Quando antecipamos o arrependimento, nossos julgamentos e decisões são frequentemente afetados por predisposições e experiências passadas. Este capítulo ajudará você a examinar se superestima o risco ao ver acontecimentos onde eles não existem, ao usar sua imaginação vívida para conjurar possíveis desastres, ao ignorar probabilidades ou ao tentar prever reações em cadeia. Também aprenderá se subestima o risco por causa de uma exposição repetida que começou a fazer ele parecer seguro, porque confia em anedotas, porque foca em se sentir bem momentaneamente ou porque segue a multidão. Tanto superestimar quanto subestimar o risco pode levar a um arrependimento significativo, portanto, entender como você mede o risco pode lhe ajudar a começar a reduzir o potencial prejudicial do arrependimento.

COMO NÓS PERCEBEMOS (ERRONEAMENTE) O RISCO

Podemos pensar em risco como a probabilidade de um evento multiplicado pela seriedade do resultado. Por exemplo, você pode ter medo de que o voo que vai pegar do aeroporto JFK, em Nova York, para O'Hare, em Chicago, caia. Pode imaginar o quão terrível seria se sentir preso no avião enquanto ele desce rapidamente em direção ao chão. Mas qual é a probabilidade de isso acontecer? Muitas vezes interpretamos mal as probabilidades porque baseamos nossa estimativa emocional da probabilidade de um evento futuro em crenças e fontes de informação questionáveis. Para termos uma noção das probabilidades que envolvem as viagens aéreas, Arnold Barnett, do Massachusetts Institute of Technology (MIT), calculou o número de mortes em voos de linhas comerciais nos Estados Unidos, União Europeia, Japão, Austrália, China, Israel, Canadá e Nova Zelândia. A probabilidade de morte era de 1 em 33 milhões para cada passageiro.

No entanto, aceitar a probabilidade não é tão simples. Muitas vezes estimamos a probabilidade de um evento pela facilidade com que podemos acessar imagens ou informações sobre ele. Isso se chama *disponibilidade* – é fácil encontrar informações em nossa imaginação. É como pensar que um dossiê de eventos perigosos, bem na nossa frente, facilmente acessível para nós no momento, contém os dados de todos os eventos do mundo. Quando procuramos o perigo, tendemos a olhar para o que está facilmente acessível para nós – algo recente, algo dramático e algo fácil de lembrar.

Um segundo fator é o quão relevante um evento perigoso é para você ou o que você está planejando fazer, isso se chama *representatividade*. Se você vai fazer uma viagem de avião esta semana, as informações sobre acidentes de avião são representativas do que você está pensando em fazer. Você pensa: "Vou viajar de avião e um avião caiu. Isso representa um perigo para mim". Porém, mesmo que o evento seja representativo, não significa que ele seja provável. As probabilidades reais não se baseiam no que é recente ou semelhante ao que estamos considerando. Elas são baseadas em uma série de fatos, a maioria dos quais não são imediatamente aparentes para nós.

A chave para antecipar a magnitude e a probabilidade dos resultados com precisão é adotar uma abordagem equilibrada, informada e lógica para nossas decisões. Mesmo assim, muitas vezes somos enganados por nossa percepção do risco de tomar uma decisão específica e, como consequência, temos uma alta probabilidade de nos arrependermos dos resultados.

Por que superestimamos o risco

Os dez fatores mostrados na imagem a seguir podem contribuir para superestimarmos o risco. Se você puder colocá-los na perspectiva adequada, tem chances de se afastar do risco exagerado e começar a tomar decisões mais razoáveis.

Como superestimamos o risco

Diagrama: Superestimando riscos (centro), com setas apontando para: Ignorar os não eventos; Recência; Eventos recorrentes; Ignorar probabilidades; Confiança em imagens internas; Raciocínio emocional; Reações em cadeia e armadilhas; Falta de controle; Dessa vez é diferente; Pode acontecer comigo.

Não notamos não eventos

Você consegue imaginar ler uma manchete que diz: "Quase tudo o que aconteceu ontem aconteceu no dia anterior"? Esta seria a notícia dos "não eventos". Eles são eventos reais, porque realmente ocorreram, mas como não prestamos atenção em um avião aterrissando em segurança, ou em uma ida segura ao trabalho, ou em uma refeição que digerimos normalmente, não registramos esses eventos como evidência de que estamos seguros. Nosso cérebro, orientado a focar em ameaças, se concentra em sinais possíveis ou reais, não nos não eventos que ocorrem no dia a dia. Esses "não eventos" são a realidade. A ansiedade está sempre procurando *discrepâncias na norma*, possíveis *ameaças*, para nos manter seguros. Assim como um camundongo ou um coelho habilmente percebem os movimentos ao redor, isto é, mudanças, também ficamos alertas para as alterações que ocorrem. E, quando estamos ansiosos, vemos a mudança como perigosa. É por isso que não temos em mente que quase tudo é como era ontem. Não percebemos quando tudo está como no dia anterior. É por isso que nunca vemos uma notícia que comece com "Nada de incomum aconteceu na sua vizinhança hoje. As pessoas foram trabalhar, as crianças não fizeram o dever de casa e ninguém dormiu o suficiente. Foi um dia normal". Apenas a mudança, o perigo, é notícia. O mesmo vale para TV e cinema, que muitas vezes retratam um mundo de estupros, caos, assassinatos e catástrofes. Ninguém fará um filme sobre alguém sentado em silêncio, lendo um romance em um iPad.

DESAFIO: *treine-se para perceber com que frequência nada acontece.*
Você pode se convencer da raridade de eventos perigosos simplesmente dando um passeio em sua vizinhança por 15 minutos. Mas, dessa vez, eu gostaria que você tentasse observar o máximo de detalhes que puder sobre as casas, pessoas, carros, árvores e eventos ao seu redor. Se você for como a maioria das pessoas, notará que anda por essa área com frequência, mas se acostumou tanto com ela que não a percebe mais. Isso também vale para segurança e regularidade. Como estamos programados para "sintonizar" mudança, movimento e perigo, não processamos a regularidade do que está ao nosso redor. Mesmo se observarmos dez assassinatos por dia na televisão, perceberemos que é altamente improvável que no resto de nossa vida real vejamos um assassinato de verdade.

> Estamos preparados para perceber mudanças e incertezas a fim de ficarmos alertas aos sinais de perigo. É por isso que podemos ter medo de nos arrepender de fazer algo novo.

Acreditamos que se aconteceu recentemente, é provável que aconteça novamente

Você está pensando em tirar férias na Flórida e liga o noticiário para ouvir a notícia de um acidente de avião na Maláseia. Seu voo seria de Nova York para Miami. Você já viajou de avião muitas vezes, mas agora está apreensivo com a possibilidade de morrer em um acidente até Miami. Ou o mercado de ações de repente cai 5% e você conclui que em breve perderá todas as suas economias. O que está acontecendo? Somos vítimas dos *efeitos de recência* ao julgar a probabilidade de eventos. O avião caiu ontem, e o mercado de ações despencou hoje. Ambos são recentes. Muitas vezes enfatizamos de maneira excessiva eventos que ocorreram recentemente. É como pensar: "Acabou de acontecer, e agora vai acontecer o tempo todo". Isso ocorre porque as informações recentes estão mais *disponíveis* para nós. Está mentalmente ao nosso alcance.

Uma maneira de obter uma visão mais precisa do risco é observar todas as informações por um período mais longo de tempo. Quando olhamos para a probabilidade de morrer em um acidente de avião, podemos ver que, considerando um longo período de tempo, aviões são o meio mais seguro de viajar. Se olharmos para o mercado de ações durante um longo período de tempo, ele, em geral, subiu. Isso é o que os investidores chamam de "horizonte de tempo" – quanto tempo no futuro estamos olhando. Se estamos tentando ganhar dinheiro fácil, podemos nos jogar em coisas "novas e brilhantes". Se conseguirmos ter uma visão de longo prazo de nossos investimentos, pensaremos em manter o que temos.

DESAFIO: dê um passo atrás e leve em consideração mais do que o evento mais recente.
Quando você antecipa que pode se arrepender de fazer algo, seja viajar, casar, arranjar um emprego ou fazer um investimento, é importante se perguntar se está hesitante por causa de más notícias recentes em algum lugar do mundo. Em seguida, deixe de lado os eventos recentes por um momento e considere a probabilidade real desse temeroso evento (dadas todas as informações passadas por um longo período de tempo) e o que aconteceu no passado que pode sugerir que mudar ou fazer algo não é tão arriscado como parece agora. Olhe no longo prazo, com mais informações, e deixe de lado (por enquanto) os eventos recentes.

Ouvimos certas informações repetidamente

Somos bombardeados com histórias sobre ameaças nos noticiários, e isso nos leva a pensar continuamente sobre elas e a vê-las como prováveis de acontecer novamente. Isso contribui para a "disponibilidade de informações"; temos lembretes constantes das ameaças. Se você assiste a séries como *Law and Order: SVU, Os Sopranos, The Blacklist* ou *Peaky Blinders*, não seria absurdo pensar que a maioria de seus vizinhos estão sendo mortos ou estuprados. Somos bombardeados constantemente com imagens de morte e caos, porque, como dizem no jornalismo, "Se não tem morte, nem reporte". Somos tentados a espiar quando passamos por um acidente de carro. Mas essas más notícias recorrentes são realmente um bom indicador da probabilidade de algo ruim acontecer conosco? Se basearmos nossas estimativas em ver todas as más notícias o tempo todo, provavelmente pensaremos em qualquer ação que tomarmos como tendo um risco maior do que ela de fato pode carregar.

DESAFIO: diminua sua exposição a programas ou notícias que enfatizem o perigo e o desastre.
Em seguida, é importante lembrar que simplesmente ver algo na mídia não representa a probabilidade de um evento, apenas o quão disponível essa informação está para você.

Ignoramos as probabilidades

Digamos que você está com dor de cabeça e está propenso a prever eventos negativos em excesso. Em geral você não tem dores de cabeça e está com boa saúde. O que pode ser a causa dessa dor de cabeça? Imediatamente, você chega à conclusão de que tem um tumor cerebral maligno. "Sei que as pessoas com tumores cerebrais têm dores de cabeça. Eu estou com dor de cabeça, portanto, tenho um tumor cerebral." Este é um exemplo de como ignoramos a probabilidade real de um evento, isto é, ignoramos a taxa de base de um evento. A taxa de base representa a realidade, a média. Nesse caso, a taxa de base seria a porcentagem de pessoas na população geral que tem dores de cabeça e que tem tumores cerebrais.

DESAFIO: *lembre-se de que quase todo mundo já teve dor de cabeça alguma vez, mas os tumores cerebrais são bastante raros.*
Isso também vale para acidentes de avião. Quantas pessoas você conhece que estiveram em um avião? E quantas delas sofreram um acidente?

Confiamos em imagens intensas

Quando vemos imagens de um evento horrível, tendemos a acreditar que é mais provável que ele ocorra. As imagens têm um grande impacto emocional sobre nós, o que aumenta ainda mais nossa estimativa sobre o tamanho da ameaça. Por exemplo, ver vídeos de carnificina ou tiroteios torna esses eventos não apenas mais memoráveis, mas também nos leva a acreditar que eles são mais prováveis de ocorrer. Quando tentamos prever eventos futuros, e temos uma imagem intensa de uma ocorrência ruim na cabeça, é provável que julguemos esse resultado como tendo maior probabilidade de acontecer. Por exemplo, um homem que estava pensando em se separar de sua esposa me disse que se imaginava sentado em um quarto sozinho, chorando, mesmo depois de muitos anos, porque ficaria sozinho para sempre. A imagem de si mesmo chorando e deprimido era bastante vívida e isso o levou a acreditar que era muito provável que ele ficaria sozinho.

> Uma imagem vale mais que mil medos.

DESAFIO: *lembre-se de que imaginar algo não é a mesma coisa que saber a probabilidade de algo acontecer.*
As companhias de seguros de automóveis não pedem para você imaginar como seria horrível se sofresse um acidente. Não, elas analisarão os dados dos últimos anos de pessoas da sua faixa etária que sofreram acidentes e basearão o prêmio nos dados, não nas suas imagens emocionais. Novamente, muitas vezes baseamos nossa estimativa de probabilidades na disponibilidade de informações e na intensidade emocional que elas transmitem. Quando superestimamos os resultados negativos, somos mais propensos a antecipar o arrependimento de nossas escolhas.

Usamos o raciocínio emocional

"Não sei quais são as chances, mas me sinto ansioso, então deve ser perigoso." Este é um raciocínio emocional, e é circular: se você se sente ansioso em um avião, pode pensar que é perigoso viajar nele, o que o deixa ainda mais ansioso. E então escolhe não viajar de avião. Pode hesitar em assumir um compromisso, em viajar, em fazer um investimento, em aceitar um emprego ou em buscar um novo treinamento porque está se sentindo ansioso enquanto pensa nessas possibilidades.

DESAFIO: e se você normalizasse o sentimento de ansiedade na hora de fazer mudanças?
E se, diante da mudança e da incerteza, você considerasse a ansiedade uma parte comum do processo de mudança? Se deixasse a ansiedade de lado e simplesmente se perguntasse sobre os custos e os benefícios, as probabilidades dos resultados e a sua capacidade de lidar com compensações e incertezas, você conseguirá tomar decisões racionais, não baseadas em emoção.

Por exemplo, um homem que estava ansioso para se casar me perguntou: "Se estou ansioso, como posso me casar?". Quando analisamos as razões dele a favor e contra o casamento, ele reconheceu que havia muitas boas razões para se casar, mas tinha algumas dúvidas. Ele estava assumindo que ter sentimentos de ansiedade ou dúvidas significava que se casar não era uma boa decisão. Esta é uma forma de *perfeccionismo emocional*.

> A ansiedade é um fato sobre seus sentimentos, mas não um bom guia para fatos sobre o futuro.

A forma que diz que "eu sempre devo ter bons sentimentos sobre o que escolho fazer". Podemos ter boas razões para nossas ansiedades ou dúvidas, mas a decisão sobre mudanças deve se basear em fatos, lógica e probabilidades realistas.

Você também pode imaginar suas opções pensando em como abordaria as decisões se estivesse calmo e confiante. Ou como um amigo calmo e confiante pensaria nessas opções. Afastar-se do raciocínio emocional pode ajudá-lo a tomar decisões mais racionais com menor probabilidade de se arrepender.

Esperamos reações em cadeia e armadilhas

Um erro comum ao pensar nos resultados possíveis é imaginar uma série de reações em cadeia de eventos negativos que terminam em catástrofe. Por exemplo, uma pessoa que está pensando em aceitar um novo emprego pode pensar que o trabalho não vai dar certo. Ela então imagina perder o emprego, ficar desempregada, perder todo o seu dinheiro e acabar morando na rua. Essa é uma reação em cadeia de eventos negativos que aumenta o medo de fazer mudanças.

Quando deixei os estudos para seguir um trabalho clínico em tempo integral, eu estava com meu amigo Bill, comprando um sofá para meu novo apartamento e comecei a notar que estava tremendo. Perguntei a Bill se estava frio na loja. Ele disse que não e perguntou se eu estava bem. Então, passei a examinar meus pensamentos: "Este é um sofá caro e eu não tenho muito dinheiro. Não vou conseguir nenhum paciente. Vou acabar falido sentado em um apartamento vazio. O aquecedor será desligado". Eu conseguia ver que meu pensamento estava se desenrolando bem na minha frente, levando-me a me imaginar tremendo no meu apartamento sem aquecimento. Felizmente, na época eu estava fazendo meu pós-doutorado em terapia cognitiva no Departamento de Psiquiatria da University of Pennsylvania, então pude usar meu treinamento para me ajudar.

DESAFIO: examine a probabilidade de cada evento na reação em cadeia.
Ao examinar esses pensamentos mais tarde, percebi que havia uma probabilidade razoável de que eu pudesse ter pacientes, uma probabilidade razoável de que, se a clínica não desse certo, eu conseguiria outro emprego e uma probabilidade razoável de eu não ir à falência. Mas posso lhe dizer que meus medos do futuro eram reais e eu estava prevendo que mais tarde me arrependeria de deixar a vida acadêmica pelas incertezas da prática privada. Felizmente, consegui deixar de lado meu ataque de pânico e seguir o trabalho clínico, em vez de me sentir preso pelo medo do arrependimento futuro.

Relacionada à mudança repentina das reações em cadeia está a crença de que, se fizermos mudanças, seremos surpreendidos por uma armadilha. Às vezes prevemos arrependimentos quando pensamos que algo repentino, imprevisto e horrível acontecerá e ficaremos devastados. Isso pode incluir a sua crença de que, se você se comprometer com um parceiro ou um emprego, será pego de surpresa por uma traição ou pela falência da empresa. Ou você pode pensar que, se comprar uma casa ou fizer um investimento, todo o mercado entrará em colapso e acabará sem nada.

DESAFIO: lembre-se de que ocorrem mudanças dramáticas em relacionamentos, empresas, mercados e outros lugares, mas elas não são a norma.
Se você sair por aí prevendo armadilhas toda vez que pensar em tomar uma decisão, nunca sairá pela porta e viverá sua vida. Você pode passar por portas sem cair em armadilhas.

Destacamos nossa falta de controle

Se acreditarmos que não podemos controlar a ameaça, acreditamos que ela é mais perigosa. Por exemplo, é muito mais provável que alguém morra em um acidente de carro do que em um acidente de avião, mas costumamos dizer, "Me sinto no controle quando estou dirigindo meu carro". Não sei como você se sentiria se lhe colocassem no controle de uma aeronave 787, mas estimamos o perigo por nossa percepção de quanto controle temos sobre o resultado. Você pode prever um resultado ruim ao aceitar um novo emprego se pensar: "Não tenho controle sobre se a empresa fechará os negócios". Ou quando pensar em se casar: "Não tenho nenhum controle sobre se meu parceiro será fiel".

DESAFIO: *volte para a taxa de base.*
Você não tem controle sobre o avião, mas a taxa de base ou a probabilidade da queda do avião é próxima de zero. Seu senso de controle não é a mesma coisa que a probabilidade de algo ruim acontecer.

DESAFIO: *lembre-se de que você tem controle sobre muitos aspectos da nova situação.*
Por exemplo, ao considerar o risco de assumir um novo emprego, você tem controle sobre como se comporta no trabalho e quanto esforço coloca nele. Também tem controle sobre a criação de opções alternativas ao trabalho. Pode fazer *networking* e desenvolver relações com outras empresas que podem levar a outras oportunidades para caso o emprego atual não der certo. Se você se comprometer com um relacionamento, terá controle sobre a maneira como se comunica e apoia seu parceiro.

DESAFIO: *aumente a percepção de quanto controle você tem em muitas outras áreas de sua vida.*
Por exemplo, se você se comprometer com um parceiro, também tem controle sobre o que faz com seus amigos, seu trabalho, suas atividades de lazer, seu crescimento pessoal e muitas outras áreas de sua vida. Sua vida é complexa e diversificada, e pode encontrar muitas áreas dela sobre as quais tem controle. Quais são algumas coisas que pode escolher fazer essa semana? Você não tem controle sobre isso? Reconhecer onde tem controle sobre sua vida pode lhe ajudar a minimizar a importância do controle quando estiver antecipando arrependimentos.

Temos certeza de que dessa vez será diferente

Tendemos a rejeitar informações objetivas e dizer: "Sei que a probabilidade de um resultado ruim acontecer, levando em conta os dados anteriores, é muito baixa, mas dessa vez é diferente". Claro que é possível que todas as evidências passadas da probabilidade de um evento possam mudar com novos eventos, mas não é assim que geralmente estimamos o perigo. Considere contratar um seguro de vida. A seguradora usará tabelas atuariais para determinar a probabilidade de você morrer. As taxas são baseadas em dados anteriores sobre o histórico das pessoas da sua idade, em se você é fumante, na sua participação em atividades perigosas (como paraquedismo) e em seu histórico médico. É assim que o negócio de seguros estima o risco. Eles não vão dizer: "Sim, mas dessa vez pode ser diferente". Eles estão analisando a probabilidade de pessoas como você, como parte de um grupo. Na verdade, estimar tendências sempre está relacionado com a probabilidade ou porcentagem de pessoas em um grupo. *Por cento* significa "por 100". É a probabilidade de grupo. Sim, dessa vez pode ser diferente, podemos ser extremamente azarados, mas isso é como dizer que ignoraremos as probabilidades e veremos tudo como um risco inaceitável porque *pode acontecer*. Claro, isso (seja o que for "isso") pode acontecer. Mas a pergunta realista é "qual é a probabilidade de isso acontecer?".

DESAFIO: pense na probabilidade, não na possibilidade.
Uma maneira de interpretar mal o risco é pensar na anedota de uma pessoa tendo um resultado ruim; neste caso seria *você*. Claro, é possível que a próxima instância seja diferente de todas as experiências anteriores que as pessoas encontraram, mas isso não aumenta muito a probabilidade. As probabilidades são baseadas em nossas observações anteriores da probabilidade de um evento para um grande número de pessoas. Você sempre pode dizer "dessa vez é diferente", mas isso não significa que "dessa vez *será* diferente". Calculamos probabilidades em observações e taxas de base. Devemos distinguir entre possibilidade e probabilidade. Bons tomadores de decisão baseiam suas decisões na probabilidade.

DESAFIO: pergunte a si mesmo se você está tentando eliminar a "possibilidade".
Nesse caso, provavelmente não optará por mudança, porque tudo é possível. E pode se arrepender de todas as oportunidades perdidas, de ficar para sempre congelado em suas armadilhas, ao exigir certezas. Lembre-se de que não existe certeza em um mundo incerto, mas incerteza não é o mesmo que catástrofe.

Insistimos no "mas pode acontecer justamente comigo"

Claro, assim como com a crença de que dessa vez é diferente, você *pode* ser o azarado, cujas decisões serão ruins, apesar de todas as evidências objetivas de que o que você está antecipando não acontecerá. Mas você não quer continuar sua vida diária temendo todos os riscos *possíveis*. Essa é uma forma de ver as decisões que exigem certeza absoluta e risco zero.

> Não existe risco zero.

DESAFIO: tenha em mente que não há decisões sem incertezas e sem riscos.
Se aceitar um novo emprego, poderia ser demitido. Se você se casar, poderia se divorciar. Se investir seu dinheiro, poderia ser aquela pessoa que escolheu a única empresa que perdeu todo o seu valor. Se não tiver filhos, sua vida poderia ser miserável. Se comprar aquela casa, poderia perder todo o seu dinheiro. A pergunta relevante não é "será que vou ser eu?" mas sim "qual é a probabilidade de ser eu?". Se você achar que pode evitar arrependimentos "nunca, jamais sendo azarado", então não será capaz de tomar decisões que gerem mudanças. E esse, mais tarde, será o foco dos seus arrependimentos. Tenha em mente que não fazer nada é algo de que poderia se arrepender.

Como subestimamos o risco

Superestimar o risco pode nos deixar paralisados ao tentar tomar decisões ou mudar algo em nossa vida: parece que tudo vai acabar em desastre. No futuro, é provável que você olhe para trás e se pergunte como pôde deixar todas aquelas oportunidades passarem. Contudo, subestimar o risco pode ser ainda mais problemático, porque quando você subestima o risco futuro, fica aberto a decisões que podem trazer sérios resultados negativos ou até mesmo mortais. Nesses casos, como mencionado anteriormente, seus arrependimentos podem surgir muito mais cedo, pois lidará com as consequências às vezes mais imediatas de não dar atenção a cuidados médicos importantes, de gastar um salário inteiro em uma noite, de fazer sexo com um estranho ou de dirigir de forma imprudente. Por que muitas vezes subestimamos o risco? Vamos dar uma olhada em seis maneiras comuns de subestimarmos o risco.

Como subestimamos o risco

- Roleta russa
- Lógica hedonista
- Evitando emoções negativas
- Subestimando maus hábitos
- Acreditando no que você quer acreditar
- Todo mundo está fazendo isso

→ Subestimando o risco

Adotamos a abordagem da roleta russa

Semelhante à familiaridade, quanto mais tempo nos engajamos em um comportamento como fumar, beber ou dirigir sem cinto de segurança, menor será o risco percebido, mesmo que ele esteja aumentando com essa exposição repetida. As pessoas dizem, por exemplo: "Eu nunca uso cinto de segurança e ainda estou vivo".

Por que a exposição cumulativa nos leva a subestimar o risco? Com a exposição repetida a qualquer coisa, tendemos a reduzir a intensidade de nossa resposta. Isso é o que os psicólogos chamam de *habituação* – significa basicamente "se acostumar com algo".

Se eu lhe mostrasse seu filme favorito 20 vezes, você provavelmente perderia o interesse na terceira vez que o visse.

Usamos a exposição ao medo o tempo todo para reduzir o medo. Por exemplo, se você tivesse medo de elevadores, eu faria você entrar no elevador várias vezes até que seu medo diminuísse. A maneira como a habituação funciona é que você aprende que o elevador é seguro e que não precisa escapar dele. Essa é uma excelente maneira de superar os medos de situações que não são realmente perigosas. Mas as habituações também podem agir para diminuir o seu medo em situações objetivamente perigosas. Por exemplo, você poderia fumar por muitos anos e pensar que fumar é seguro. No entanto, fumar em longo prazo aumenta drasticamente o risco de câncer de pulmão e problemas cardiovasculares. O fato de você gostar de fumar e de parecer que nada de ruim aconteceu ainda lhe dá a percepção de que fumar é seguro. Você não percebe o resultado até que seja tarde demais.

Chamo isso de *teoria do risco da roleta russa* porque é como o homem que segura uma arma contra a cabeça, gira a câmara, diz que a arma tem apenas uma bala, puxa o gatilho cinco vezes, sobrevive e conclui que está seguro. Mas se a arma tiver apenas seis balas, sabemos que se ele apertar o gatilho mais uma vez, ele irá morrer. Suas chances se esgotam jogando roleta russa.

DESAFIO: *quando você racionalizar que nada de ruim aconteceu como resultado de uma de suas escolhas, lembre-se de adicionar a palavra "ainda".*
A exposição repetida significa oportunidades repetidas para um resultado ruim. Se dirigimos 1.000 quilômetros por ano, é menos provável que soframos um acidente em comparação com um motorista profissional que dirige 100.000 quilômetros por ano. Quanto mais você se arrisca, maior a chance de algo dar errado.

Dizemos que "se é bom, tem que ser seguro"

Por que tantas pessoas ainda fumam, fazem sexo sem proteção e bebem e comem demais? Uma das principais razões é que nos sentimos bem com isso e provavelmente continuaremos a fazer coisas que nos fazem sentir bem. Na verdade, muitas vezes subestimamos o risco porque seguimos a regra do "Se parece bom, deve ser bom". Tendemos a pensar que, se algo parece bom, deve ser seguro. Isso é muitas vezes chamado de *raciocínio hedonista*, e é falho. A segurança é medida não em termos de como nos sentimos, mas em termos da probabilidade de uma consequência negativa. Por exemplo, por que as pessoas gostam de fumar? Algumas pessoas dirão: "Porque parar de fumar é muito desagradável". Entretanto, a maioria das pessoas que fuma não pensa em parar quando estão fumando – elas estão pensando em como é bom fumar um cigarro.

DESAFIO: *lembre-se de que qualquer comportamento imediatamente recompensado aumentará em frequência, e a frequência pode levar ao vício.*
Já que fumar, beber, comer demais, fazer sexo sem proteção e usar drogas são todos imediatamente recompensadores e prazerosos, é provável que você faça isso com mais

frequência, e essa ênfase em se sentir bem vai levar a arrependimentos futuros. Sentir-se bem agora pode levar a se sentir infeliz e a mais arrependimentos mais tarde.

Nos concentramos em nos livrar de sentimentos desconfortáveis

Muitas vezes tomamos decisões para nos livrarmos ou evitarmos sentimentos desconfortáveis. Essa é a estratégia de *evitação emocional* e tem uma boa chance de levar a arrependimentos futuros. Por exemplo, você pode optar por abusar de drogas ou álcool porque deseja se livrar da ansiedade ou depressão que sente. E, de fato, isso pode funcionar em curto prazo. Porém, o problema de decidir simplesmente se livrar de um sentimento desagradável agora é que as consequências em longo prazo podem ser bastante negativas. As consequências em longo prazo do uso indevido de álcool ou drogas são mais depressão, mais ansiedade e mais dificuldade em quase todas as áreas da sua vida.

Outro exemplo de tomada de decisão propensa a gerar arrependimento mais tarde é fazer uma escolha sobre um parceiro simplesmente com base em seus sentimentos atuais de solidão. Um homem que passou por um divórcio desagradável estava se sentindo muito solitário, o que pode ser uma emoção natural para alguém depois de um rompimento. Ele então procurou uma *solução* imediata para sua solidão e rapidamente se envolveu com outra mulher. Embora houvesse algumas coisas que eles tinham em comum, ele percebeu que ela era muito crítica e eles raramente tinham o que conversar. Mas ele temia a solidão de não ter um relacionamento, então, relutantemente, assumiu o compromisso e eles se casaram. O relacionamento durou vários anos, durante os quais ambos tiveram casos extraconjugais. Ele estava relutante em se separar por causa de seu medo da solidão. Seus arrependimentos posteriores foram os de que escolheu se casar com alguém com quem tinha pouco em comum e depois ficou com ela porque tinha medo de ficar sozinho, caso eles se separassem. O seu medo de sentimentos negativos o levou a tomar decisões das quais se arrependeu.

DESAFIO: tome decisões com base nos aspectos positivos que você pode ganhar, não apenas nos negativos que você perderá.
Tenha em mente que as emoções negativas geralmente se resolvem por conta própria, mas se tomar decisões que levam a resultados ruins contínuos, apenas prolongará sua infelicidade. Às vezes, tolerar o desconforto pode ser a chave para progredir.

Subestimamos o quão fácil é formar maus hábitos

Não conheço ninguém que começou a fumar ou a beber que pensou na hora que se tornaria viciado em nicotina ou álcool. Muitas vezes pensamos que temos muito mais controle sobre se formamos maus hábitos do que realmente temos. Quando estamos fazendo uma escolha sobre algo que é prazeroso, tendemos a ser *míopes*. Nós nos concentramos apenas na consequência imediata: o prazer prontamente disponível. O prazer de tomar um *drink* é facilmente acessível, e podemos experimentá-lo imediatamente, então não pensamos no fato de que ceder a esse prazer pode nos prender a um novo mau hábito.

DESAFIO: quando estiver prestes a buscar algo prazeroso, pergunte a si mesmo se isso reforçará a probabilidade de desenvolver um hábito do qual se arrependerá mais tarde.
Antecipar as consequências negativas dos nossos comportamentos atuais é uma das características do que chamo de *arrependimento produtivo*. Você vai se arrepender de formar maus hábitos? Uma chave para o sucesso na vida é desenvolver e praticar hábitos positivos, não desenvolver maus hábitos.

Acreditamos no que queremos acreditar

Há momentos em que estamos tão determinados a fazer algo que somos capazes de criar nossa própria realidade sobre qual é o risco real de nossas ações. Lembro-me de conversar com um médico muito inteligente, divorciado, que estava tendo um caso com uma mulher que conheceu em um clube. Ele disse que fazia sexo sem proteção e sabia que tinha controle suficiente para evitar engravidar ela ou contrair uma infecção sexualmente transmissível. Ele, no final, contraiu uma infecção sexualmente transmissível, da qual se arrependeu e pela qual a culpou. Ele queria acreditar que era invencível, mas não era. Ele era humano. Outro exemplo foi um homem casado que disse que poderia ter relações emocionais e sexuais com outras mulheres sem que sua esposa descobrisse. Eventualmente, ela descobriu, e isso levou a um grande conflito no relacionamento deles. Depois disso, ele sempre me perguntava: "O que eu estava pensando? Por que fiz isso?". Sugeri que ele havia cometido um erro comum ao tomar uma decisão. Ele acreditava que era capaz de compartimentar sua vida porque queria acreditar nisso.

DESAFIO: reconheça que acreditar em algo e algo ser verdade são duas coisas completamente diferentes.
Querer acreditar em algo que não é necessariamente verdade pode levar a muitos arrependimentos futuros que você não vai querer ter. A vida dá um jeito de voltar para nos assombrar às vezes, não importa o quão confiantes estejamos de que podemos "nos safar".

Dizemos que "deve ser uma boa ideia se todo mundo está fazendo"

Um dos fatores que podem nos levar a minimizar o risco é nossa tendência a seguir a multidão. A natureza humana é tal que muitas vezes nos conformamos com o que nossos amigos e familiares estão fazendo. Pense em todos os comportamentos problemáticos em que milhões de pessoas se envolvem diariamente e pergunte a si mesmo se isso é um bom guia para evitar arrependimentos. As pessoas bebem demais, fumam, gastam demais, praticam sexo sem proteção, dirigem de maneira imprudente e são facilmente provocadas. Simplesmente porque outras pessoas estão fazendo isso, o risco não é reduzido.

DESAFIO: *dê a si mesmo o conselho que daria a um de seus filhos.*
Antes de decidir comer demais ou gastar demais porque "todo mundo faz", pense no conselho que você daria a um filho ou filha que quisesse fazer a mesma coisa, com base no mesmo raciocínio. Você pensaria no que é bom para eles, não no que todo mundo está fazendo.

FAZENDO SEU INVENTÁRIO DE RISCO

Ler sobre as maneiras pelas quais tendemos a superestimar ou subestimar o risco e, em seguida, considerar as maneiras pelas quais você pode desafiar esses erros, pode já ter lhe dado uma ideia de onde você está na sua percepção do risco. Vamos olhar um pouco mais de perto. Quanto mais souber sobre como seus vieses sobre o risco estão afetando sua probabilidade de tomar decisões das quais pode se arrepender mais tarde, com mais sucesso poderá evitar essas armadilhas. Ao fazer o inventário a seguir, lembre-se de que você pode se arrepender de coisas que faz e de coisas que não faz.

Como você superestima o risco?

Vimos que vários fatores podem levar a superestimar o risco. Se você é propenso a fazer isso, então provavelmente se preocupa muito em fazer mudanças. Pode hesitar em experimentar novos comportamentos. No formulário da página 82, pode ver alguns dos vieses mais comuns que nos levam a superestimar o risco. Na segunda coluna, dê exemplos de como você se baseia nessas inclinações para estimar o risco de algo acontecer. Pode ser útil começar observando como Ruth o preencheu (página 81). Ela tinha muitos medos que a faziam relutante em viajar, ou até mesmo em passear pelo bairro ou ir a eventos em grupo. Ela se focava nas ameaças, muitas vezes percebendo perigo físico onde objetivamente existia muito pouco.

Se você preencheu o formulário para listar seus vieses ao superestimar o risco, pode dar um passo adiante e avaliar o impacto desses hábitos em sua tomada de decisão. Responda a essas perguntas escrevendo suas respostas em uma folha de papel ou apenas pensando nelas. Tenha em mente que superestimar o risco pode levar a se arrepender de não ter se arriscado e feito mudanças que poderiam melhorar sua vida.

- Quais são os principais vieses que você tem ao superestimar o risco?
- Como isso dificulta sua tomada de decisões?
- Você se arrependeu de não ter feito algumas coisas que achou muito arriscadas na época?
- Se você fosse menos propenso a superestimar o risco, como sua vida seria diferente?
- Superestimar o risco levou você a se arrepender de não ter feito alguma coisa?

Os vieses de Ruth ao superestimar os riscos

Vieses ao superestimar os riscos	Exemplos	Como isso afeta as suas decisões
Você ignora não eventos	Eu raramente noto os edifícios pelos quais passo todos os dias e as pessoas que vejo no meu prédio. É como se nada estivesse acontecendo.	Eu não percebo como a vida é quase sempre a mesma coisa no dia a dia. Ela é segura.
Você enfatiza mais o que aconteceu recentemente	Se eu ouvir no noticiário que um avião caiu, eu penso que viajar de avião ficou perigoso.	Eu fico relutante em viajar de avião.
Você foca em eventos recorrentes	Quando vejo histórias sobre crimes no noticiário todas as noites, penso que vou ser assaltada se eu sair na rua.	Eu evito sair para caminhar à noite.
Você ignora as probabilidades	Eu sei que viajar de avião é seguro em termos de probabilidade, mas ainda assim sinto medo de o avião cair.	Eu fico relutante em viajar de avião.
Você dá relevância a imagens intensas	Quando vejo uma foto de um tiroteio, penso que serei baleada.	Às vezes não saio à noite.
Você usa suas emoções para estimar os riscos	Quando estou em um avião fico ansiosa, e por isso penso que estou em perigo.	Eu fico relutante em viajar de avião.
Você pensa que eventos negativos vão levar a reações em cadeia e armadilhas	Eu penso que os sons que ouço quando estou viajando de avião são sinais de que o avião está com defeito e de que ele vai perder o controle e cair.	Eu converso com a atendente de bordo para me acalmar.
Você acredita que não tem controle	Eu não me sinto no controle quando estou em aviões, então penso que estou em perigo.	Eu converso com a atendente de bordo para me tranquilizar. Eu também fico relutante em viajar de avião.
Você pensa que, mesmo que a probabilidade seja baixa, pode acontecer: dessa vez é diferente	Eu sei que a probabilidade do avião cair é baixa, mas então penso que dessa vez pode acontecer.	Eu fico relutante em viajar de avião.
Você pensa "Pode acontecer comigo"	Eu acredito que eu posso ser a pessoa azarada que morre em um acidente aéreo. Sempre existe a possibilidade.	Eu fico relutante em viajar de avião.

Como você superestima os riscos

Vieses ao superestimar os riscos	Exemplos	Como isso afeta as suas decisões
Você ignora não eventos		
Você enfatiza mais o que aconteceu recentemente		
Você foca em eventos recorrentes		
Você ignora as probabilidades		
Você dá relevância a imagens intensas		
Você usa suas emoções para estimar os riscos		
Você pensa que eventos negativos vão levar a reações em cadeia e armadilhas		
Você acredita que não tem controle		
Você pensa que, mesmo que a probabilidade seja baixa, pode acontecer: dessa vez é diferente		
Você pensa "Pode acontecer comigo"		

De *Se ao menos...*, de Robert L. Leahy. Copyright © 2022 The Guilford Press. Compradores deste livro podem fotocopiar e/ou baixar versões ampliadas deste formulário (veja orientações após o Sumário).

Subestimando o risco

Assim como quando superestimamos o risco, os arrependimentos podem surgir quando o subestimamos. Você pode aprender a minimizar esses riscos conhecendo o máximo possível sobre as maneiras pelas quais tende a subestimá-los (veja o formulário na página 85). Primeiro, veja como Luis preencheu o formulário (veja a página 84). Luis subestimou o risco de seus comportamentos, que incluíam beber demais, comer demais, usar cigarros eletrônicos, ter casos e ir atrás de mulheres que o manipulavam. Como muitas pessoas que se envolvem em comportamentos de risco, ele estava se concentrando na gratificação de curto prazo, ignorando os riscos potenciais envolvidos.

Como fizemos com superestimar o risco, pergunte a si mesmo como seus hábitos de subestimar o risco estão fazendo você se arrepender:

- Quais são os principais vieses que você tem ao subestimar o risco?
- Como isso o levou a tomar decisões arriscadas?
- Você se arrependeu de ter feito algumas coisas que achou que não eram arriscadas na época?
- Se você fosse menos propenso a subestimar o risco, como sua vida seria diferente?
- Subestimar riscos levou você a se arrepender de ter feito algo?

Anote suas respostas, se quiser. Registrar seus pensamentos no papel muitas vezes pode consolidar o que você aprende sobre si mesmo a fim de usar esse conhecimento no futuro transformando um arrependimento problemático em um arrependimento produtivo. Você identificou suposições e atitudes que tende a fazer em suas tomadas de decisão e examinou de perto sua percepção (errônea) de risco e como isso pode estar influenciando-o a fazer escolhas das quais se arrependerá mais tarde. Essas escolhas podem envolver ação ou inércia. Decisões sempre estão relacionadas a comparar riscos, e o arrependimento está relacionado a ficar decepcionado com resultados que achamos que poderíamos ter evitado. Quando tomamos uma decisão, muitas vezes precisamos pensar sobre o que podemos nos arrepender – agindo ou não agindo.

O próximo capítulo aborda essa parte do processo, lhe ajudando a descobrir como essas diferentes formas de antecipar o arrependimento tomam forma no que você faz quando realmente chega a uma decisão.

Os vieses de Luis ao subestimar os riscos

Vieses ao subestimar os riscos	Exemplos
Exposição cumulativa: a abordagem de roleta russa	Eu percebi que quanto mais fumava cigarros eletrônicos, bebia, comia demais e tinha relacionamentos tóxicos, mais eu me acostumava com isso e pensava que nada de ruim aconteceria em decorrência desses hábitos. Eu não percebi conscientemente que quanto maior a exposição ao risco, maior a probabilidade de resultados ruins.
Lógica hedonista	Eu fui levado pelo meu desejo de prazer imediato a tomar riscos dos quais eu me arrependeria. Eu subestimei os riscos de beber, fazer sexo, usar drogas e até dirigir imprudentemente.
Focar em se livrar de sentimentos desconfortáveis	Eu estava deprimido e me sentia preso em meu casamento e sabia que se eu bebesse ou fumasse cigarros eletrônicos eu me sentiria melhor momentaneamente. Eu também usava o sexo como um alívio para a minha ansiedade e depressão.
Subestimar a tendência de formar maus hábitos	Eu ignorei o fato de que eu estava estimulando os maus hábitos de beber, fumar e ter casos arriscados e que não significavam nada.
Acreditar no que você quer acreditar	Eu queria acreditar que eu conseguia "lidar" com a bebedeira, então eu ficava uma semana sem beber e achava que tudo estava sob controle. Porém, a bebida sempre voltava para me assombrar.
"Todo mundo está fazendo, então deve ser uma boa ideia"	Na verdade, eu não tenho esse problema.

Como você subestima os riscos

Vieses ao subestimar os riscos	Exemplos
Exposição cumulativa: a abordagem de roleta russa	
Lógica hedonista	
Focar em se livrar de sentimentos desconfortáveis	
Subestimar a tendência de formar maus hábitos	
Acreditar no que você quer acreditar	
"Todo mundo está fazendo, então deve ser uma boa ideia"	

De *Se ao menos...*, de Robert L. Leahy. Copyright © 2022 The Guilford Press. Compradores deste livro podem fotocopiar e/ou baixar versões ampliadas deste formulário (veja orientações após o Sumário).

5

A antecipação do arrependimento leva à ação ou à inércia?

Você reuniu muitas informações sobre como tende a tomar decisões de maneiras que podem levar a arrependimentos excessivos ou inadequados. O arrependimento não é apenas algo que pode acontecer após tomar decisões, mas também pode ser um medo que você tem antes de tomá-las. O Capítulo 3 trouxe à tona atitudes e suposições subjacentes que formam nossos estilos de decisão (pessimismo, necessidade de certeza, necessidade de maximizar, etc.), e o Capítulo 4 nos ajudou a ver como consideramos o risco quando estamos começando a pensar sobre uma escolha específica. Agora estamos avançando para o estágio da ação. Ao longo do Capítulo 4, observamos que superestimar ou subestimar o risco pode nos levar à ação ou à inércia. Você pode decidir que dar um passo é muito arriscado e recuar, ou pode ignorar os riscos completamente e se jogar em determinada decisão. Ambos os casos podem levar ao arrependimento se tiver percebido o risco erroneamente. E, se tiver feito isso, é provável que continue no caminho do arrependimento ao adotar os comportamentos contraproducentes discutidos neste capítulo.

Na verdade, descobri que quando as pessoas que estão enfrentando o arrependimento estão à beira de uma decisão, em geral elas deixam que um de três fatores as empurre para outra escolha lamentável: ser pessimista, se apegar a perdas irrecuperáveis e subestimar a própria resiliência. De quais destas você se acha vítima?

- Acreditar que tudo geralmente acaba mal?
- Comprometer-se com o *status quo* para evitar "desperdiçar" tudo o que investiu até agora?
- Não ter confiança de que você pode sobreviver (até prosperar!) se o resultado for ruim?

O ESTILO PESSIMISTA EM AÇÃO: A INÉRCIA

No Capítulo 3 discutimos diferentes tipos de estilos de decisão. Pode ser interessante voltar um pouco e revisar suas respostas às perguntas do Questionário de Estilo de Decisão. O estilo de decisão pessimista envolve uma série de vieses que aumentam a dificuldade em tomar decisões e a vulnerabilidade a possíveis arrependimentos futuros. Esse estilo é comum entre aqueles que já estiveram deprimidos ou ansiosos. Na verdade, o arrependimento costuma ser uma característica muito relevante na depressão, pois pessoas deprimidas costumam remoer resultados negativos e se culpar por eles. A ansiedade é frequentemente associada a antecipar resultados negativos e se arrepender posteriormente de decisões tomadas. Pessoas propensas à depressão também costumam ser ansiosas. Se você já teve depressão ou ansiedade alguma vez, pode ser que tivesse o hábito de prever que o pior sempre aconteceria. Podemos gerar imagens de resultados terríveis, acreditando que o pior ainda está por vir, que não seremos capazes de lidar com nada que seja negativo e que, se as coisas não derem certo, seremos dominados por arrependimentos e remorso para sempre.

Vieses pessimistas

Vejamos cada um dos vieses envolvidos no estilo pessimista (ou depressivo). Alguns deles serão familiares, pois estão envolvidos nas suposições, atitudes e percepções de risco discutidas nos Capítulos 3 e 4. Cada uma dessas ideias dentro de visões pessimistas pode nos levar a evitar fazer mudanças que poderiam melhorar nossas vidas e a aumentar nosso arrependimento futuro.

Aversão ao risco

Esse foi um dos aspectos do estilo de decisão que vimos no Capítulo 3. Se você é avesso ao risco, você vê mudanças em termos de perda potencial e não em termos de oportunidade ou progresso. Se acreditar que a mudança traz um risco inaceitável de possíveis resultados negativos, então será relutante em fazê-la. Conforme discutido no Capítulo 4, você pode equiparar "risco" com "qualquer possibilidade de um resultado negativo" e então equiparar "possibilidade" com "probabilidade". E quando pensa sobre o que pode acontecer se fizer uma mudança, não considera as muitas possibilidades de resultados desde muito positivos até muito negativos, mas vai direto ao extremo do muito negativo, sempre prevendo o pior. Enquanto fica preso imaginando os resultados negativos de fazer uma mudança, ignora as consequências negativas de *não* fazê-la. Não reconhece que as decisões envolvem *risco* versus *risco*: o risco de deixar as coisas como estão e o risco de mudar.

> As decisões envolvem uma troca de riscos, não a completa ausência deles. *Risco* versus *risco*.

Visão sombria do futuro

O pessimismo muitas vezes leva você a se concentrar quase que exclusivamente no lado negativo. Com frequência, pensa em mil razões para não fazer algo, em vez de equilibrar sua tomada de decisão observando as vantagens e as desvantagens de diferentes opções. Uma ligeira mudança de qualquer coisa em direção ao negativo leva a acreditar que as coisas vão se desenrolar rapidamente. É por isso que você pode tender a desistir no meio de um esforço contínuo em direção a um objetivo – teme que a armadilha se abra embaixo de você e que fique arrasado. Você pode até se lembrar seletivamente de experiências negativas que teve no passado e raramente lembrar ou valorizar as experiências positivas, o que o leva a acreditar que as experiências negativas do passado predizem as experiências negativas do futuro.

Hesitação

Quando você acredita que as coisas vão dar errado, é provável que tenda a criar uma vantagem a seu favor, esperando até sentir que tem certeza de que está tomando a decisão certa. Leva muito tempo para decidir, acreditando que esperar se sentir pronto ou ter certeza é essencial. Enquanto espera, continua a imaginar todos os aspectos negativos da mudança, mas também se culpa por esperar. Culpar a nós mesmos nos deixa ainda mais deprimidos, e a depressão torna ainda mais difícil fazer uma mudança. Enquanto continua esperando, o mundo parece passar por você, e isso aumenta o arrependimento. A hesitação aumenta a inércia, enquanto a inércia gera ainda mais hesitação.

Almejando evitar perdas

Uma visão negativa do futuro pode levá-lo a tentar evitar perdas, cometer erros ou falhar. Perder se torna inaceitável porque você antecipa que as "perdas" no futuro serão devastadoras, em vez de apenas um redirecionamento ou um desafio. A energia que gasta tentando evitar perdas deixa pouco para se concentrar em vencer e otimizar sua vida, tentando torná-la melhor. Enquanto isso, você acredita que um resultado positivo, por mais improvável que pareça, não seria tão agradável quanto poderia ser. Muitos anos atrás, quando eu estava aprendendo judô, nosso sensei (mestre) nos fez praticar quedas repetidas vezes. Depois de algumas semanas caindo, ele disse: "A razão pela qual eu faço vocês praticarem quedas é que, uma vez que vocês não tenham medo de cair, vocês poderão realmente praticar judô". Essa foi uma lição para a vida.

> Cair é inevitável, o importante é se levantar depois.

Exigir certeza

Esperar até que as coisas pareçam alinhadas para que uma ação seja tomada requer que muita informação seja coletada, o suficiente para garantir certeza. Você pode imaginar uma série de possibilidades negativas que acha que apenas "tolerará" se tiver certeza de que não ocorrerão. É claro que não importa o quanto pesquise sobre maus resultados e busque o reasseguramento dos outros, você acabará rejeitando qualquer solução que não garanta que tudo dará certo. Essa garantia não existe.

> A certeza é uma ilusão.

Incapacidade de assimilar perdas

Quando você está pessimista ou deprimido, os resultados negativos às vezes parecem devastadores. Pode temer se afundar ainda mais em depressão e se arrepender quando outro resultado desse tipo surgir. Pode se sentir definido por esses resultados negativos e despreparado para lidar com eles. O estilo que define esse cenário é o de tentar evitar problemas que podem vir com as mudanças. E essa evitação de qualquer problema ou perda pode aumentar o arrependimento futuro, devido às oportunidades perdidas pelo caminho. Você não percebe quantas outras fontes de recompensa e significado ainda tem, nem quantas novas fontes pode criar. Você não consegue ver as perdas na situação como um todo.

Culpando-se pelo fracasso

Uma das principais partes de um estilo de tomada de decisão é que muitas vezes você se culpa se as coisas não dão certo. Você pode se rotular como fracassado, estúpido ou péssimo tomador de decisão. A tendência de se atribuir esses rótulos gerais o impede de reconhecer que todos têm limitações na tomada de decisões. Sua autocrítica aumenta sua ruminação e sua tendência de antecipar o arrependimento, já que acredita que se algo não der certo ficará sobrecarregado com pensamentos negativos dolorosos sobre si mesmo. Como você não normaliza o fracasso, não consegue aceitá-lo como parte de viver no mundo real. Em vez de dizer "Eu falhei", generaliza: "Eu sou um fracasso". Em vez de dizer "Eu posso aprender com o fracasso", conclui: "Eu nunca vou conseguir melhorar". O aprendizado é fluido, uma mudança constante, mas quando você se rotula como fracassado ou incompetente isso significa que acha que não tem esperança de que haja mudança.

Transformando a tomada de decisão pessimista: tomada de decisão racional

A tomada de decisão racional envolve uma avaliação realista do risco, em que você pesa as informações relevantes e examina os prós e contras. A tomada de decisão racional considera seus objetivos de longo prazo, não simplesmente benefícios de curto prazo, e baseia as decisões em fatos, não em sentimentos. Vimos no Capítulo 4 que muitas vezes superestimamos ou subestimamos o risco. Os tomadores de decisão racionais assumem algum risco, alguma incerteza, e avaliam sua capacidade de lidar com uma série de resultados. Além disso, a tomada de decisão racional envolve focar nos benefícios futuros de um curso de ação, em vez de nas decisões passadas e em cursos de ações anteriores. Em outras palavras, os tomadores de decisão racionais não sentem a obrigação de justificar decisões passadas se elas não deram certo e estão dispostos a se afastar de "compromissos" que não são mais gratificantes. Trata-se de benefício futuro, não de comportamento passado. Erros são deixados no passado, enquanto você se concentra na possibilidade de benefícios futuros.

Para colocar em termos técnicos, a boa tomada de decisão se concentra na *utilidade futura*: quão útil isso será para mim no futuro? No Capítulo 4, vimos que o risco é muitas vezes mal compreendido, levando a escolhas irracionais das quais podemos nos arrepender mais tarde. Mas também podemos nos tornar reféns dos nossos próprios estilos de decisão, sejam eles pessimistas ou excessivamente otimistas. Ao antecipar o arrependimento, os tomadores de decisão pessimistas podem superestimar a probabilidade de maus resultados, o quão difícil seria lidar com eles e o quão extremo o resultado negativo poderia ser.

Quando você está na ponta de um precipício, pronto para tomar uma decisão, algumas dessas ideias irracionais podem estar na sua mente. Ao lado delas, as alternativas racionais.

A ilusão da escassez

Um efeito de ter uma visão negativa do futuro é que ela pode plantar a ilusão de escassez. Quando estamos deprimidos ou ansiosos, muitas vezes vemos o mundo como sem oportunidades e acreditamos que temos poucas capacidades. Você pode, por exemplo, acreditar que tem apenas duas opções ao tentar tomar uma decisão específica. Essa é a *ilusão da escolha forçada*: "Estou ou neste trabalho ou naquele; não há alternativas" ou "Ou me caso com Susan ou não me caso". Naturalmente, nesse caso, nenhuma escolha parece muito boa, então é provável que você se arrependa de qualquer uma delas. Outra ilusão de escassez envolve as alternativas que sobraram se de fato a decisão não der certo. É uma situação paralisante – o resultado ruim parecerá um beco sem saída. Por fim, você pode operar sob uma ilusão de escassez de recompensa, ou seja, nenhum resultado parecerá bom, pois suas memórias pessimistas dizem que o que acontece em sua vida sempre dá errado.

DESAFIO: *expanda sua lista de opções.*
Racionalmente falando, há sempre mais de duas opções. O seu emprego atual e o emprego que está considerando não são os únicos dois empregos no mundo. Casar-se com Susan ou não se casar com ninguém ignora a possibilidade de se apaixonar por outra pessoa com quem se pode querer casar ou a possibilidade de que permanecer solteiro também tem seus benefícios. Se considerar todas as possibilidades, pode expandir o número de opções a considerar e encontrar melhores alternativas que levarão a melhores resultados, mesmo que demore um pouco mais para chegar lá. Você não é obrigado a escolher algo que não parece certo e não muda nada.

DESAFIO: *considere o plano B ... e C.*
Terminar com um resultado abaixo do ideal não deixa você em um beco sem saída se tiver um plano B, C e até mesmo D. Existem muitas alternativas que ainda estariam disponíveis mesmo se você fizesse uma escolha que pudesse diminuir o impacto do resultado e reduzir seu arrependimento. Por exemplo, se o trabalho que você escolheu não é do seu agrado, você pode considerá-lo um trampolim para outros trabalhos. Se o tão aguardado casamento não deu certo mesmo com muito esforço, ainda existem as opções de se separar e ter uma vida como solteiro ou buscar outros parceiros. Expandir alternativas, considerando opções que podem ficar disponíveis, pode ajudar a fazer escolhas e evitar arrependimentos.

> Sempre há outra possibilidade.

DESAFIO: *comece a se convencer de que você pode adicionar experiências positivas à sua vida.*
Pessoas pessimistas ou deprimidas, como dito anteriormente, muitas vezes acreditam que o resultado de qualquer decisão não valerá o risco. Você pode desafiar a ilusão de escassez de recompensas tomando medidas ao longo do tempo para expandir suas possibilidades de recompensas. Quais são algumas fontes possíveis de recompensa para você no presente e no futuro? Quais foram algumas experiências gratificantes para você no passado? Se buscar mais recompensas e fizer questão de lembrá-las, suas tendências pessimistas de lembrar o negativo mais do que o positivo poderão ser revertidas, e não evitar tantas decisões com base na ilusão de que as recompensas são enganosas.

Limitando as opções no tempo

Quando você vê a tomada de decisão e os possíveis resultados através de uma lente pessimista, pode acabar se sentindo pressionado a fazer escolhas imediatamente. Também pode acreditar que nada nunca acaba bem ou que você é incapaz de tomar boas decisões, então não faz diferença se apenas improvisar. Por exemplo, Tom ficou desempregado por vários meses e estava sentindo uma grande pressão para conseguir um emprego, mas nenhuma oportunidade interessante aparecia, e ele estava se afundando em deses-

Se ao menos... **93**

perança. Ele estava tentado a apenas escolher qualquer uma das más opções diante dele, uma ação da qual estava fadado a se arrepender.

DESAFIO: *coloque o tempo do seu lado.*
Isso não é a mesma coisa que esperar para sempre até que surja uma escolha que pareça perfeita e livre de riscos. Porém, pensando de maneira racional, provavelmente você pode decidir quanto tempo pode se dar para encontrar algo que seja a provável melhor opção disponível para um futuro próximo.

Quando falei com Tom, sugeri que poderia haver uma vantagem em esperar, ou seja, dar-se mais alguns meses para explorar as opções. Examinamos os prós e os contras disso, e ele sentiu que era um alívio se dar mais tempo, porque isso lhe daria a oportunidade de explorar mais opções. Ele tinha alguma pressão financeira, mas não era tão ruim quanto a de outras pessoas que já passaram por isso. Eventualmente, ele conseguiu um emprego do qual gostava, e percebeu que se tivesse decidido antes, sob a pressão do tempo, e escolhido algo imediatamente, teria se arrependido. Você pode colocar o tempo do seu lado ao estendê-lo para explorar suas opções. Não precisa se jogar em algo simplesmente porque está indeciso. Você quer cair em pé, não de cara no chão. Outra maneira de estender o prazo é perceber que, se tomar uma decisão e o resultado não for do seu agrado, pode se dar tempo para corrigir a situação ou criar outras alternativas. Cada resultado que experimentar, então, pode ser examinado à luz de outras opções que você pode imaginar. Você não está preso para sempre.

> Uma resposta melhor *mais tarde*, pode ser uma boa maneira de evitar o arrependimento. Mais tarde pode ser melhor.

Só tenho uma chance

Uma variação da crença pessimista de que você tem que tomar decisões imediatamente é acreditar que tem apenas uma chance nessas decisões. Esse é um fator poderoso na antecipação do arrependimento – se tiver apenas uma chance, os riscos são altos. Mas talvez você tenha uma série de outras possibilidades, algumas das quais nem está ciente. Talvez haja algo melhor além do horizonte.

DESAFIO: *considere suas opções como fluidas e sempre mudando.*
Mesmo que o trabalho que aceitou não dê certo, você pode buscar outros empregos ou outras áreas profissionais. O próximo trabalho não precisa ser o último. Se o casamento não der certo, você pode buscar outras opções depois de se separar. Se a área de educação que você busca não der certo, pode buscar outras áreas. Há sempre um próximo passo. Não pense no seu comportamento como "uma chance única". Tudo está em transição; nada é definitivo. Pense em estar disposto a insistir, repetir seu comportamento,

dar mais tempo. Não desista muito cedo. As recompensas podem levar algum tempo para aparecer.

NOSSA ESTRANHA LIGAÇÃO A CUSTOS IRRECUPERÁVEIS

Uma força poderosa que pode nos manter presos à beira de tomar uma decisão, sem, no entanto, tomá-la, é chamada de *efeito dos custos irrecuperáveis*. Todos nós estamos familiarizados com custos irrecuperáveis. Uma pessoa compra um vestido ou terno caro, o usa uma vez e o pendura no armário pelos próximos cinco anos. Ela raramente, se alguma vez, o usa novamente, mas reluta em jogá-lo fora ou doá-lo porque, diz para si mesma: "Gastei muito dinheiro nisso, não quero desperdiçá-lo". Outros exemplos de custos irrecuperáveis incluem permanecer em um relacionamento sem saída, insistir em tecnologia obsoleta, permanecer em um emprego que não leva a lugar nenhum ou exigir um preço mais alto do que pagou por uma casa. Os custos irrecuperáveis referem-se a gastos que já foram feitos, as roupas no armário, por exemplo. Custos irrecuperáveis são "irrecuperáveis" porque estão no passado. Mas insistir em algo porque pagamos caro pode nos impedir de seguir em frente. Tenhamos em mente que boas decisões estão relacionadas a utilidade e benefícios futuros.

Quando decidimos *não* agir, às vezes acabamos "apostando no cavalo errado" ou ficando presos em compromissos anteriores simplesmente porque insistimos em decisões passadas. Isso é como continuar investindo no que já não deu certo. Um fato interessante é que os seres humanos são os únicos animais que ficam presos em custos irrecuperáveis. Ratos, cães e pombos simplesmente desistem de algo que não é mais gratificante e, em seguida, passam para novas oportunidades de recompensas futuras. Outros animais não ficam refletindo sobre decisões passadas tentando justificá-las para si mesmos. Uma vez que as recompensas param de chegar, o rato ou cão segue em frente. Os humanos, no entanto, ficam presos, tentando fazer as coisas darem certo. Ficar preso em tentar justificar nosso comportamento passado pode nos impedir de melhorar nossas vidas no futuro.

Um custo irrecuperável ocorre quando já investimos tempo, esforço ou dinheiro em algo e esse algo deixa de ser útil. O custo está no passado e, portanto, é irrecuperável. Ele "já desceu pelo ralo". A pergunta que devemos fazer ao tentar decidir se devemos insistir no que estamos fazendo ou optar por outra coisa é: "Teremos algum benefício futuro se continuarmos com o *status quo*?". O efeito dos custos irrecuperáveis ocorre quando parece óbvio que os benefícios são mínimos agora e no futuro, mas ainda insistimos em algo simplesmente porque já gastamos dinheiro ou energia com ele.

Custos irrecuperáveis são *decisões voltadas para trás*. Às vezes olhamos para o passado em termos de quanto esforço ou dinheiro colocamos nele para justificar a permanência na situação. Dizemos que não descartaremos certa roupa porque no passado pagamos caro por ela, ou não deixaremos um relacionamento porque investimos vários anos nele, ou ficaremos no filme por mais duas horas porque pagamos pelo ingresso, mesmo sabendo que o filme é terrível, mesmo que tudo isso não seja mais gratificante. Estamos tomando uma decisão atual com base no reconhecimento de que pagamos por algo ou colocamos algum esforço em algo e não queremos desperdiçar isso. É uma tomada de decisão irracional, que muitas vezes leva a arrependimentos posteriores, pelo menos em longo prazo. Então, por que somos tão apegados a custos irrecuperáveis?

Por que nos prendemos a custos irrecuperáveis

Uma das características do nosso pensamento é que tentamos entender o que fizemos, nossas decisões passadas, nosso comportamento anterior e como os outros nos verão. Gatos, ratos e cães não fazem isso. Muitas vezes nos prendemos a custos irrecuperáveis porque tememos que, se fizermos mudanças, nos encheremos de arrependimentos. Quando pensa em se livrar de uma roupa cara que não tem mais nenhum valor real para você, pode acreditar que vai se arrepender de jogá-la fora ou doá-la. Essa é uma consequência da tendência de ver mudanças principalmente em termos de perda em vez de oportunidade, um ponto de vista pessimista. Você pode, de fato, sentir um *arrependimento quente* (aquele que aparece imediatamente depois de tomar uma decisão) depois de se livrar desses custos irrecuperáveis, mas, em longo prazo, é mais provável se arrepender de ter ficado com algo por muito tempo.

Há muitas razões pelas quais nos prendemos aos custos irrecuperáveis. Algumas delas são mostradas na imagem apresentada na próxima página. Vejamos como essas razões estão relacionadas à antecipação do arrependimento futuro ao ponto de nos paralisar e como podemos desafiá-las para nos libertar dessas crenças.

Temos medo de desperdiçar

Imagine que eu tenho na sua frente uma nota de R$ 100. Eu digo que tenho um passatempo bizarro que envolve queimar dinheiro na frente de outras pessoas. Quero que fique claro que não vou dar esse dinheiro a ninguém e também não vou gastá-lo. Em vez disso, eu quero apenas queimá-lo, e quero que você assista. Como você se sentiria? Acho que você se sentiria não apenas perplexo, mas bastante irritado. Acredito que parte disso é devido a nossa antipatia por *desperdício*. Odiamos a ideia de que estamos desperdiçando algo ou que outra pessoa está desperdiçando algo. O efeito de custos irrecuperáveis, se prender a algo, também envolve nosso medo de desperdiçar. Temos nos sentirmos mal por desperdiçar tanto tempo e despesas em algo e depois apenas nos livrarmos dele. Temer o desperdício é muitas vezes um fator importante no hábito da acumulação e entra na ideia de que nos arrependeremos de descartar aquilo que temos mas nunca usamos. Não nos ocorre que estamos desperdiçando nosso tempo tentando fazer dar certo algo que já provou ser uma causa perdida.

Processos subjacentes aos custos irrecuperáveis

- Medo de desperdiçar
- Ignorar sacrifícios futuros
- Necessidade de justificar decisões anteriores
- Desistir significa ser um mau tomador de decisões
- Esperar recuperar o valor
- Como os outros vão me ver
- Custos irrecuperáveis

Ignoramos sacrifícios futuros

> Oportunidades são portas que se abrem quando outras portas se fecham.

Os custos irrecuperáveis são o nosso olhar para trás para os custos de algo ou para o investimento de tempo e esforço que fizemos. Como resultado disso, ignoramos os sacrifícios futuros que teremos que fazer ao permanecer com esses custos irrecuperáveis. Esse é outro exemplo de ignorar os custos de oportunidade. Por exemplo, alguém que termina um relacionamento que não é mais gratificante pode ter opções mais positivas em outros relacionamentos ou simplesmente ser feliz por conta própria.

Precisamos justificar decisões anteriores

Antecipamos que nos arrependeremos de jogar fora algo pelo qual pagamos dinheiro porque teríamos que justificar a nós mesmos o porquê de termos gastado tanto em algo que agora não tem valor para nós. Também acreditamos que temos que justificar por que ficamos em um relacionamento do qual agora estamos nos distanciando. Essa necessidade de justificar decisões passadas muitas vezes nos mantém focados em nossos esforços passados direcionados a algo, em vez de olhar de maneira objetiva para o que provavelmente obteremos ou não com isso no futuro. É irracional agir como se o futuro não existisse quando tomamos decisões sobre o futuro.

Pensamos que desistir significa que não conseguimos tomar boas decisões

A maioria de nós quer se ver como bons tomadores de decisão, e tomamos a desistência de custos irrecuperáveis como prova de que somos ruins em tomar decisões, porque esses "custos" não têm mais nenhum valor. Achamos que bons tomadores de decisão sempre têm bons resultados, mas, como dizem no pôquer, precisamos saber quando insistir e quando desistir. Como vimos anteriormente, bons tomadores de decisão avaliam os prós e os contras, as compensações relativas e os sacrifícios relativos e se concentram em utilidade ou benefícios futuros. Bons tomadores de decisão sabem quando desistir.

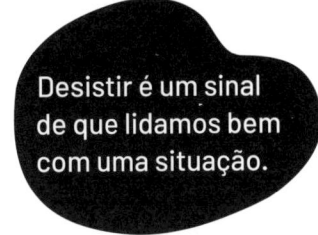

> Desistir é um sinal de que lidamos bem com uma situação.

Esperamos resgatar o valor

Muitas vezes insistimos em algo porque nos iludimos que, de alguma forma, seremos capazes de obter algum valor de volta no futuro. Por exemplo, alguém envolvido com uma pessoa casada pode tentar se convencer de que ela deixará seu parceiro no futuro e tudo será maravilhoso. Ou alguém persistindo em um objeto ou peça de roupa pode pensar que no futuro ele voltará à moda. Semelhante ao nosso medo de desperdiçar, a expectativa de resgatar o valor de algo com que nos comprometemos no passado é nossa esperança de ter sucesso no final das contas e provar que todo esforço valeu a pena. Podemos esperar que as coisas mudem e o valor reapareça, mesmo que ele já tenha sido muito depreciado.

Preocupamo-nos com a forma como os outros nos verão

Outro medo de arrependimento futuro que está por trás do efeito de custo irrecuperável é a crença de que outras pessoas vão nos julgar negativamente. O medo da desaprovação dos outros pode nos manter presos onde estamos porque não queremos ouvir "Por que você não desistiu mais cedo? Por que você ficou com isso por tanto tempo?". Tememos que as pessoas pensem que tomamos uma decisão ruim, ou que pensarão que pelo menos deveríamos ter desistido mais cedo. Muitas vezes, temos amigos e familiares para os quais sentimos que devemos "explicação". Se finalmente desistirmos de algo, podemos temer que outros nos vejam como perdedores. Mas precisamos decidir se estamos tomando decisões para nós mesmos ou para os outros. E não sabemos como os outros nos verão.

Crenças desafiadoras dos custos irrecuperáveis

Evitar mudanças por causa de uma fixação com custos irrecuperáveis é muito comum. Apesar de todas as evidências de que esse comportamento é irracional, todas as pessoas o sentem em algum momento, mesmo estudantes de MBA, políticos e outras pessoas consideradas proeminentes. É um processo cognitivo muito poderoso. É por isso que entrei em detalhes sobre como nos prendemos aos custos irrecuperáveis, e o motivo pelo qual eu apresento as 15 perguntas a seguir para que você possa descobrir se está preso a eles e tem dificuldade para sair porque tem medo de se arrepender de fazer mudanças.

1. Quais são os custos e benefícios atuais de continuar na situação presente?

O que você ganhará, perderá e terá que deixar de fazer se continuar na situação atual? Por enquanto, considere apenas os *custos e benefícios imediatos ou de curto prazo*. Ao longo das próximas *semanas ou meses*, quais são os custos de ficar na mesma situação e quais são os benefícios de mudá-la? Você está baseando sua decisão de manter os custos irrecuperáveis nos benefícios de curto prazo?

2. Quais são os custos e benefícios de longo prazo de continuar na situação presente?

Pense em você no futuro, em como avaliará continuar ou desistir e como isso levará a mais ou menos arrependimento. Quais são algumas das razões pelas quais os custos e benefícios em curto e em longo prazos podem ser diferentes? Você está tomando decisões com base em evitar qualquer desconforto ou arrependimento em curto prazo? Esse enfoque no curto prazo pode levar a um maior arrependimento em longo prazo? Compare os custos e benefícios de curto e longo prazos. O que parece ser uma verdadeira perda em curto prazo pode vir a ser um ganho em longo prazo.

3. Se você pudesse escolher novamente fazer essa compra ou entrar nessa relação, você tomaria a mesma decisão?

Por que não? Uma maneira de examinar como podemos sair de um custo irrecuperável é voltar ao início, antes de termos assumido o compromisso de entrar nele. Quais seriam as razões pelas quais você seguiria ou não esse caminho em que agora se sente preso? Pode ser que, no momento em que você entrou na situação, você tivesse boas razões, mas agora as razões não sejam mais aparentes nem reais.

4. Se você perdesse aquele terno ou vestido (ou situação atual), você sairia para comprá-lo novamente?

Por que não? Como muitas vezes olhamos para a mudança em termos de perda em vez de ganho, acreditamos que precisamos nos apegar a algo que não tem mais tanto valor quanto tinha no passado. Uma maneira de desafiar o efeito de custos irrecuperáveis é nos perguntar: "Se perdêssemos esse objeto ou esse relacionamento, tentaríamos consegui-lo novamente?". Se você não fosse tentar consegui-lo novamente, então talvez possa valer a pena descartá-lo agora.

> Abrir mão permite que você siga em frente.

5. O que é custo de oportunidade?

Você está sacrificando outras oportunidades porque está preso a algum custo irrecuperável? Por exemplo, você está abrindo mão da possibilidade de outros relacionamentos, trabalho ou estudos, mantendo algo que não leva a lugar nenhum? Se insistir em uma coisa (relacionamento, trabalho, ações), você pode sacrificar a oportunidade de buscar algo diferente. Essa "opção diferente" poderia ser melhor para você?

6. Os benefícios diminuíram?

É possível que os benefícios da sua escolha tenham diminuído ao longo do tempo, enquanto os custos tenham aumentado? Em caso afirmativo, os custos ainda valem a pena se comparados aos benefícios? Muitas vezes começamos a buscar um curso de ação porque nos primeiros estágios de nosso compromisso comportamental estamos recebendo muito mais sinais positivos do que negativos. No entanto, em algum momento, pode ser que os negativos tenham se tornado mais significativos do que os positivos. Talvez os benefícios tenham feito sentido no passado, mas as coisas tenham mudado e os benefícios agora sejam superados pelos custos.

> Às vezes, empregos, relacionamentos e compromissos têm uma vida útil.

7. Você tinha informações limitadas quando tomou a decisão original?

Você não tinha todas as informações quando tomou a decisão inicial, mas agora, com novas informações, ficou claro que algo não é o que você esperava? Talvez quando você se envolveu pela primeira vez nesse curso de ação você estivesse contando com informações limitadas e tendenciosas ou focando apenas em certos aspectos de comportamento ou da situação que pareciam positivos. Se mais informações mostram que não vale mais a pena, então é hora de deixar para lá.

8. Você está favorecendo estar certo em vez de ser feliz?

Você está tentando provar que está certo mesmo que isso o mantenha comprometido com a decisão errada? É mais importante ter razão do que ser feliz? Colocamos muita ênfase em provar que estamos certos porque queremos nos ver como racionais e eficazes na tomada de boas decisões. Mas ser feliz é mais importante do que estar certo e ser infeliz.

9. Que conselho você daria a outra pessoa?

Você recomendaria que outra pessoa na mesma situação insistisse em custos irrecuperáveis ou desistisse deles? Muitas vezes, somos muito melhores em ignorar os custos irrecuperáveis se não fomos nós que tomamos a decisão anterior, porque não estamos tentando justificar nossa própria decisão. É por isso que, quando consideramos dar conselhos a alguém que parece estar preso a um custo irrecuperável, somos muito mais racionais e ignoramos o compromisso assumido no passado. Nós nos concentramos nos benefícios futuros de deixar de lado os custos irrecuperáveis.

10. Você está tentando justificar decisões anteriores?

Se você desistiu de seu desejo de justificar sua decisão anterior e se concentrou apenas no benefício futuro de fazer a mudança ou permanecer com o que você tem, qual opção pareceria mais benéfica para você? Concentre-se em benefícios futuros, não em decisões passadas.

11. Desistir é um sinal de boa tomada de decisão? Evitar mais perdas?

Abandonar um custo irrecuperável poderia ser um sinal de *boa tomada de decisão* em vez de má tomada de decisão? Todos nós já tomamos decisões que não funcionaram, mas um elemento-chave na boa tomada de decisão é saber quando desistir. Até mesmo bons tomadores de decisão fazem más escolhas. Todos nós o fazemos. Mas uma boa tomada de decisão também pode ser a capacidade de reduzir suas perdas quando você vê que as vantagens de ficar com algo são superadas pelas vantagens de fazer uma mudança. Uma boa tomada de decisão envolve reconhecer quando tomamos uma má decisão e, em seguida, fazer uma boa escolha para reduzir as perdas. Pense assim: decisões ruins podem ser seguidas por boas decisões. Reduzir suas perdas é uma boa decisão.

12. Você admira alguém que sabe quando parar?

Você admira um bom tomador de decisão que desistiu de um mau investimento? Saber quando desistir é um dos sinais de que uma pessoa sabe jogar pôquer. Muitas vezes admiramos alguém que sabe quando reduzir as perdas e desistir de um curso de ação perdedor. Se podemos admirar alguém que sabe quando parar, então por que não podemos nos admirar e nos dar crédito quando decidimos desistir de um curso de ação que não é mais lucrativo?

13. Você está exagerando os custos de curto prazo?

Você está superestimando a importância de um desconforto de curto prazo ao desistir de um custo irrecuperável? É possível que o desconforto inicial dê lugar ao alívio? Quando pensamos em fazer uma mudança, podemos superestimar o quão negativo será o sentimento inicial de desistirmos de algo. As emoções tendem a mudar com a situação. Quanto tempo e quão intensos serão esses sentimentos negativos imediatos se você desistir de um compromisso atual com um custo irrecuperável? Eles vão mudar? E, além disso, você está considerando alguns sentimentos e experiências positivas que você pode ter ao desistir de um custo irrecuperável? Quanto tempo vão durar e quão intensos serão esses sentimentos positivos se você desistir de um determinado custo irrecuperável?

14. O que você pode aprender se examinar decisões de desistir anteriores?

Você já desistiu de custos irrecuperáveis no passado? Está feliz por ter saído enquanto podia? A desistência acarretou alguma consequência positiva? Você reduziu suas perdas no passado ao desistir de um curso de ação negativo? Em caso afirmativo, você se arrependeu ou eventualmente reconheceu que foi para melhor? Se suas decisões passadas de desistir acabaram libertando você de um ciclo negativo, é possível que desistir agora também possa livrá-lo de um ciclo negativo de se sentir preso por um custo irrecuperável?

15. Você consegue reconsiderar o valor da mudança como um ganho em vez de uma perda?

Mencionei que muitas pessoas sobrecarregadas por superestimar o risco e resistir à mudança tendem a vê-la em termos de perda em vez de ganho. É claro que toda mudança envolve custos e benefícios potenciais. Mas é possível que você esteja vendo a mudança principalmente em termos de perda e que você esteja ignorando os potenciais fatores positivos que ela pode acarretar? Se você considerar por um momento os potenciais fatores positivos da mudança, quais seriam eles? Como esses fatores positivos poderiam

> **Desistir de um custo irrecuperável abre as portas para você escrever o próximo capítulo de sua vida. Qual será esse capítulo?**

ocorrer? Você pode escrever um breve texto, de até duas páginas, sobre os potenciais fatores positivos de fazer uma mudança?

Muitas vezes não percebemos como os custos irrecuperáveis podem nos manter cegos para um curso de ação positivo até que os deixemos para trás e sigamos em frente. Na verdade, é mais provável nos arrependermos de não termos desistido mais cedo, mas podemos nos consolar ao perceber que melhoramos nossa vida puxando a âncora do custo irrecuperável e navegando para melhores oportunidades à frente.

Experimente o desafio do custo irrecuperável

Agora que você ganhou uma compreensão de como os custos irrecuperáveis podem prendê-lo e como a tomada de decisão racional pode desafiar seu pensamento de custo irrecuperável, você pode querer aplicar o que aprendeu a uma decisão que está tentando tomar no momento, ou a uma que tomou no passado para ver como os custos irrecuperáveis a afetaram. Tente anotar suas respostas às 15 perguntas sobre essa decisão em particular e, em seguida, considere como você pensaria sobre isso de forma diferente agora que entende a armadilha dos custos irrecuperáveis.

RESILIÊNCIA E ARREPENDIMENTO

Outro obstáculo para darmos o passo final para tomar uma decisão é o medo de que não sejamos capazes de lidar com o resultado se ele não for ideal. Isso nos leva à questão da resiliência – a capacidade de lidar com as adversidades, de se recuperar e de se levantar depois de ser derrubado. Quando estamos tentando tomar uma decisão difícil, podemos pensar: "Eu não vou ser capaz de lidar com isso se...". Isso geralmente nos impede de tomar um curso de ação que de outra forma pareceria bom. Quando ficamos congelados assim, raramente avaliamos nossa resiliência de forma realista. Anteriormente neste livro, mencionei um estudo em que os preocupados crônicos fizeram previsões sobre o futuro, e os pesquisadores examinaram os resultados reais vários meses depois – 85% das coisas que preocupavam as pessoas tinham um resultado positivo ou neutro; para os 15% dos resultados negativos, 79% das pessoas cronicamente ansiosas disseram que lidaram com as coisas melhor do que pensavam. Talvez você também seja melhor em lidar com problemas reais quando eles ocorrem do que você imagina que é. A seguir estão algumas razões pelas quais podemos nos encontrar sendo mais resilientes do que esperávamos.

Construindo a resiliência

- Novas oportunidades
- Suporte social
- Resolução de problemas
- Variedade de fontes de recompensa
- Habilidade de focar em objetivos futuros
- Como lidou com situações no passado
- Habilidades pessoais

→ Resultado negativo

Fazendo uma avaliação mais realista da resiliência

Considere seu histórico de lidar com dificuldades

Todos nós já tivemos dificuldades, perdas, decepções e até mesmo fracassos em nossa vida. Quando estamos ansiosos ou deprimidos, muitas vezes não acreditamos que seremos capazes de lidar com quaisquer contratempos futuros. Porém, uma maneira de avaliar nossa capacidade de enfrentar dificuldades futuras é considerar como lidamos com dificuldades no passado. Por exemplo, Wanda estava considerando o divórcio e tinha medo das possíveis dificuldades financeiras e solidão futuras, além de não poder ver tanto a filha. Por mais reais que essas questões fossem para ela, ela foi capaz de refletir que tinha sido capaz de obter uma boa educação, mesmo não tendo vindo de uma família rica. Ela também havia desenvolvido uma boa carreira em seu trabalho, mesmo que a empresa para a qual trabalhava tenha se fundido com outra e ela tenha perdido o emprego alguns anos antes. Além disso, ela já havia terminado relacionamentos no passado. Enquanto refletia sobre sua capacidade de resolver problemas reais no mundo real, ela percebeu que não estava se dando crédito por sua resiliência, sua capacidade de se recuperar e seus pontos fortes para resolver problemas. Isso a ajudou a diminuir seu arrependimento antecipado sobre um possível divórcio. Ela percebeu que um divórcio seria difícil, mas que já havia lidado com situações difíceis antes.

Faça um inventário das suas habilidades pessoais

Uma maneira de fazer um balanço de sua resiliência é fazer um inventário de suas habilidades pessoais. Por exemplo, Wanda foi capaz de identificar uma série de pontos fortes que poderiam ajudá-la a lidar com o divórcio. Ela tinha a capacidade de fazer amigos, era uma pessoa calorosa e atenciosa, tinha um bom emprego onde era valorizada, tinha alguns recursos financeiros, tinha capacidade de ganhar dinheiro no futuro, era uma solucionadora de problemas, outras pessoas se voltavam para ela em busca de conselhos, era inteligente e estava motivada a melhorar sua vida (especialmente motivada a ser forte pela sua filha).

Imagine novas oportunidades

Muitas vezes não percebemos, mas acabamos nos acostumando com o que parece bom e o que não parece bom. A mudança também pode trazer novas oportunidades. O que prevemos ser difícil pode não ser tão difícil quanto pensávamos. Os fatores que podem nos ajudar a lidar com os desafios são as fontes imprevistas de recompensa e significado que podem ocorrer com a mudança. Nesse caso, Wanda imaginou que poderia haver algumas novas oportunidades que a ajudariam a ser mais resiliente. Essas oportunidades incluíam menos conflitos com o futuro ex-marido, mais tempo tranquilo sozinha, novos relacionamentos se ela estiver aberta a eles, novos interesses nos quais ela possa se aprofundar e passar mais tempo com seus amigos.

Reconheça o suporte social que você tem

Em geral funcionamos melhor quando temos pessoas que podem ser solidárias e compreensivas. Wanda fez uma lista de vários amigos e familiares que no passado foram solidários com ela, incluindo pessoas com quem ela não estava em contato há vários anos. Ela as contatou, conversou com elas e fez planos para se reunir. Ao falar sobre a separação, percebeu que vários de seus amigos e familiares haviam passado por momentos semelhantes e o apoio deles a fez se sentir bastante validada.

Assuma crédito pela resolução de problemas

Um fator que nos ajuda a ser mais resilientes é a nossa capacidade de resolver problemas. Imagine que o problema que estamos considerando é a solidão. Como resolvemos esse problema? Podemos fazer uma lista de pessoas que conhecemos e contatá-las, realizar atividades e cursos nos quais podemos conhecer pessoas, iniciar conversas com estranhos, sair com pessoas que conhecemos em aplicativos de namoro e nos envolvermos em atividades e grupos voluntários. A questão é que um problema pode levar à resolução de problemas em vez de a uma derrota permanente. Que problemas você solucionou no passado?

Expanda suas fontes de recompensa e significado

Uma maneira de construir resiliência é ter uma variedade de fontes de recompensas e coisas significativas em sua vida. Os investidores falam sobre uma carteira de investimentos diversificada, com ações, títulos, poupança, imóveis e dinheiro vivo. E se você tivesse um Portfólio de Vida que incluísse todas as diferentes fontes de recompensas e significado em sua vida? Você pode trabalhar na construção desse Portfólio de Vida fortalecendo sua rede de suporte social, desenvolvendo interesses e *hobbies*, focando-se em seus valores, desenvolvendo compaixão consigo e com os outros, desenvolvendo suas habilidades, expandindo seu *networking* no trabalho e desenvolvendo um programa de saúde de exercícios, dieta e hábitos saudáveis. Com um Portfólio de Vida forte e significativo, você pode lidar melhor com os contratempos e evitar ficar focando no arrependimento.

Transforme contratempos em metas futuras

Resiliência é sobre se recuperar de contratempos. O que isso significa? Significa transformar um revés em um objetivo futuro. Por exemplo, digamos que o revés seja um divórcio. Você pode lamentar que o casamento tenha terminado, mas pode então mudar o foco do seu arrependimento para seus objetivos futuros. Eles podem ser desde garantir que você continuará sendo um bom pai/mãe, contando com seu suporte social, até desenvolver novos interesses ou restabelecer interesses antigos, ou se manter saudável mental e fisicamente. Toda vez que você pensar em um problema, foque seu pensamento na direção de refletir sobre um objetivo.

Se você está se sentindo preso por uma sensação de que nunca será capaz de lidar com um resultado negativo, se é para essa direção que sua decisão leva, dedique um pouco de tempo para revisar as maneiras pelas quais você pode ser mais resiliente do que pensa, ou como pode tomar medidas ativas para construir resiliência. Esse é um esforço que será de grande utilidade na tomada de boas decisões para o resto de sua vida. Desafiar seus vieses pessimistas e apegos aos custos irrecuperáveis pode ajudar a ver suas opções de maneira mais flexível e realista. À medida que você se aproxima de fazer uma escolha, é melhor perceber que suas decisões devem ser sobre utilidade futura, que você terá opções não importa o que aconteça, e que você já lidou com decepções anteriormente.

> Os arrependimentos estão focados em tornar o problema o significado de sua vida. Resiliência é fazer de seus objetivos o motivo para seguir adiante.

6

Fazendo uma escolha

Sunil namora Nina, entre términos e voltas, há quatro anos. Eles viveram juntos, depois se separaram, ficaram separados por vários meses, voltaram a ficar juntos e agora vivem juntos há dois anos. Sunil tem sido ambivalente sobre o casamento, preocupado que eles têm interesses diferentes e ele não sente um grande desejo de se casar com Nina, mas não quer perdê-la. Quando olha para sua vida, ele percebe que esse é o melhor relacionamento que já teve, mas fica se perguntando se há alguém melhor para ele. Está procrastinando há mais de um ano, e Nina quer que ele tome uma decisão para que ela possa seguir com sua vida. Os outros amigos de Sunil são casados e acham que Nina é uma ótima parceira para ele, mas ele diz que talvez ainda não esteja "pronto". Quando pergunto de que informações adicionais ele precisa, ele diz: "Eu não sei. Talvez eu precise saber que serei feliz". Ele me pergunta o que deve fazer e eu digo: "Você precisa pensar nisso como sua decisão". Ele pensou em namorar outras mulheres, tentando "garantir suas apostas", mas ninguém mais realmente o atrai e ele não quer perder seu relacionamento com Nina. Sunil tem dificuldade em aceitar os compromissos com Nina. Para ele, ela tem aspectos positivos e negativos como parceira em potencial. Ele continua pensando que há alguém em algum lugar que só tem aspectos positivos, mas o tempo está passando.

Sunil está, como muitas pessoas, enfrentando uma decisão importante com ambivalência. Ele fica adiando a decisão, mas também percebe que Nina não esperará para sempre. Já discutimos como ele parece acreditar que a ambivalência significa que ele não pode decidir, mas também discutimos o fato de que muitos dos amigos dele têm sentimentos contraditórios sobre seus próprios parceiros. Até repassamos como ele tem sentimentos contraditórios sobre seus amigos, mas eles ainda são amigos valiosos.

Enquanto ele enfrenta sua decisão, ele percebe que a procrastinação é uma decisão em si, uma decisão que pode afastar Nina, e isso pode ser algo de que ele vai se arrepender.

Como você faz a escolha

Depois de passar pelo processo de fazer um julgamento sobre quais são as opções, e os seus prós e contras, você está pronto para tomar uma *decisão*. Tenha em mente que o processo de julgamento, coletar informações, pensar sobre elas e pesar os prós e contras, pode teoricamente continuar indefinidamente, mas, em algum momento, você tomará uma decisão final, seja para fazer uma mudança ou não. E esse é o ponto em que seu estilo de tomada de decisão será importante, assim como sua maneira de perceber o risco de fazer a mudança em questão.

Até agora o Passo 2 deste livro ajudou você a identificar alguns de seus pressupostos e atitudes fundamentais e como eles movem as engrenagens de suas decisões, muitas vezes sem você ter consciência. Você aprendeu se tem a tendência de superestimar o risco e evitar mudanças ou subestimar o risco e se jogar em ações imprudentes; fatores importantes para saber se seus arrependimentos tendem a se relacionar com oportunidades perdidas ou decisões mal consideradas. Você também começou a desafiar as três crenças que muitas vezes desempenham um papel importante em evitar a mudança: o pessimismo, o medo de abandonar os custos irrecuperáveis e a falta de confiança em sua capacidade de lidar com resultados decepcionantes. Agora, passaremos para os comportamentos envolvidos em realmente fazer uma escolha entre mudar ou não mudar.

Seu estilo de decisão pode envolver sua tendência a maximizar em vez de satisfazer, procurar decisões com absoluta certeza e sem desvantagens, tentar evitar perdas a todo custo, acreditar que não pode absorver qualquer decepção ou lidar com quaisquer problemas e exigir informações perfeitas enquanto vive em um mundo onde as informações estão em constante mudança e são, muitas vezes, vagas. Você traz para suas escolhas toda a hesitação, expectativas inatingíveis e demandas que podem fazer que as tomadas de decisão e viver com o resultado delas seja muito difícil. Então você age. Muitas pessoas usam uma ou mais das sete estratégias discutidas neste capítulo para fazer uma escolha: esperar, assegurar, buscar confirmação de outras pessoas, seguir a multidão, não se dispor a aceitar sacrifícios, deixar para a sorte e ter alguém tomando a decisão por você (veja o diagrama na próxima página). Às vezes, contamos com várias estratégias, na esperança de evitar qualquer arrependimento, caso o resultado não seja o que queríamos. Tenha em mente que cada estratégia, estilo de pensamento e opção tem um lado positivo e um lado negativo. A pergunta a se fazer ao examinar essas estratégias de escolha é: seu estilo de tomar decisões aumenta o arrependimento? Se isso acontecer, esta é, essencialmente, sua última chance de tomar uma boa decisão, uma que reduzirá a probabilidade de arrependimentos inapropriados e desnecessários.

Estratégias de escolha

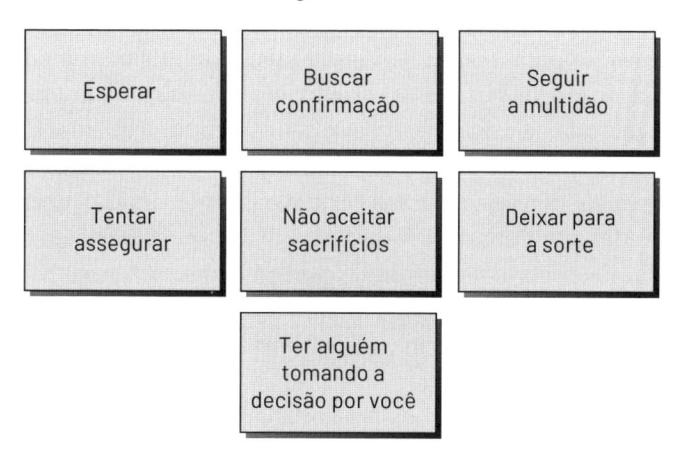

- Esperar
- Buscar confirmação
- Seguir a multidão
- Tentar assegurar
- Não aceitar sacrifícios
- Deixar para a sorte
- Ter alguém tomando a decisão por você

ESPERAR

Uma estratégia comum usada para fazer escolhas é esperar. Como apontado no Capítulo 4, aqueles que superestimam o risco geralmente levam muito tempo para tomar uma decisão enquanto revisam todas as coisas possíveis que podem (e que eles acreditam que podem) dar errado se tomarem uma determinada ação. Esperar acarreta certos custos, que são discutidos a seguir. Ao ler sobre eles, é interessante se perguntar o que você está esperando quando adia uma tomada de decisão. Aceitar os desafios seguintes pode livrá-lo de uma espera interminável e lhe poupar dos custos de permanecer em uma armadilha.

Perceba que esperar e não tomar decisões são decisões em si

Podemos pensar que esperar é adiar uma decisão, mas na verdade é uma decisão em si; *é a decisão de esperar*. "Não decidir" é uma decisão de não escolher fazer uma mudança ou rejeitar uma alternativa. Sunil continuou adiando a decisão de se casar com Nina. Atrasar a resposta entre "sim" ou "não" era uma decisão que ele tomava todos os dias. Há consequências para as escolhas, o que discutiremos em breve. Você pode começar cada dia reconhecendo que está esperando para tomar uma escolhas, para que fique claro que esta realmente fazendo uma escolha de esperar. Em seguida, pode passar pelos diferentes pontos desta seção para examinar os custos e os benefícios da espera. Como esperar ajudará? Como isso pode lhe prejudicar?

Examine os custos de oportunidade

Os custos de oportunidade são as opções ou oportunidades perdidas ao tomar uma decisão em vez de outra. Se você optar por colocar todo o seu dinheiro em sua casa, então não terá a oportunidade de investir em ações ou gastar o dinheiro em um carro ou férias. Tudo vem com um preço. Esperar pode envolver custos de oportunidade significativos para você, assim como para os outros. Embora tenha feito a escolha de esperar, você perde a oportunidade que poderia estar disponível se fizesse uma mudança.

Uma consequência da decisão de esperar é que ela fez Nina duvidar do compromisso e dos sentimentos de amor de Sunil por ela. Ela pensou: "Se ele não consegue tomar uma decisão, talvez ele não seja a pessoa certa para mim". Uma segunda consequência da espera de Sunil foi que a oportunidade que ele estava considerando poderia desaparecer. Na verdade, ele poderia perder duas oportunidades: primeiro Nina, que poderia concluir que não quer se casar com alguém que é tão receoso sobre ela, e segundo, ele poderia perder a oportunidade de conhecer e ir atrás de outras mulheres enquanto sua decisão permanece no ar.

DESAFIO: *pergunte a si mesmo: "Perderei oportunidades enquanto espero para tomar essa decisão?"*
Um terceiro custo de oportunidade de esperar indefinidamente é perder a satisfação de tirar uma decisão de sua lista de preocupações. Vejamos o dilema que Diane experimentou ao lidar com uma candidata de emprego. Yolanda entrou em contato com Diane, uma gerente em uma companhia. Diane e Yolanda se conheciam socialmente e Yolanda estava tentando usar esse contato para conseguir um emprego.

Diane entrevistou Yolanda várias vezes e conversou com seus colegas sobre se ela seria adequada para o cargo. Ela concluiu que, na verdade, Yolanda não seria uma boa opção para as necessidades da empresa naquele momento, mas continuou adiando dizer isso a Yolanda. Diane muitas vezes se preocupava em ferir os sentimentos das outras pessoas, resultando em indecisão em muitas áreas de seu trabalho. O estilo de decisão de Diane era muitas vezes impulsionado por agradar as pessoas; ela temia dar más notícias às pessoas, queria ser amada por todos. Nesse caso, ela estava preocupada em ferir os sentimentos de Yolanda. Quanto mais Diane adiava a decisão de falar diretamente com Yolanda, mais ela se sentia deprimida e ineficaz. Mas quando pensava em entrar em contato com Yolanda, ela começava a se sentir ansiosa, até, posteriormente, decidir evitar contar a ela sobre sua decisão de não fazer uma oferta de trabalho.

Perguntei a Diane sobre suas experiências passadas em dizer a um candidato que ele não tinha conseguido o emprego. Como ela se sentiu no dia seguinte? "É interessante que você tenha me perguntado isso", ela respondeu, "porque depois de tomar uma decisão, geralmente me sinto aliviada e não penso muito sobre ela mais tarde. Parece que não me arrependo de algo depois de realmente fazer isso, mas antecipo que vou me arrepender antes de fazê-lo".

Sugeri a Diane que entrássemos em uma máquina do tempo e imaginássemos como seria uma semana depois que ela dissesse a Yolanda que ela não havia conseguido o emprego. "Posso imaginar claramente que me sentiria aliviada por ter tirado isso do caminho. Mas toda vez que penso em entrar em contato com ela, penso em como a conversa será desagradável."

"Então", respondi, "parece que você está tomando uma decisão com base em como você acha que se sentirá um momento depois de contar a ela ou enquanto estiver falando com ela, e não pensando na consequência de longo prazo. Um aspecto fundamental na boa tomada de decisão é pensar nas consequências em longo prazo, em vez de no sentimento ruim de tomar a decisão naquele momento. Pense nas consequências em longo prazo de se impor diretamente e deixe-me fazer outra pergunta: você acha que Yolanda ficaria aliviada ao descobrir que ela não está mais sendo considerada, para que ela possa, talvez, buscar outras oportunidades? Na verdade, se ela estivesse ouvindo essa conversa, o que ela diria para você fazer?"

Diane respondeu: "Acho que ela me diria para ser honesta e dizer que tomei a decisão de não contratá-la, para que ela não fique aguardando no limbo, esperando que eu entre em contato com ela. Na verdade, ela poderia até ficar irritada se soubesse que eu havia tomado uma decisão, mas não havia dito a ela".

"O que você prevê que vai acontecer se você entrar em contato com ela?"

"Imagino que ela dirá que está desapontada e pode dizer que se algo que se encaixe no perfil dela surgir, eu devo avisá-la. Então ela seguirá em frente para buscar outras possibilidades."

Na semana seguinte, Diane disse diretamente a Yolanda que ela não tinha conseguido a posição e Yolanda agradeceu a Diane por considerá-la. Ambos pareciam aliviadas por Diane ter finalmente encerrado a conversa com alguma clareza. Elas tiraram isso da mesa.

> Às vezes, uma boa tomada de decisão é como remover uma farpa de sua mão: a dor imediata é seguida de um alívio duradouro.

Escolha fazer coisas que você não se sente pronto para fazer

Eu mencionei várias vezes neste livro que muitas pessoas acreditam que elas têm que se sentir *prontas*, elas têm que se sentir confortáveis, e elas têm que sentir que é o momento certo para tomar uma decisão. Pode ser que as dúvidas delas sejam válidas e que as alternativas que elas estão considerando não sejam questões de longo prazo. Mas a exigência de que elas estejam prontas pode impedi-las de tomar uma decisão racional. Esperar pela sensação de que é o momento certo, ou que nossa cabeça esteja no lugar certo, é basear nossa decisão em um sentimento e não necessariamente nos fatos e na consideração das opções. Esse é um exemplo do "raciocínio emocional" discutido anteriormente, a crença de que, se temos uma emoção, significa que algo é verdade: "Se eu não tiver o sentimento de que estou pronto, então é uma má escolha".

Embora qualquer um possa ser vítima desse equívoco, podemos ver como ele opera quando observamos indivíduos com transtorno obsessivo-compulsivo (TOC). Uma pessoa com TOC pode pensar que suas mãos estão contaminadas e que ela precisa con-

> **Sentir-se pronto é menos importante do que fazer.**

tinuar lavando-as até sentir que estão limpas. Quando você pergunta "Como você sabe que já lavou as mãos o suficiente?", ela pode dizer: "É uma sensação de que já fiz o suficiente". Chamamos isso de *sentimento de conclusão*. O problema com esse sentimento de conclusão (ou essa ideia de que a pessoa está pronta para parar de lavar as mãos) é que ele apenas perpetua a lavagem compulsiva das mãos. Na verdade, a técnica-chave para reverter esse pensamento compulsivo é especificar o tempo da lavagem das mãos e depois parar antes que a sensação de conclusão surja. Diretrizes gerais sobre higiene sugerem que lavar as mãos a quantidade de tempo que leva para cantar "Parabéns a você" é suficiente. Não é baseado em uma sensação de conclusão ou que estamos prontos para parar de lavar as mãos.

DESAFIO: *dê a si mesmo um limite de tempo para tomar uma decisão.*
Estamos acostumados a ter que cumprir prazos para tomar decisões em muitas áreas de nossas vidas. Se você estivesse comprando imóveis, o vendedor lhe daria um limite de tempo para até quando você pode fazer uma oferta e assinar o contrato (ou nem saberá quando o vendedor rejeitará sua proposta, pois ele pode aceitar a primeira oferta razoável que surgir. Este é outro exemplo de quando esperar tem uma desvantagem – outras pessoas não estão esperando por você). Se você estivesse se inscrevendo na faculdade, por exemplo, teria um prazo para cumprir todos os requisitos. Se não cumprisse eles dentro do limite de tempo, então provavelmente sua vaga seria cancelada.

> **Você tem que ir em frente com suas escolhas para poder deixá-las para trás.**

Do mesmo jeito, se você se der cada vez mais tempo até se sentir pronto, estará reforçando sua procrastinação. É assim que ela funciona. Quando pensamos em fazer uma escolha, começamos a nos sentir mais ansiosos. A maneira que usamos para reduzir a ansiedade então é nos retirarmos da situação e não fazermos a escolha. No minuto em que nos retiramos, percebemos que nossa ansiedade diminui, o que reforça nossa evitação e procrastinação e nos leva apenas a mais disso no futuro. Ao tomar decisões, temos que aceitar o desconforto, a ansiedade e o desagrado de fazer nossa escolha em tempo real.

Lembre-se de que quanto mais tempo você esperar, mais tempo você vai querer esperar

Há uma consequência interessante e paradoxal de usar a espera como um estilo de fazer escolhas. Quanto mais esperamos e quanto mais frequentemente adiamos a tomada de decisões por não agirmos, mais difícil vai ser agir no futuro. Isso é chamado de *inércia da ação*. A inércia é a resistência à mudança, assim como um objeto que está parado não se moverá a menos que uma força aja sobre ele. É quase como se começássemos a pensar em nós mesmos como pessoas que não tomam decisões. A espera acumula inércia, e quanto maior a inércia, maior a dificuldade em tomar uma decisão para agir. Podemos notar pessoas que parecem estar tendo dificuldade em agir em uma variedade de áreas de suas vidas. A inércia se espalha e assume controle.

> A inércia na verdade apenas reforça a inércia. A ação reforça novas ações.

Diane é um bom exemplo de inércia contínua. Ao examinarmos outras áreas de sua vida, descobrimos que ela muitas vezes procrastinava na tomada de decisões sobre os projetos em que estava trabalhando. Seu estilo de tomada de decisão era pessimista, depressivo e exigia certeza. Ela tinha mais medo de perder do que valorizava ganhar, portanto jogava para não perder em vez de tentar uma vitória. Ela frequentemente exagerava o quão extremo seria um resultado negativo, e subestimava sua capacidade de lidar com ele.

Ela também procrastinou nas tomadas de decisão relacionadas a dar instruções aos membros de sua equipe. E ela muitas vezes procrastinava decisões financeiras de sua família. Sua estratégia de espera tornou-se um processo pelo qual ela construiu cada vez mais inércia. É quase como se a parede que a impedia de seguir em frente estivesse ficando maior a cada dia, mas ela não tomava decisões. Ela estava construindo um muro de inércia.

Pergunte a si mesmo o quão provável é que você obtenha melhores informações esperando

Claro que às vezes podemos precisar esperar para obter informações atualizadas que não estão prontamente disponíveis no momento. Mas, em muitos casos, a estratégia de espera não produzirá informações significativamente melhores ou mesmo relevantes. Na verdade, enquanto você espera, pode acabar procurando seletivamente por informações para justificar sua espera.

DESAFIO: tenha em mente que todas as decisões são tomadas em condições de incerteza. Você não terá todas as informações sobre o resultado simplesmente porque o desfecho ainda não ocorreu. Você não terá informações completas sobre o futuro porque o futuro ainda não aconteceu. Um exemplo perfeito disso é olhar para as previsões meteorológicas e se perguntar o quão confiáveis e precisas elas realmente são. E grande parte da vida está em olhar a previsão do tempo. Você não saberá se vai chover até que a chuva caia.

Vamos voltar à relação entre Sunil e Nina. Sunil esteve envolvido com Nina por quatro anos, e eles viveram juntos por dois desses anos. Durante uma sessão de terapia, perguntei a Sunil quais novas informações ele achava que obteria enquanto esperava para tomar uma decisão, e ele admitiu que achava que sabia a maior parte do que era relevante saber sobre Nina, mas que a faísca que ele achava que deveria ter ao decidir se casar não estava lá. Indiquei que ele estava esperando por um sentimento em vez de informações sobre Nina. Ele concordou, mas acrescentou que a única coisa que ele não sabia era se alguém que seria melhor para ele poderia aparecer.

> Quanto mais você tenta maximizar, menos você realmente consegue.

"Sim, a ideia de que outra pessoa poderia aparecer parece uma possibilidade muito forte", respondi. "Com tantos bilhões de pessoas no mundo, é improvável que não haja alguém que possa aparecer, que você ache atraente e que possa ser uma parceira em potencial. Mas mesmo que você encontre uma combinação melhor em algum momento do futuro incerto, você poderia ter o mesmo questionamento sobre essa outra pessoa e acabar se perguntando se ainda há alguém que possa ser uma combinação ainda melhor. O problema com a ideia de que alguém melhor poderia aparecer é que você continua esperando por essa pessoa melhor e desvaloriza a pessoa com quem está."

O problema de esperar porque há mais informações a serem obtidas ou porque uma nova possibilidade pode surgir é que não há fim para isso. É sempre verdade que haverá novas informações eventualmente, e é sempre verdade que outra pessoa poderia aparecer ou uma opção melhor poderia ficar disponível. A pergunta é: "Você quer continuar a passar o resto de sua vida procurando por essa informação ou procurando uma opção melhor?".

Pense nisso como *custos de pesquisa*. Quais são os custos de continuar procurando mais informações ou uma opção melhor? Quando você saberia quando interromper a pesquisa? Eu sei que quando estou renovando meu contrato de escritório, recebo uma oferta inicial do meu atual locador e depois procuro ofertas no mercado de escritórios de Manhattan. Mas também sei que se eu não fechar negócio de uma vez, não terei um escritório. Então o custo para mim de procurar indefinidamente é que eu posso acabar não tendo onde trabalhar.

Perceba que esperar pode levar a mais arrependimento

Você pode pensar que uma das vantagens de esperar é que, uma vez que faça uma escolha, será menos provável se arrepender do resultado. Mas se lembrarmos da pesquisa sobre pessoas que são maximizadoras e que sempre procuram o melhor resultado possível, saberemos que elas levam mais tempo para tomar decisões do que as pessoas que estão inclinadas a experimentar maior satisfação com os resultados. Maximizadores são mais propensos a lamentar e a ficar insatisfeitos com o resultado. Pode ser que o que está por trás da estratégia de esperar ao fazer uma escolha seja essa suposição de maximização: você precisa do melhor resultado possível e não se contentará com menos.

Além disso, quando está esperando, está considerando as opções que decidiu não buscar, e essas opções crescem em sua mente depois que fizer uma escolha. Você gasta tanto tempo olhando para as opções que não consegue mais tirá-las da cabeça, mesmo depois de ter feito a escolha, e isso aumenta sua tendência de continuar a comparar o seu resultado com o resultado das opções que não escolheu. O que pode estar por trás da estratégia de espera é a ilusão de que há uma maneira perfeita de tomar uma decisão para alcançar resultados perfeitos que estarão completamente livres de arrependimento. Isso faz parte do que eu descrevi como *perfeccionismo existencial*. Contudo, como já disse várias vezes, não há perfeição em um mundo imperfeito e nem certeza em um mundo incerto. As coisas são como são.

> Você pode estar esperando para evitar arrependimentos, mas pode acabar se arrependendo de esperar.

BUSCAR CONFIRMAÇÃO

Como mencionado anteriormente neste livro, a busca por confirmação é uma estratégia comum usada na tomada de decisões. Muitas vezes nos voltamos para os outros pelo que achamos que será um bom conselho e, embora possamos valorizar suas experiências e suas bases de conhecimento, pode ser que buscar reasseguramento em outras pessoas contribua, na verdade, para nossas dificuldades em tomar decisões por conta própria. Tal como ocorre com outras estratégias que podem levar ao arrependimento, é importante nos perguntarmos por que estamos confiando nessa estratégia e o que acontece quando o fazemos.

Por que você acha que precisa buscar confirmação nos outros?

Você está tentando evitar a responsabilidade por suas decisões? Você pode pensar que solicitar a opinião (qualificada) dos outros é apenas parte de fazer a devida diligência. Mas pode ser, pelo menos em parte, por querer responsabilizar as outras pessoas se a decisão der errado. Você sempre pode culpar seus amigos ou colegas dizendo: "Achei que você disse que era uma boa ideia fazer o que eu fiz, mas veja como acabou". O problema é que você não pode se enganar pensando que seguir o conselho de outra pessoa de alguma forma o alivia da responsabilidade. Em última análise, a decisão é sempre sua.

Como vimos no Capítulo 4, você se torna um bom tomador de decisão ao ponderar as evidências, considerar as alternativas, aceitar os compromissos, avançar mesmo quando há incerteza e ser flexível sobre suas opções. Isso é uma tomada de decisão racional e o caminho para minimizar o arrependimento prejudicial. Outras pessoas não podem fazer isso por você, assim como não podem se exercitar ou seguir uma dieta em seu lugar. Suas decisões precisam ser suas. Descobri que indivíduos que não têm autoconfiança, idealizam outras pessoas e são frequentemente dependentes se voltarão para outras pessoas para tomar decisões por elas. E depois se arrependem e se ressentem com elas mais tarde.

Você acredita que os outros sabem melhor do que você qual é a decisão certa? Certamente, às vezes outras pessoas têm uma perspectiva diferente que vale a pena ser considerada, especialmente se tiverem mais experiência e conhecimento na área relacionada com a decisão. Contudo, em muitos casos, estamos buscando segurança no conselho de quem não sabe tanto quanto nós sobre a situação atual. Por exemplo, Marty e Nicole tinham um relacionamento de longo prazo com os típicos altos e baixos. O amigo de Marty, Sal, divorciou-se recentemente e queria que Marty saísse com ele para paquerar mulheres em bares. Ele queria que Marty fosse solteiro. Sempre que Marty via Sal, o amigo ficava dizendo que Nicole não era boa o suficiente para ele. Marty e eu examinamos esse padrão, e pareceu a Marty que Sal tinha um propósito oculto: fazer Marty terminar com Nicole para que ele pudesse ter um amigo com quem sair. Marty percebeu que tinha que tomar uma decisão por si mesmo com base no que sabia, em vez de esperar que Sal pudesse ser um amigo neutro.

Outras pessoas podem ser capazes de lhe oferecer um ponto de vista diferente, mas podem não saber quais são seus valores mais profundos – só você sabe como levá-los em conta em suas decisões. Outros indivíduos têm suas próprias intenções e seus próprios sistemas de valores. Perguntar a outra pessoa o que comer no jantar pressupõe que ela tenha exatamente o mesmo gosto que você. Perguntar aos amigos se você deve assumir um compromisso com uma pessoa que está com você há alguns anos pressupõe que seus amigos tenham o mesmo gosto ou os mesmos interesses em um relacionamento de longo prazo que você. As pessoas querem coisas diferentes, então perguntar aos outros o que eles pensam pode ser simplesmente perguntar-lhes o que eles querem para si mesmos, o que pode muito bem diferir do que você quer e precisa.

Você acredita que geralmente não toma boas decisões? É relativamente natural ceder para essa ideia se você acaba se arrependendo de muitas de suas escolhas. Porém, sua percepção também pode ser imprecisa. Você já tomou muitas decisões, e muitas delas podem ter sido sábias.

DESAFIO: *reúna evidências de boas decisões que você tomou.*
Houve alguma decisão que você tomou em outras áreas de sua vida ou nesta área que se provou ser razoável? Fiz essa pergunta a Diane porque ela estava levando muito tempo para tomar uma decisão de finalmente dizer a Yolanda que ela não tinha conseguido o emprego. Quando Diane olhou para trás, para as escolhas que havia feito para a empresa – incluindo decisões prioritárias na contratação de pessoas, regras no trabalho, resolução de problemas, investimentos – e para sua vida pessoal, como se casar e criar seus filhos, ela percebeu que tomou muitas decisões boas. Diane percebeu nessa reflexão que

as más decisões que ela tomou eram quase inteiramente sobre procrastinar na tomada de boas decisões.

Faça uma lista de decisões em várias áreas de sua vida e classifique-as usando uma escala de A a F, onde A representa uma excelente decisão e F representa uma decisão terrível. Examine diferentes áreas da sua vida, como trabalho, finanças, relacionamentos, amizades, exercícios e saúde. Tenha em mente que ninguém toma decisões excelentes em todas as áreas continuamente, pois sabemos que os bons tomadores de decisão às vezes tomam decisões ruins. Quando Diane fez essa avaliação, ela percebeu que tomava muitas decisões boas em várias áreas de sua vida e que muitas vezes procrastinava porque antecipava que as consequências seriam desastrosas.

Quais são as consequências negativas de buscar reasseguramento?

Como os outros vão acabar vendo você? Se você perguntar constantemente aos outros o que deve fazer, eles lhe verão como uma pessoa com falta de confiança e competência. Afinal, você se conhece melhor do que as outras pessoas lhe conhecem, e se achar que não é capaz de tomar uma decisão, talvez esteja certo. Talvez não possa tomar decisões. É essa a impressão que você quer que as pessoas tenham de você?

Isso é especialmente verdadeiro no trabalho. Se perguntar constantemente aos seus colegas ou ao seu chefe o que deve fazer, eles pensarão que você não consegue tomar decisões por conta própria e, portanto, não consegue fazer o trabalho. Isso é especialmente verdadeiro se desejar ser líder em seu grupo. Você precisa assumir as decisões que tomar, o que não lhe impede de buscar as opiniões e o ponto de vista de outras pessoas, mas sugere que, quando coletar informações, deve ficar claro que está fazendo isso para que *você* possa tomar a decisão.

Deixar as decisões para os outros também pode obviamente ter consequências negativas em relacionamentos importantes. E se o seu parceiro em potencial achar que a razão pela qual você decidiu assumir um compromisso de longo prazo foi porque um amigo lhe disse que era uma boa ideia, mesmo que não tivesse certeza? Seu parceiro em potencial pode duvidar do seu compromisso e se perguntar até que ponto ele pode confiar em você no futuro.

Buscar reasseguramento fará você pensar que não pode tomar suas próprias decisões? Para se sentir eficaz como tomador de decisão, você precisa assumir as escolhas que fizer, o que significa que não pode sentir que os outros tomaram a decisão por você. No Capítulo 3, descrevi a maneira como explicamos os resultados para nós mesmos. Chamamos essa maneira de *estilo explicativo*. Como você explica seus sucessos e seus fracassos? Um estilo negativo de explicação justifica o sucesso dizendo que teve sorte ou que era uma tarefa fácil. Um estilo positivo de explicar um bom resultado

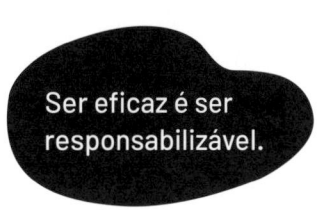

> Ser eficaz é ser responsabilizável.

> A busca de reasseguramento é como ter rodinhas na bicicleta: se você as usar para sempre, nunca se sentirá confiante de que pode andar de bicicleta sem elas.

é dizer que ele foi devido à sua capacidade ou esforço. É assim que você desenvolve uma sensação de ser eficaz. Uma maneira de pensar sobre isso é lembrar-se de como aprendeu a andar de bicicleta quando era criança. Pode ter tido rodinhas em sua bicicleta no início para ajudar a se equilibrar. Porém, depois de um tempo, você tirou as rodinhas e andou apenas sobre as duas rodas. Foi difícil no início, e foi difícil de se equilibrar. Mas uma vez que tirou as rodinhas e andou sobre duas rodas, desenvolveu a confiança de que conseguia andar de bicicleta. Um problema com a busca de reasseguramento é que, diferentemente do uso das rodinhas, você nem sempre tem pessoas por perto para lhe dizer o que fazer. Como você vai explicar a decisão? Dirá que é de outras pessoas ou sua? Como pensará que você é eficaz na tomada de decisões se não assumir suas escolhas? Como pode tirar as rodinhas e seguir em frente por conta própria? Se tomar uma decisão que tem um bom resultado, mas atribui-la ao que alguém lhe disse para fazer, como poderá receber crédito pelos resultados positivos se acredita que teve muito pouco a ver com a decisão?

SEGUIR A MULTIDÃO

Uma maneira problemática pela qual as pessoas fazem escolhas é seguir o que os outros estão fazendo. Se outras pessoas estiverem usando drogas ou álcool em excesso, você pode se sentir compelido a acompanhar isso. Se outras pessoas apresentam certos comportamentos, como gastos excessivos ou pontos de vista problemáticos, pode sentir pressão a seguir a multidão. Esse é um problema comum para os investidores, que muitas vezes vão na onda do que os outros estão fazendo e continuam investindo no que se torna uma bolha no mercado que eventualmente estoura. Também é um problema para aqueles que tomam decisões de beber demais ou usar drogas porque outras pessoas estão se envolvendo nesses comportamentos. Como seres humanos, todos nós temos uma tendência natural de querermos nos encaixar, mas isso pode conduzi-lo a tomar decisões que levarão a resultados dos quais você irá se arrepender mais tarde. Vamos examinar as razões para não seguir a multidão.

A multidão está errada?

Assumimos que o restaurante com muitos clientes é o melhor; muitas vezes compramos ações que todos estão comprando; usamos drogas e álcool em excesso porque as pessoas ao nosso redor estão fazendo essas coisas. Mas a verdadeira questão ao fazer uma escolha não é se a multidão muitas vezes esteve errada e, de fato, se a multidão poderia estar errada nessa situação. Por exemplo, sabemos que indivíduos que usam drogas geralmente se associam a outros indivíduos que usam drogas, pessoas que bebem demais saem com pessoas que bebem demais e sujeitos com transtornos alimentares geralmente se associam a outros sujeitos com transtornos alimentares.

Vou dar um exemplo pessoal da minha infância. Eu cresci em um bairro operário pobre em New Haven, Connecticut, e algumas das crianças com quem eu me envolvi quando eu tinha 12 anos roubavam coisas de lojas e caminhões. Eu não roubava nada, mas sabia que se eu continuasse saindo com elas, eu provavelmente acabaria me metendo em problemas. Havia uma postura de "machão" entre meus amigos na época, que muitas vezes fazia eles desafiarem uns aos outros a fazer coisas arriscadas. Eu percebi que eu queria ir para a faculdade algum dia e ter sucesso na minha vida, e pensei que se eu continuasse saindo com aqueles garotos eu iria entrar em apuros e talvez nunca entrar na faculdade. Então eu larguei esses amigos e decidi fazer novas amizades que pensei que teriam uma melhor influência sobre mim. Quando olho para trás, percebo que ninguém me aconselhou sobre isso porque não contei a ninguém sobre os comportamentos ilegais dos meus amigos. Eu só tinha um objetivo valioso, entrar na faculdade, e percebi que minhas associações pessoais poderiam ter um efeito negativo sobre isso. Acho que eu estava usando terapia cognitivo-comportamental (TCC) antes mesmo de saber o que era isso. Isso simplesmente fazia sentido em termos dos valores que eu estava buscando.

Considere se as pessoas com quem você está se associando estão tendo um efeito positivo ou negativo nas suas valiosas metas de vida. Uma maneira de pensar sobre um bom amigo, como sugeriu o filósofo Aristóteles, é pensar nele como alguém que ajuda você a se tornar uma pessoa melhor. As pessoas ao seu redor estão lhe ajudando a se tornar uma pessoa melhor? Quando você pensa sobre a multidão que você está seguindo na tomada de decisões, essas são realmente as pessoas que estão tomando as melhores decisões em áreas que são relevantes para o que você valoriza?

Você é diferente?

Muitas vezes nos encontramos em dúvida entre duas identidades. A primeira delas envolve fazer parte de um grupo. Queremos nos associar e nos conformar com o nosso grupo. Queremos ser aceitos. Mas a outra identidade que temos é a nossa identidade individual privada. Quando eu penso em mim mesmo como o "Bob Leahy", não me considero parte de um grupo ou multidão ou qualquer outra categoria. Penso na minha vida desde a minha infância e nas minhas memórias de todas as experiências de que me lembro. É a minha identidade. Pergunte a si mesmo qual é a sua identidade. Quem é você? O que faz de você o indivíduo que você é? Quais são as experiências significativas que você teve que o levaram a ser quem você é hoje? Considere todos os eventos negativos que ocorreram e os obstáculos que você teve que superar ou que o desafiaram. Pense na sua perspectiva única, o ponto de vista que só você tem. Pense nas tarefas que você assumiu e no que você realizou. Pense nas decepções que você teve.

Seu senso de individualidade e sua identidade como alguém que assume desafios leva a esse senso de eficácia pessoal. Você pode pensar nisso como seu senso de *agência* – você é um agente ou força individual que passa pela vida enfrentando desafios, tentando alcançar metas e mantendo seus valores individuais. A única vida que você pode viver é a sua. Ir junto com a multidão é sacrificar seu senso de agência e corroer seu senso de ser pessoalmente eficaz. Então, pense em como você é diferente da multidão. E se você é diferente da multidão, como faz sentido que suas decisões sejam tomadas pela multidão?

Suas decisões determinam quem você é. Escolha seu "eu" e seus valores. Quem você é geralmente é o que você decide fazer ou não.

A experiência deles é comparável?

Quando seguimos a multidão, estamos assumindo que a experiência, as necessidades e os valores dela coincidem completamente com os nossos. A conformidade com a multidão implica que somos simplesmente um subconjunto de um grupo e não indivíduos. De que maneira você se vê diferente dessa multidão que está seguindo? Você tem valores diferentes? Você tem uma história diferente das pessoas na multidão? Você tem objetivos diferentes? Em vez de sentir que a multidão sabe o que é melhor, considere a possibilidade de que possa haver um número infinito de diferentes multidões com diferentes valores, diferentes comportamentos e diferentes objetivos. Digamos que há uma multidão ou grupo que gosta de beber muito e usar drogas. Há um grupo alternativo ou uma multidão que quase não bebe e não usa drogas. Descobri que pacientes meus que buscam hábitos saudáveis, como desistir de beber ou aumentar seus exercícios, começam a querer se associar a outras pessoas que têm valores e objetivos semelhantes. Contudo, mesmo que um grupo não esteja seguindo o comportamento que desejamos, ainda temos a liberdade de escolha de não seguir a multidão.

> É melhor seguir seus valores individuais do que seguir a multidão.

Isso é uma tentativa de reduzir sua responsabilidade?

Assim como buscar reasseguramento pode ser uma maneira de evitar a responsabilidade de tomar nossas próprias decisões, seguir a multidão é uma maneira de evitar a responsabilidade de tomar uma decisão. Quando bebe demais, usa drogas, investe em ações especulativas ou se envolve em outros comportamentos de risco, você sempre pode dizer que todos os outros estavam fazendo o mesmo. E assim, pode concluir: "Como eu posso ter culpa se estou fazendo o que todo mundo está fazendo?".

Muitas vezes pensamos que podemos evitar o arrependimento se seguirmos o que todos estão fazendo. Mas não podemos acabar nos arrependendo mais das coisas porque simplesmente concordamos com o que todo mundo estava fazendo? As pessoas que se tornam alcoolistas ou dependentes químicos ou que vão à falência não me parecem livres de arrependimento porque podem dizer que todos os seus amigos estavam bebendo demais, usando drogas ou gastando todo o seu dinheiro. Na verdade, eu diria que você pode muito bem se arrepender de seguir a multidão. Certamente, se eu, quando criança, tivesse seguido a multidão, que eram as outras crianças no meu bairro que estavam se metendo em problemas, acho que me arrependeria do resultado. Com certeza eu não estaria escrevendo este livro hoje.

Pense nos momentos em que você seguiu o grupo e no que eles estavam fazendo, baseando suas escolhas nas escolhas deles. Você se arrepende de ter seguido a multidão em qualquer um desses casos? Você consegue se imaginar no futuro dizendo a si mesmo que se arrepende de simplesmente ter estado em conformidade com as más decisões de outras pessoas?

PROTEGER

Uma estratégia para evitar arrependimentos é proteger suas apostas: em vez de se comprometer totalmente com uma escolha, tente não se entregar completamente a ela. Primeiro você coloca o dedo do pé na água para ver a temperatura, sem fazer um compromisso de total esforço para com a decisão de mergulhar. Proteger suas apostas pode ser útil como uma estratégia de investimento. Por exemplo, diversificar as diferentes ações que você compra ou outros investimentos que faz para que seus investimentos não sejam todos baseados em uma única categoria ou uma única ação. Mas proteger suas apostas sobre relacionamentos, trabalho ou saúde pode significar não ser capaz de obter o benefício da escolha que você valoriza mais. Na verdade, pode até estar apostando contra você mesmo. Há alguns anos, lembro de ter conversado com um amigo antes de ele se casar. Ele me disse que estava trabalhando em negócios e que isso lhe proporcionava muitas oportunidades de viajar. E ele

> Não aposte contra você mesmo.

me disse que o que ele gostava nos negócios era que isso lhe dava a oportunidade de ter a liberdade de ir atrás de outras mulheres. Podemos imaginar qual foi o resultado desse casamento.

Protegemos nossas apostas com base em falsas crenças sobre o resultado que obteremos, e cada uma dessas estratégias pode gerar arrependimento.

Essa proteção reduzirá qualquer impacto negativo de sua escolha?

Espalhar seus investimentos ou esforços é uma estratégia razoável para diversificar seus portfólios e investimentos, como observado anteriormente, mas pode acabar dando errado ao tomar algumas outras decisões. E mesmo com investimentos financeiros, é possível diversificar demais, estar dentro ou fora demais de algo. Como um amigo me disse quando estava concorrendo a um cargo político: "Eu estou nessa para vencer".

Às vezes, as pessoas tomam a decisão de manter suas opções abertas enquanto vão atrás de um objetivo específico. Por exemplo, meu antigo amigo que pensava que se o casamento não fosse bom, ele poderia pelo menos ter prazer traindo sua futura esposa, na verdade, aumentou a probabilidade de um resultado negativo. Ele estava seguindo a estratégia do "Eu posso ter meu bolo e comê-lo também", mas acabou com um divórcio de um casamento em que teve dois filhos e uma pesada responsabilidade de pagar pensão alimentícia. E arrependimentos. A mesma coisa vale para o trabalho. Podemos manter nossas opções em aberto ao buscar outras coisas além do nosso trabalho principal, mas é provável que, se nosso chefe descobrir, possamos ir parar na rua mais cedo do que podemos imaginar.

O sucesso em várias áreas da vida muitas vezes envolve um compromisso total com o seu objetivo. Não se comprometer ou buscar alternativas que não estão alinhadas com o seu objetivo pode não lhe proteger em longo prazo. As pessoas que são propensas a antecipar o arrependimento muitas vezes protegem suas apostas. Elas temem perder tudo se assumirem um compromisso total. O que é irônico é que tentar se proteger impede você de fazer o seu melhor, porque você está apenas 50% "lá". A tentativa de proteção pode aumentar o seu arrependimento. Você pode se arrepender de não "entrar" 100%.

Buscar proteção o impedirá de dar o seu melhor?

Um dos problemas com buscar proteção é que você não se esforçará tanto quanto poderia. Se a decisão for importante para você, é preciso ter em mente que o sucesso raramente vem sem esforço pesado. Outro problema com buscar garantias é como as pessoas o verão. Um dos muitos fatores que valorizo em colegas ou pessoas da minha equipe é o compromisso que eles demonstram com o trabalho em equipe. Vamos imaginar que você está em um time de basquete e sente que é muito importante ganhar a partida, mas percebe que um dos jogadores da equipe está se esforçando apenas pela metade. Ele não está correndo rápido, não está correndo atrás da bola, não está sendo agressivo na defesa e não está passando a bola para os companheiros. Em outras palavras, ele não está dando tudo de si para o time. Como você se sentiria tendo ele no seu time? Isso também vale para relacionamentos. Se seu parceiro o vê como colocando apenas meio esforço, como ele verá o futuro do relacionamento? E o quanto ele vai tentar fazer o relacionamento funcionar? Às vezes, as pessoas que se esforçam apenas um pouco são rotuladas como *usuários gratuitos*, pessoas que querem ir junto, mas querem fazer uma viagem grátis às custas dos outros. Como você se sentiria sobre alguém assim no seu time?

Como descobrir a medida certa de tentar buscar proteção?

Um dos problemas com buscar proteção é que você não sabe realmente quanta proteção precisa. Com investimentos, você pode equilibrar certas categorias para ter um portfólio diversificado. Por exemplo, pode ter diferentes categorias de ações que não estão correlacionadas umas com as outras, de modo que, se uma cair, as outras não vão cair junto. Ou pode investir em ações, títulos e tesouro direto para que não seja completamente dependente de apenas um deles. No entanto, às vezes é difícil saber qual porcentagem colocar em cada categoria. É ainda mais difícil quando você tem que pensar em quanto se proteger em um relacionamento ou no trabalho. Você deve colocar 30 ou 40%? O sucesso na vida é baseado em buscar proteção ou apostar tudo?

Reduzir o comprometimento é prejudicial?

Uma lógica que algumas pessoas têm para não dar tudo de si é que elas não valorizam o compromisso ou o trabalho. O raciocínio é que "Se não for tão importante assim e eu o perder, terei menos arrependimentos". É quase como se elas estivessem inventando desculpas antes mesmo de se comprometerem com algo e acabassem se sabotando. Mas, pelas razões descritas anteriormente, tentar se proteger pode, na verdade, acabar condenando seus relacionamentos ou trabalhos ao fracasso, lhe dando muito mais motivos pelos quais se arrepender.

Eu tinha um amigo na faculdade que se chamava Mike que era extremamente inteligente e extrovertido. Seu pai era um acadêmico premiado e um atleta olímpico. Mike, por sua vez, parecia fazer tudo o que podia para ter certeza de que não se sairia bem na faculdade. Ele também se certificou de fazer com que todos soubessem que ele não estudava e quase nunca ia à aula. Mike pode ter feito isso porque, se ele se saísse mal no curso, sempre teria uma desculpa: "Eu não estudei" ou "Não era tão importante para mim". Não se sair bem não nos diria nada sobre as habilidades dele. Foi uma tentativa de fabricar uma desculpa. Em contrapartida, se ele se saísse bem e não estudasse, as pessoas poderiam concluir que ele devia ser um gênio. De qualquer forma, ele preservou a possibilidade de talvez ser um gênio, já que o seu mau desempenho no curso sempre poderia ser atribuído a ele não tentar ou não se importar. Mike desistiu e nunca terminou a faculdade. Eu pensei sobre a história de Mike como uma tragédia, mas ela me interessou em por qual razão pessoas talentosas e capazes escolhem falhar por falta de esforço. Mike tinha buscado segurança a tal ponto que se deu uma desculpa para falhar. Ele não jogava para ganhar. Ele jogava para garantir que ninguém pudesse dizer que ele havia falhado mesmo com seu melhor esforço. E ele estava usando o excelente exemplo de seu pai como padrão.

Meu amigo era um maximizador (veja o Capítulo 3) – ele não se contentaria com nada menos do que ser tão bom quanto, ou até melhor do que, seu renomado pai. Então, ele se colocou em desvantagem. Eu sei que anos depois, quando não conseguiu se formar e sua vida estava em declínio, ele estava cheio de arrependimentos. A busca por proteção e se colocar em desvantagem podem ser maneiras de se esconder da realidade e evitar "falhar" em "tentar". Mas é uma fórmula segura para arrependimentos em longo prazo.

PROCURANDO PELAS OPÇÕES SEM CONSEQUÊNCIAS NEGATIVAS: O MITO DO ALMOÇO GRÁTIS

Ao fazer uma escolha, precisamos considerar os custos e os benefícios das alternativas. Por exemplo, Sunil precisa considerar os benefícios de passar a vida com Nina em comparação com os benefícios de procurar uma parceira diferente ou permanecer solteiro indefinidamente. A mesma questão aparece nos investimentos. Há prós e contras de investir em qualquer ação individual, incluindo a incerteza de seu preço futuro e a possibilidade de que ele possa diminuir em valor. Mas não investir em nada resulta em perder oportunidades de aumentar o valor de nosso patrimônio. Toda opção tem aspectos negativos. Vamos examinar as maneiras como podemos tentar evitá-los.

Os aspectos negativos invisíveis estão se escondendo entre os aspectos positivos?

Maria se sentia atraída pela abertura emocional e a expressão de sentimentos de Juan. Juan conseguia ser uma companhia muito alegre e divertida, mas ele também conseguia ser mal-humorado. Quando Maria veio me ver porque às vezes achava que as emoções dele eram difíceis de lidar, ela se perguntou se havia cometido um erro ao se casar com ele. Ela continuou a gostar do quão divertido, interessante e engraçado ele era. Mas o mau humor ocasional que ela não havia notado no início agora parecia um tanto difícil de suportar. Indiquei que emoções e humor podem fazer parte da mesma coisa. Nada é totalmente positivo. Aceitar isso não apenas nos ajudará a fazer escolhas, mas também a viver com resultados imperfeitos. Algumas coisas são de se esperar.

Você está esperando um almoço grátis?

O velho ditado "Não existe almoço grátis" é tão verdadeiro hoje como era anos atrás, quando ele foi criado por alguma pessoa anônima. Vamos levar em conta usar o Facebook ou Instagram. É grátis. Então, por que os proprietários dessas plataformas gastam bilhões de dólares para fornecer um serviço gratuito? Eles estão lhe dando um produto que valoriza, e você não está sendo cobrado por isso. Não é um almoço grátis? Não, não é. Isso porque *o produto é você*. Quando você usa plataformas de mídia social, suas informações são vendidas a outros fornecedores e você é bombardeado diariamente com anúncios. Você pode pensar que está ganhando um almoço grátis, mas o produto que está sendo vendido é você. Você é o almoço.

Tudo vem com um custo, uma desvantagem ou algum inconveniente. Se você se casar, não terá a liberdade que tinha quando era solteiro. Se tiver filhos, terá a obrigação de cuidar deles, e é provável que perca o sono enquanto eles forem pequenos. Se investir em uma ação, corre o risco de perder seu dinheiro. Se tentar perder peso, terá que renunciar àquelas deliciosas sobremesas. Em toda escolha que fizer, você precisa estar ciente sobre a aceitação dos custos. Porque não existe almoço grátis.

Os bons tomadores de decisão conseguem escapar dos sacrifícios?

As pessoas que não são prejudicadas por um arrependimento desproporcionado podem parecer estar vivendo uma vida de nada além de coisas positivas. Podemos interpretar errado isso como significando que os bons tomadores de decisão conseguem evitar sacrifícios ao longo de sua vida. Mas o caso geralmente é o oposto. Observei que os bons tomadores de decisão jogam para ganhar, mas, mesmo que eles queiram obter ganhos significativos, também aceitam as perdas que ocorrem. Se você trabalha em uma empresa de investimento e nunca faz nenhuma aplicação, mantendo tudo em dinheiro, eles provavelmente se livrarão de você assim que puderem. Eles estão interessados em quanto dinheiro disponível você colocou em jogo, não simplesmente que você arriscou uma pequena porcentagem do dinheiro que você realmente investiu. Não somos pagos para fazer nada. Então, quais são os sacrifícios que bons investidores e tomadores de decisão aceitam? Eles aceitam incerteza, perda e não se sair tão bem quanto os outros. Tenha em mente que os bons tomadores de decisão fazem escolhas e assumem riscos razoáveis.

Certos estilos de tomada de decisão se recusam a pagar o almoço. O maximizador quer uma opção sem desvantagens, a pessoa pessimista ou deprimida quer certeza, e o perfeccionista existencial quer tudo à sua maneira. Eles estão procurando opções que são maravilhosas sem custo nenhum. Mas algumas coisas são de se esperar. E os custos são uma delas.

Jogar seguro e não aceitar trocas significa que você perde contra o potencial do que poderia ser ou poderia ter. Pode procurar para sempre por algo que nunca encontrará.

DEIXAR PARA A SORTE

Às vezes, fazemos nossas escolhas as deixando para a sorte, como jogando dados, pegando uma carta de um baralho ou tirando cara ou coroa. Nossos ancestrais acreditavam que ações arbitrárias como essas, que vemos como "deixar para a sorte", revelariam o desejo de Deus. Mas deixar para a sorte é uma boa estratégia para fazer uma escolha?

Deixar para a sorte lhe ajudará a evitar arrependimentos? O problema de fazer isso é que você está mais uma vez tentando evitar a responsabilidade de tomar uma decisão, que as decisões aleatórias não são melhores do que outras decisões e que pode facilmente acabar se arrependendo de confiar na sorte. Lembre-se de que uma das melhores estratégias para evitar o arrependimento é tomar decisões melhores.

Você está tornando as coisas arbitrárias para reduzir sua responsabilidade?

Quando você tira cara ou coroa para tomar uma decisão, você está declarando que não há nenhum processo racional ou razoável que pode usar para fazer a escolha. Isso claramente é uma forma de evitar a responsabilidade de fazer uma escolha, aceitar o risco, aceitar os compromissos, aceitar a incerteza e, claro, aceitar a responsabilidade. É quase como se estivesse dizendo a si mesmo: "Eu não sou responsável por essa decisão porque eu joguei a moeda". No entanto, você é responsável por girar a moeda e usá-la como uma maneira de tomar uma decisão.

As decisões deixadas à sorte são melhores do que as decisões informadas?

Vamos imaginar que você está consultando a melhor cirurgiã para uma operação em um tumor cerebral e pergunta como ela decidiria qual procedimento seguir e ela dissesse: "Eu vou jogar uma moeda, e com base nisso eu vou tomar a minha decisão". O que você pensaria? Imagino que iria querer outro cirurgião. Decisões informadas nem sempre são claras, então você pode querer evitar a dificuldade de fazer uma escolha girando uma roleta ou tirando cara ou coroa. Só porque isso é fácil de fazer não significa que é uma boa maneira de tomar uma decisão. Analise todos os processos que revisamos anteriormente e reconheça que fazer escolhas e ser responsável são as melhores maneiras de se tornar um bom tomador de decisão. Você pode fazer a "devida diligência", cobrir o máximo de informações que puder e ainda assim o resultado não ser do seu agrado. No entanto, pelo menos você pode dizer, quando é diligente, que seguiu um processo razoável e não apenas jogou as mãos no ar, procurando uma solução mágica.

Você também pode se arrepender de deixar para a sorte?

Claro que pode! Pense em todo o arrependimento que os jogadores sofrem por "jogar com as probabilidades" e esperando ter um dia de sorte. Sentir-se com sorte é muito diferente de ter sorte. Eu consigo imaginar que se você tomar uma decisão que é importante e, em vez de aceitar as incertezas, os compromissos e a possibilidade de um resultado negativo, dizer a todos depois que tomou a decisão baseando-se em cara ou coroa, você provavelmente se arrependeria de ser tão descuidado. Ao mesmo tempo, as pessoas que vissem isso não respeitariam seu estilo de escolha.

RESUMINDO: O QUE VOCÊ APRENDEU SOBRE TOMAR BOAS DECISÕES?

Cada estratégia ao fazer uma escolha tem sacrifícios. Vamos resumir algumas das questões que estão envolvidas nas sete estratégias de escolha que discutimos neste capítulo. Vimos que esperar não é uma maneira de evitar decisões, é uma decisão em si, e vimos que a procrastinação pode levar à perda de oportunidades, reforçar nossa tendência a evitar tomar decisões e levar à possibilidade de arrependimento futuro. Vimos que a busca por reafirmação ou que alguém escolha por você não garante o melhor conselho e prejudica a prática de tomar suas próprias decisões. Quando você segue a multidão, pode estar seguindo as pessoas erradas com os conselhos errados, e quando tenta assegurar suas ações, pode acabar não dando seu melhor. Todas as decisões envolvem sacrifícios e custos, não há almoço grátis e deixar para a sorte a fim de evitar a tomada de decisões é muitas vezes uma má jogada. Examine suas estratégias de escolha para ver se elas realmente são razoáveis – para evitar arrependimentos desnecessários sobre uma má tomada de decisão.

Passo 3

FAÇA O ARREPENDIMENTO TRABALHAR A SEU FAVOR

7

Como lidar efetivamente com desfechos decepcionantes

O Passo 2 deste livro foi sobre aprender a tomar melhores decisões, identificando os fatores que levam você a escolhas que causam arrependimentos e desafiando os pensamentos que levam a isso. Eu lhe dei uma variedade de ferramentas para descobrir como você toma decisões e quais caminhos o levaram a grandes arrependimentos repetidamente. O que você aprendeu sobre si mesmo?

- Você é uma pessoa maximizadora ou satisfeita?
- Você toma decisões impulsivamente?
- Você se vê incapaz de lidar com a perda?
- Você é alguém que tende a ser pessimista?
- Você é flexível em aceitar alternativas?
- Você acha que precisa de muita informação, quase certeza, para tomar uma decisão?

Você explorou como os estilos de decisão podem levar a antecipar e experimentar o arrependimento, e como mudar esses pensamentos pode ajudar a tomar melhores decisões neste mundo imperfeito. Também aprendeu como costuma antecipar o arrependimento, muitas vezes superestimando a probabilidade e a magnitude dos resultados ao superestimar riscos. Parte desse padrão envolve a tendência de procurar seletivamente por evidências de ameaças e subestimar a capacidade de lidar com as dificuldades. Mas você também pode subestimar os riscos, baseando suas crenças sobre eles no quão bem algo faz você se sentir, na frequência com que se envolve em determinados comportamentos ou no fato de que outros estão fazendo isso e, portanto, não deve ser tão ruim.

Você viu o que faz ao contemplar uma decisão específica e como pode permanecer comprometido com um curso de ação apenas devido ao tempo já investido nele por meio do esforço ou outros recursos, o "efeito dos custos irrecuperáveis", e como esse padrão às vezes pode mantê-lo preso. Por fim, teve a oportunidade de examinar seu estilo de escolha de alternativas na hora de agir, como esperar para se sentir pronto, buscar segurança, proteger as apostas, seguir a multidão, deixar alguém tomar a decisão por você ou deixar para a sorte. Cada um desses comportamentos é muitas vezes a sua maneira de tentar evitar o arrependimento, mas cada um deles carrega o risco de causar ainda mais arrependimentos caso os resultados sejam indesejáveis.

Agora, depois de fazer uma escolha, enfrentará os resultados. Isso muitas vezes é a primeira coisa que pensamos quando falamos de arrependimento, mas, como você viu até agora, há muitos outros fatores que precedem o resultado que merecem a sua atenção. Mudar sua maneira de pensar, avaliar opções e se comportar de certo modo no momento da tomada de decisão pode ser tudo o que precisa para evitar arrependimentos excessivos e dolorosos. Mas nem sempre isso funciona. Você está aprendendo a tomar decisões muito melhores e ter menos arrependimentos debilitantes, mas é incrível como os padrões de pensamento que deixaram de ser proeminentes em sua tomada de decisão podem ressurgir quando os resultados de suas decisões não são o que esperava. Resultados decepcionantes são inevitáveis na vida; como vimos, ninguém pode controlar tudo o que acontece o tempo todo.

Então, o que você faz com resultados decepcionantes, e como lida com eles? Todos os fatores que discutimos até agora podem dificultar seu progresso na forma como lida com decepções e em se está aprendendo e crescendo com os resultados negativos e tornando o arrependimento produtivo. Porém, como acontece com o papel desses fatores em sua tomada de decisão, cada um deles também pode ser modificado para lhe ajudar a lidar com essas questões e seguir em frente em uma direção positiva.

COMO O PENSAMENTO LEVA A MAIS ARREPENDIMENTOS APÓS O DESFECHO

Lembre-se de que um dos principais hábitos das pessoas altamente arrependidas é o seguinte pensamento: "Olhe para trás em sua vida e pense no quão melhor ela teria sido se você tivesse feito diferente". Esta é uma técnica garantida para fazer seu arrependimento perdurar e mantê-lo em sua cabeça o tempo todo. Você sempre pode imaginar como as coisas poderiam ter sido melhores e, para garantir que o arrependimento será o mais poderoso possível, se perceber que nada pode se comparar ao que imagina, pode ser ainda melhor.

Outro pensamento é "Pense em todos as coisas negativas pelas quais você já passou e desconsidere todas as positivas". Depois, quando decidir algo, certamente ficará especialmente atento para o resultado. É aqui que entra seu arrependimento sobre o passado. A forma como vemos os resultados determina quanto arrependimento sentimos e se ficamos presos a ele. Existem certos padrões de pensamento que levarão a mais arrependimento depois que uma decisão for tomada e estiver tentando entender o resultado. E para cada um desses padrões pode haver maneiras mais adaptáveis e flexíveis de olhar para os resultados com os quais você está lidando atualmente. Neste capítulo, examinaremos:

- *Viés retrospectivo*: você deveria saber o que sabe agora na época em que tomou a decisão.
- *Idealizar a alternativa*: o que poderia ter tido teria tornado sua vida imensamente melhor.
- *Essencialismo*: ver certos resultados como absolutamente necessários em vez de simplesmente uma preferência.
- *Expectativas inflexíveis*: sua incapacidade de mudar as expectativas após a ocorrência do fato para corresponder à realidade que está vivendo no momento.
- *Autocrítica*: colocar-se para baixo porque algo não saiu como gostaria.

Viés retrospectivo

Viés retrospectivo, a ideia de que você previa o que ia acontecer, é uma distorção muito comum em pensamentos sobre o passado. Ela é baseada na distorção de que já sabia o que pensa e sabe agora na época em que tomou uma decisão no passado. Esse sentimento exagerado de que você "já sabia" que a decisão não daria certo antes de tomá-la faz parte do arrependimento. Você pensa: "Eu vejo que eu deveria saber que não daria certo", e então você se vê imerso em arrependimento, remorso e autocrítica. Depois que a escolha foi feita e já sabe o resultado, seu arrependimento é estimulado pelos pensamentos "Eu devia ter previsto" e "Eu sabia que era uma má decisão quando a tomei".

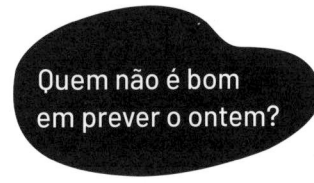

> Quem não é bom em prever o ontem?

O viés retrospectivo aumenta o arrependimento. Mas ele é racional? Às vezes vemos essa distorção de pensamento surgir para que um indivíduo possa levar o crédito por prever um resultado quando esse resultado acaba sendo muito positivo. Em caso de um resultado negativo, muitas vezes superestimamos qual era o nosso conhecimento anterior e acabamos nos culpando por não fazer a escolha certa. Por que somos propensos a essa distorção em nosso pensamento? Existem vários fatores que aumentam nossa tendência a ter um viés retrospectivo. Vamos observar cada um deles e ver se há uma maneira melhor de lidar com esse viés.

Vemos o passado da perspectiva do presente

O momento presente, o resultado atual, é uma lente através da qual vemos o passado. Isso é chamado de *reconstrução da memória*. Então, se um desfecho for negativo, podemos acreditar que sabíamos que seria negativo desde o início. Reconstruímos o passado dando sentido ao que sabemos sobre o resultado. Por exemplo, se o trabalho que escolhemos não for tão gratificante quanto gostaríamos que fosse, provavelmente procuraremos todas as "evidências" do passado de que não poderia ter dado certo. Raramente tentamos dar sentido a algo que não aconteceu. Vamos pensar dessa forma: se o nosso trabalho atual acabar sendo uma experiência infeliz, não tentaremos dar sentido às evidências de que ele parecia que seria um trabalho feliz. Tentamos dar sentido a "resultados reais", não a resultados possíveis, após o fato. Não lemos livros de história sobre eventos que nunca aconteceram, mas poderiam ter acontecido.

DESAFIO: *imagine que o resultado é o oposto do que realmente aconteceu.*
Por exemplo, imagine que seu emprego acabou sendo um bom trabalho. Como você recuperaria em sua memória as evidências que fazem sentido nesse cenário? Ao explicar os resultados que nunca ocorreram, você pode reconhecer que pode haver uma história que faz sentido mesmo para coisas que nunca aconteceram. Quando você tomou sua decisão e, em seguida, encontrou um resultado que não foi do seu agrado, ele não foi o que você esperava, mas você provavelmente tinha boas "razões" para esperar um resultado positivo. Ter razões não é a mesma coisa que garantir um resultado. Você pode ter razões para acreditar que é saudável, mas pode ter azar e pegar um resfriado. Há muito mais razões do que resultados.

Reconstruímos o passado, muitas vezes de forma imprecisa

Nossas memórias não são uma réplica exata do que aconteceu; elas são uma reconstrução. E quando reconstruímos o passado, nos lembramos de eventos passados que são consistentes com o nosso humor no presente. Em outras palavras, se nos sentirmos deprimidos no momento, é provável que nos lembremos de eventos negativos do passado. Essa ideia vem da ciência da memória induzida pelo humor e da memória direcionada ao humor — lembramos das informações (verdadeiras ou falsas) que são consistentes com nosso humor no momento. Então, se estamos insatisfeitos com o nosso trabalho no momento, tenderemos a defender essa percepção lembrando de experiências negativas nesse trabalho, além de aspectos negativos que pensamos que sabíamos antes de decidir aceitar o emprego.

DESAFIO: *experimente um exercício de indução de humor.*
Para neutralizar o viés de memória de humor, imagine que está de bom humor. Você está feliz, satisfeito e confiante. Como você daria sentido às suas decisões passadas, levando em conta esse bom humor de hoje? Eu usei essa técnica de indução de humor com um homem que estava reclamando que seu trabalho atual não era interessante. Pedi que ele imaginasse que estava se sentindo muito feliz. Na verdade, induzimos um humor feliz ao fazê-lo se lembrar de eventos felizes em sua vida, com a esposa,

os filhos, os amigos e atividades das quais gostava. Quando ele estava se sentindo um pouco melhor, pedi que pensasse sobre possíveis pontos positivos sobre seu emprego atual, e ele começou a perceber que estava aprendendo muito, que gostava de alguns de seus colegas e que o emprego era uma boa plataforma para seu avanço futuro. Todos esses pontos são evidências de que aceitar o emprego não foi uma decisão tão ruim afinal. Às vezes, o resultado que você ve depende do humor em que está.

Buscamos informações que confirmam uma crença preexistente

Um terceiro fator em nossa memória é chamado de *viés de confirmação*, que significa que buscamos seletivamente informações consistentes com uma crença preexistente. Então, se nossa crença agora é que estamos em um trabalho ruim, procuramos todas as evidências que provam isso, como o fato de que não gostamos do chefe, de que estamos entediados, de que nossas previsões de que não nos sairíamos bem eram corretas e de que há colegas de trabalho de quem não gostamos. Nossa busca por evidências é tendenciosa para o lado negativo.

DESAFIO: procure evidências que contradigam a crença preexistente.
Saber que temos esse viés pode nos ajudar a dar um passo atrás e perguntar: "Qual era a evidência que contestaria a ideia de que eu estava fazendo uma má escolha?" ou "O que alguém diria se olhasse todas as evidências?". Eles podem notar a possibilidade de aprendizagem, de avanço na carreira, de boa remuneração e de que todos os trabalhos têm pontos positivos e pontos negativos. Quando "pegamos emprestado a cabeça de outra pessoa", vemos as coisas de forma diferente. Como dizem, duas cabeças pensam melhor do que uma.

Não percebemos que os eventos são causados por muitos fatores

Muitas vezes não reconhecemos que existem muitas causas possíveis para um evento, e podemos acabar nos concentrando em apenas uma causa e excluindo outras. Portanto, se o resultado for negativo, tentamos dar sentido a ele focando na causa que previa isso e ignorando outras causas possíveis. Lembre-se de como os "superprevisores" de Tetlock (Capítulo 2) percebiam as nuances e qualificavam suas previsões, enquanto os previsores populares de *talk shows* de televisão davam certezas e reduziam as coisas a um único fator que seria responsável por todos os resultados. Eram os superprevisores, desconfiados e qualificados, que diziam: "Há outros fatores a serem considerados". A complexidade não é algo que procuramos naturalmente. Gostamos de encontrar uma *única* resposta.

> Nossa mente frequentemente é direcionada a tentar encontrar "simplicidade" onde há, na realidade, complexidade.

DESAFIO: *pense em várias causas diferentes para um resultado real e outros resultados alternativos e, em seguida, classifique a "credibilidade" de cada um.*
Por exemplo, pensando que o seu trabalho atual não é o que você esperava, liste o maior número de causas pelas quais ele poderia ter sido um bom trabalho (e as causas para ser um trabalho desagradável) e quão plausíveis eram essas razões ou causas quando você tomou a decisão de optar por esse emprego. Multiplique as causas possíveis. O que parece óbvio agora, não era óbvio antes.

Achamos que o mundo é previsível, mesmo que ele não seja

Como queremos ver o mundo como previsível, procuramos pelas previsões passadas que são consistentes com o desfecho da situação. Se eu pedir que você explique por que um candidato ganhou uma eleição, você provavelmente apontará para uma ou duas "causas" como razões suficientes para o resultado, mesmo que o candidato tenha vencido por apenas 2%. Não listamos os dez motivos mais importantes para os votos irem para um candidato ou outro. Não dizemos com naturalidade, "Bem, havia cinco pontos principais que favoreciam ligeiramente minha candidata e cinco outros pontos que favoreciam o outro candidato, mas a participação eleitoral da minha candidata foi melhor por causa da organização que ela teve, e os eventos recentes pareceram empurrar coisas a favor dela". Tão eloquente! Mas isso não aconteceria. É provável que apontemos apenas um ou dois fatores que favoreceram nosso candidato como se o resultado fosse inevitável e não houvesse "causas" operando contra ele.

DESAFIO: *experimente a explicação mais longa.*
Explicações são buscas tendenciosas por causas. Muitas vezes causas simples. Mas a vida é mais complexa do que isso. Qual poderia ser a razão pela qual alguém ganha uma eleição com 80 milhões de votos? Talvez haja 80 milhões de razões.

Achamos que somos ótimos em prever coisas

Nosso viés retrospectivo pode ganhar força em nossa crença de que somos muito melhores em prever eventos do que realmente somos. Podemos nos dar crédito demais por sermos capazes de saber coisas que na verdade não sabemos e por sermos capazes de usar informações para fazer previsões precisas. Essa *ilusão de confiança* pode nos deixar à vontade para tomar decisões ou assumir riscos, mas muitas vezes pode nos levar a exagerar. Estar confiante não é a mesma coisa que estar correto.

DESAFIO: *há uma série de coisas que você pode fazer para evitar o excesso de confiança em suas previsões sobre o futuro ou seu viés retrospectivo sobre o passado.*
Isso inclui listar todas as alternativas disponíveis ou razões para fazer uma escolha diferente, pensar em como toma uma decisão, tanto defendendo como toma ela quanto argumentando por qual motivo uma decisão diferente faria sentido, e considerar se ou-

tras pessoas tomariam a mesma decisão. A realidade pode ser mais complexa e caótica do que você acha.

O viés retrospectivo em ação

Vejamos dois exemplos do viés retrospectivo. Linda era uma jovem que estava tentando escapar de seus pais muito controladores que constantemente diziam a ela o que ela podia ou não fazer. Quando ela conheceu Brian, ele foi muito atencioso e generoso com ela e a fez se sentir a melhor pessoa do mundo. Linda se mudou da casa de seus pais. Ela e Brian começaram a morar juntos e se casaram. Ao longo dos anos, Brian ficou mais hostil e deprimido à medida que seu consumo de álcool aumentava. Eventualmente, Linda se divorciou dele, mas depois começou a se autocriticar por pensar que ela deveria saber desde o começo que ele seria assim. Ao examinarmos o que ela sabia nos primeiros anos, ela percebeu que ele não bebia muito, não era controlador e, inclusive, era muito solidário. Ela percebeu que seus amigos gostavam de Brian e que achavam maravilhoso que ela tivesse encontrado um homem tão bom com quem ela pudesse passar o resto de sua vida. Na verdade, uma de suas amigas estava até com inveja por Linda ter um parceiro tão bom. Pedi a Linda para se lembrar de memórias positivas específicas de suas primeiras experiências com Brian. Isso a ajudou a perceber que ela havia tomado a decisão de ficar com ele porque havia boas razões *na época*.

> Assim como o tempo muda, também mudam as razões e os fatos.

Linda estava pensando que, porque ela sabia agora que Brian acabou ficando deprimido e virando controlador demais e um alcoolista, ela sabia de todas essas coisas desde o começo, mas o fato é que ela não sabia. Quando Linda inicialmente se envolveu com Brian, as razões pareciam plausíveis, ele era solidário, divertido e atraente, mas ele mudou com o tempo. Não tinha como ela saber quais mudanças ocorreriam quando eles se casassem.

> Não tem como você saber o que não sabe.

Mira é outro bom exemplo do viés retrospectivo. Ela investiu no mercado de ações e se saiu bem por vários anos, mas, de repente, sofreu perdas significativas. Ela ficou bastante desanimada e crítica consigo mesma, dizendo que deveria saber que determinadas ações iriam perder valor. Ela apontou algumas incertezas (por exemplo, o mercado estava em alta, as ações pareciam mais caras do que deviam levando em conta seus valores de base) quando fez os investimentos pela primeira vez, e alegou que deveria ter ouvido às suas dúvidas e não tê-los feito. Então ela concluiu que era completamente incapaz de tomar qualquer decisão e que deveria desistir de sua carreira. Mira estava se concentrando em apenas algumas informações sobre sua decisão, especialmente suas dúvidas sobre a empresa em que investiu. Ela estava ignorando todas as razões pelas quais achava que essa seria uma boa escolha para ela.

> Para desafiar o viés retrospectivo, pergunte-se: "Devo ser responsável por saber o que eu não sabia?" e "Qual é a diferença entre saber agora e saber no passado?".

Um ponto-chave para desafiar o viés retrospectivo é o de *que só podemos saber o que realmente sabemos*. Somos todos excelentes em prever o ontem, mas o fato é que quando olhamos para trás para como tomamos nossas decisões, provavelmente estávamos pensando em muitos fatores diferentes naquele momento, não apenas um. Mas agora, com a perspectiva do resultado, acabamos contando uma história arrumada, organizada e "previsível" que mostra o resultado atual como transparente, óbvio e facilmente previsível.

Idealizando a alternativa

Tal como acontece com o viés retrospectivo, muitas vezes nos prendemos ao arrependimento por nossa tendência em assumir que, em face de um desfecho pior do que ideal, a alternativa (o caminho não tomado) teria sido muito melhor. Essa suposição apenas aumenta o arrependimento de forma desproporcional em relação à decepção natural que podemos sentir quando nossas decisões não levam ao que queríamos. Uma coisa é dizer "Nossa, talvez eu devesse ter escolhido a outra opção" e depois simplesmente lidar com o que escolhemos. Outra é nos culparmos pelo que poderíamos ter conseguido com outra alternativa. Felizmente, há um passo a passo de como desafiar esses exageros e colocá-los em perspectiva. Faça a si mesmo as perguntas a seguir.

> Se você se limitou a reconhecer brevemente que poderia ter feito uma escolha melhor em uma decisão recente, o que poderia aprender que seria capaz de levar a um resultado melhor na próxima vez?

1. Quais são as consequências de idealizar a alternativa? Isso faz você pensar que perdeu algo (como um parceiro melhor, um emprego, um lugar ou objetivos diferentes) que resolveria todos os seus problemas? Isso faz você desvalorizar o que tem agora? Você tem um filtro positivo quando se trata de imaginar a alternativa? Você só vê o lado positivo dela e depois o exagera?

2. O que poderia ser problemático sobre a alternativa? Tenha em mente que nada na vida real pode se comparar com o que podemos imaginar. Vamos imaginar o parceiro perfeito, por exemplo. Uau, não seria ótimo se você estivesse com *aquela* pessoa? Tudo sobre ela seria agradável para você. Nós não conhecemos ninguém com um parceiro perfeito assim, mas isso não significa que não podemos imaginar estar com ele. Você realmente acha que existe um relacionamento de longo prazo sem problemas? Você não teria diferenças, desentendimentos, conflitos, mal-entendidos, interesses diferentes, conversas problemáticas e maneiras diferentes de lidar com as crianças, finanças, amigos ou parentes? O que poderia dar errado? Ou então, vamos imaginar o emprego perfeito. Existe um emprego que não envolva tédio, frustração, batalhas políticas e decepções?

De vez em quando penso em como teria sido a minha vida se eu tivesse cursado direito. Acho leis um assunto interessante. Gosto de argumentar e acredito na justiça social. Mas qual poderia ser a lado negativo de ser um advogado? Poderia ser chato, eu poderia ter acabado defendendo clientes que eu acreditava serem culpados. O sistema jurídico é complicado, frustrante e contraditório. Na verdade, 12 anos após se graduarem em direito, 24% das pessoas não estão exercendo advocacia. Além disso, advogados apresentam maiores taxas de depressão e suicídio. Muitas vezes nos empolgamos com a idealização de certas ocupações, lugares para viver ou situações conjugais que vemos em filmes, romances ou simplesmente em nossa rica e idealizada vida de fantasia.

> A vida raramente é tão maravilhosa quanto uma fantasia.

3. Como você pode enfatizar os aspectos positivos? Nossos arrependimentos geralmente envolvem idealizar a alternativa enquanto desvalorizamos o que temos. Como consequência, sentimos que, na verdade, perdemos algo — em geral algo que nunca tivemos. Perdemos a oportunidade de ter algo melhor. Ou pelo menos achamos que perdemos. Podemos desafiar a tendência de desvalorizar a nossa realidade praticando a apreciação e a gratidão e imaginando como seria a vida sem algumas das coisas significativas que desfrutamos no nosso cotidiano. Considere o que você já tem. Enquanto se concentra em seu arrependimento, é provável que não perceba o que você tem. Imagine alguém que não tem nada olhando para a sua vida. Eles estão dizendo que há coisas em sua vida com as quais eles poderiam apenas sonhar. O que eles diriam? Por que eles notam essas coisas, mas você não? Então abra os olhos para o que está diante de você.

> Se você se concentrasse no valor do que tem em vez do que poderia ter tido, você ainda gostaria de voltar no tempo e mudar sua decisão?

4. Como posso melhorar o que já tenho? O que quer que tenhamos atualmente, tanto o que apreciamos quanto as coisas pelas quais temos gratidão, sempre pode ser melhorado. Em vez de idealizar a alternativa, que provavelmente é apenas uma fantasia, vamos considerar como você pode melhorar as coisas em sua vida agora. O arrependimento não fará nada melhor. Se você está se sentindo insatisfeito com seu casamento, trabalho, lugar onde mora, amizades ou qualquer outra coisa, considere ter um plano de ação positivo para melhorar essas situações. Os relacionamentos exigem trabalho, mas também exigem perdão, compreensão, compaixão, aceitação e afeto. Em

> Como você pode tornar a sua situação ainda melhor? A resposta está em suas mãos.

vez de se apegar a ressentimentos ou tentar provar que está certo, considere trabalhar duro para melhorar o relacionamento para ambos. Ou considere seu trabalho. Há alguma maneira de melhorar ele? Existem habilidades que você poderia adquirir, estratégias para formar alianças ou oportunidades fora do trabalho para seus interesses? Ou considere onde você mora. Você está realmente aproveitando ao máximo as oportunidades disponíveis?

5. Veja a esteira hedonista. Você se lembrará que, no Capítulo 2, vimos que um dos erros que cometemos ao considerar as opções é que pensamos que uma mudança em nossa vida resultará em mudanças duradouras em nossos sentimentos. As pessoas costumam pensar que "Se ao menos eu for promovido, me casar, ganhar muito dinheiro, me mudar para outro lugar, então serei feliz". Entretanto, estudos demostram que, depois de um período de tempo, as pessoas "se acostumam" com o que têm, seja "bom" ou "ruim", e a satisfação geral de vida ou felicidade delas volta ao que era antes. Por exemplo, as pessoas que se mudam para uma cidade diferente muitas vezes descobrem que sua felicidade geral estava onde elas moravam antes. Indivíduos que têm uma perda financeira eventualmente recuperam o nível de felicidade de antes da perda. Então, o que podemos fazer para sair da esteira hedonista? A resposta pode não estar relacionada com o evento em si (casamento, emprego, localização, dinheiro), mas em como nos relacionamos com a vida cotidiana. Se nos concentrarmos em sermos ativos, melhorarmos, crescermos, construirmos relacionamentos significativos, termos aceitação, humildade, flexibilidade, metas positivas e valores, muitas vezes conseguimos encontrar a felicidade independentemente de sermos casados ou solteiros, ricos ou pobres, de vivermos na Califórnia ou em Minnesota ou de sermos jovens ou velhos. Como você está lidando com o que você realmente tem? Se você abordar o que tem com um ponto de vista maximizador, arrependido, ressentido e exigente, você provavelmente será infeliz.

Essencialismo

Um colega estava discutindo comigo suas frustrações com suas relações com mulheres ao longo dos anos. Sendo uma pessoa inteligente, criativa e sensível, ele observou com humor: "Bob, não seria ótimo se as pessoas fizessem exatamente o que eu quisesse que elas fizessem?". Nós dois rimos. Eu acho que o que é especialmente engraçado sobre isso é que muitas vezes exigimos de nós mesmos conseguir as coisas do nosso jeito, mas não é assim que o mundo funciona.

Minha primeira observação é que *ninguém realmente consegue tudo o que quer em seus termos*. Como lidamos com isso determinará o quão decepcionados, arrependidos e amargos nos tornamos.

Uma grande dificuldade que muitas vezes temos com um resultado indesejado é que vemos nosso resultado desejado como *essencial*. Achamos que ter certa renda, casa, emprego, parceiro ou experiência é algo que precisamos. Não pensamos no resultado como uma preferência, como "Eu preferiria ter mais dinheiro, mas posso me virar com o que tenho" ou "Eu preferiria ter um parceiro que fosse mais divertido, mas posso ver que, em geral, meu relacionamento é bem bom". Não, vemos certos resultados, sentimentos e relacionamentos como absolutamente necessários. E isso aumenta o nosso arrependimento quando o que achamos que precisávamos, o que era absolutamente essencial, não acontece para nós.

> O mundo não foi feito para você, mas você está no mundo, e ele é o que você faz do seu estar no mundo.

Isso é o que chamo de "essencialismo" e, lembre-se do Capítulo 3, isso faz parte de pensar como um maximizador, ou seja, pensar como alguém que quer resultados 100% ou quase perfeitos para todas as decisões tomadas. Esse estilo de pensamento lhe torna mais propenso ao arrependimento, dificulta a tomada de decisões e torna você menos satisfeito com seus resultados. Maximizadores tendem a desconsiderar o lado positivo quando olham para um desfecho. A lógica do essencialismo é que, se algo não é exatamente o que eu queria, então não é tão bom. Isso é como dizer que não há uma boa razão para viver em uma cidade grande, apenas porque é difícil de estacionar. Essa lógica ignora todos os aspectos positivos que tornam as cidades grandes populares.

Essa abordagem da vida vem com custos significativos. Ficamos menos satisfeitos com nossos resultados, temos mais arrependimentos, somos incapazes de apreciar alguns dos pontos positivos em nossos resultados, somos mais propensos a nos criticar, somos mais propensos a reclamar sobre os nossos resultados e temos mais dificuldade em tomar decisões porque achamos que há um resultado específico que é essencial. É importante ressaltar que um dos problemas do essencialismo é a incapacidade de aceitar trocas. Você pode pensar que existem alguns benefícios do essencialismo; a ideia de que você não vai se contentar com pouco, de que não vai viver uma vida medíocre e de que vai ser motivado a sempre tentar obter o melhor. Você acha que se compararmos esses possíveis benefícios aos custos, vale a pena?

O essencialismo faz parte de um problema maior chamado de *perfeccionismo existencial*, introduzido no Capítulo 3. Além do essencialismo, o perfeccionismo existencial inclui o perfeccionismo emocional (nossas emoções devem ser agradáveis, fáceis e ideais) e o perfeccionismo romântico (devemos ter o parceiro perfeito e nossos sentimentos um pelo outro devem ser sempre apaixonados, amorosos e eróticos).

O perfeccionismo existencial nos coloca em busca de um Santo Graal que não existe. À medida que buscamos a vida perfeita, que nunca virá, ficamos insatisfeitos com a vida real que levamos. Na verdade, o perfeccionismo existencial pode, inclusive, dificultar a nossa vida no mundo real. A crença de que temos que ter o parceiro perfeito, o trabalho perfeito e viver no lugar perfeito nos condena à desilusão, à insatisfação e à decepção contínua. A última coisa que experimentaremos ao buscar o perfeccionismo existencial é contentamento. Ele é um caminho perigoso até a insatisfação e o arrependimento.

Vejamos alguns exemplos de essencialismo. André é casado com Anita há vários anos, e ele muitas vezes reclama que ela não tem os mesmos interesses e não pratica as atividades que ele gosta. Embora existam muitas atividades que eles desfrutem juntos, embora ele afirme que ela é uma parceira amorosa, perspicaz e calorosa e embora ele reconheça que ela é uma mãe maravilhosa para o filho deles, ele se concentra em algumas coisas que estão faltando do ponto de vista dele e as trata como essenciais. Perguntei a André quais eram algumas das coisas que ele tinha no relacionamento que lhe davam prazer e tinham significado. André olhou para mim como se eu estivesse abrindo seus olhos para algo que era óbvio. "Ainda posso fazer tudo o que sempre fiz e reconhecer que tenho a sorte de ter uma parceira que tem as muitas qualidades que ela tem". Perguntei a André: "Como algo pode ser essencial para sua felicidade se você pode obter prazer e significado de outras coisas que você tem em sua vida?" e "Você conhece alguém que tem tudo o que quer de seu parceiro? Se conseguir tudo o que você quer é essencial, então como é que outras pessoas podem ter alguma satisfação quando algo é menos do que perfeito?". A seguir vemos algumas maneiras de questionar o essencialismo.

Usando a gratidão

> A gratidão ilumina o que você não percebe mais, mas que pode ser o mais importante. Você notará quando perder esse algo, e se arrependerá de tê-lo dado como garantido.

Uma maneira poderosa de desafiar o essencialismo é nos voltarmos para a gratidão. Pedi a André que se concentrasse nas qualidades que Anita tem e nas coisas que ela faz pelas quais ele é grato. Pedi a ele que escrevesse uma qualidade dela todos os dias por um mês. Coisas simples, como falar com ele sobre seu trabalho, mostrar carinho, cozinhar o jantar, fazer coisas juntos com o filho e falar sobre filmes que eles assistem juntos. No final do mês, sugeri a André que ele dissesse a Anita o quão grato ele era por poder ter essas experiências com ela. A gratidão é um antídoto para a ilusão de que algo é essencial. Há muita inconclusão e imperfeição na vida, mas se formos gratos pelo que temos, será mais difícil nos sentirmos presos pela insatisfação.

Experimentando a técnica de negação

Outra estratégia que usei com ele é a *técnica de negação* ou a técnica de "levar tudo embora". Pedi a André para imaginar que tudo em sua vida, incluindo seus sentidos, seu corpo, Anita, seu dinheiro e seu trabalho, tivessem desaparecido. Então, a única maneira de obter qualquer coisa de volta é me provar que ele as aprecia. André não sabe quantas coisas ele vai ter de volta, mas tudo será baseado na apreciação. André ficou em silêncio por um momento. Ele olhou para baixo, com lágrimas nos olhos, e disse: "Eu quero a Anita". Eu disse, "O que você aprecia nela?" e ele respondeu, "Adoro quando ela ri, quando ela faz brincadeiras. Eu amo os olhos dela, amo o jeito que ela me acalma, como ela me escuta. Adoro como ela trata outras pessoas, até mesmo estranhos".

"Parece que há muitas coisas que você aprecia na Anita, mas você não pediu sua visão de volta. O que você gostaria de ver e o que você apreciaria sobre isso?"

"Eu adoraria ver o rosto, o sorriso e os olhos dela; eles fazem eu me sentir vivo, conectado."

"Ok, acho que você provou que aprecia Anita e sua visão. Qual a lição você tirou dessa experiência?"

"Acho que percebi que tudo o que eu queria estava bem na minha frente, mas não tive tempo de apreciar essas coisas."

"Sim, quando nos concentramos no que está faltando, não percebemos o que realmente está lá, bem na nossa frente."

Aceitando trocas e diferenças

Mencionei que o essencialismo torna quase impossível aceitar trocas ao lidar com os resultados e ao tomar decisões, porque você tem que ter tudo o que quer nos seus termos. Mas todas as decisões envolvem trocas. Essencialismo é a crença de que algo é necessário para a nossa felicidade. Se algo é necessário para a nossa felicidade, então é lógico pensar que nunca poderíamos ser felizes no passado sem essa coisa ou qualidade que acreditamos ser essencial. Pedi a André que considerasse isso:

"Você diz que acha que é essencial para a sua felicidade que Anita tenha os mesmos interesses de leitura e nas mesmas atividades que você. E quando discutimos isso, você disse que vocês fazem uma série de coisas que você gosta juntos, mas que ela tem interesses e algumas coisas nas quais você não tem interesse. Antes de conhecer Anita, você tinha um relacionamento com alguém que estava interessado em tudo no que você estava interessado?"

André respondeu: "Não, nenhuma das minhas parceiras anteriores tinha exatamente os mesmos interesses que eu tinha."

"Você era feliz nesses relacionamentos?", perguntei.

"Sim, eu era feliz com várias coisas que fazíamos juntos."

"Tirando os relacionamentos que você teve, houve outras coisas que lhe trouxeram felicidade? Experiências com amigos ou colegas de trabalho ou *hobbies*?"

André respondeu: "Sim, eu tinha muitos amigos, e fazíamos coisas juntos. E meu trabalho era interessante; na verdade ainda é."

"Então você já foi feliz em outros relacionamentos em que não compartilhava tudo em comum com a pessoa, e também já foi feliz apenas com seus amigos e a significância de seu trabalho, fora de relacionamentos. Se você já foi feliz assim no passado, como é que pode ser essencial que Anita compartilhe todos esses interesses com você?"

"Sim, eu entendo que posso obter felicidade de muitas maneiras diferentes, mas eu não deveria estar compartilhando tudo isso com a minha esposa?"

"Quando você está com alguém, vocês ainda são pessoas diferentes que podem ter interesses diferentes. Vocês trazem coisas diferentes para o relacionamento, mas ainda têm interesses e atividades fora dele. Sua crença de que vocês devem compartilhar quase tudo e ver as coisas da mesma maneira faz parte do seu perfeccionismo no casamento. E esse perfeccionismo faz você pensar que compartilhar tudo é essencial para a sua felicidade. Você conhece algum casal em que ambos os parceiros têm tudo em comum e veem as coisas da mesma maneira?"

"Não, não conheço", admitiu André.

"Então, sua experiência pode ser muito semelhante à experiência de todos as outras pessoas. O que os outros esperam em seus casamentos que você está tendo dificuldades em aceitar?"

"Acho que tenho dificuldade em aceitar a realidade de que somos diferentes."

"Você espera que seus amigos experimentem e compartilhem todos os seus interesses?"

"Não, não espero. Na verdade, tenho amigos que são muito diferentes entre eles."

"Você aceita diferenças com seus amigos", eu disse, "mas é difícil aceitar essas diferenças com Anita? Qual seria a vantagem de você aceitar essas diferenças?"

"Acho que eu seria muito mais feliz."

"E talvez o que tenhamos aprendido é que você e sua parceira, e você e seus amigos, são pessoas diferentes, querendo coisas diferentes, com interesses diferentes. Não há duas pessoas iguais. E aceitar isso nos ajuda a nos conectarmos com as pessoas. Na verdade, talvez possamos até aprender algo com essas diferenças."

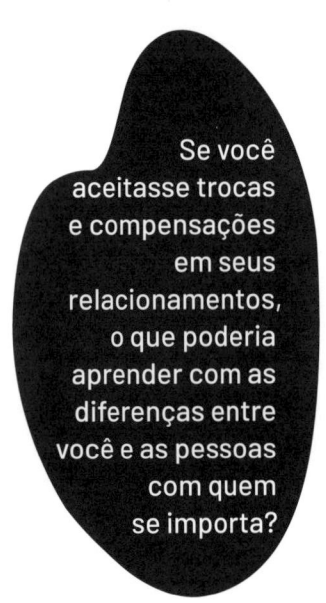

> Se você aceitasse trocas e compensações em seus relacionamentos, o que poderia aprender com as diferenças entre você e as pessoas com quem se importa?

Considerando preferências relativas

Outra maneira de desafiar a ideia de essencialismo é pensar em nossas experiências como um conjunto de preferências relativas. O que quero dizer é que pode haver uma variedade de opções ou resultados diferentes que você pode preferir. Você pode classificá-los entre 100%, representando a perfeição, e 0%, em que os resultados são os piores possíveis. Vejamos um exemplo um tanto comum de preferências relativas. Digamos que há um restaurante do qual você gosta muito de uma entrada em particular. E, inclusive, quase sempre pede essa entrada. Mas dessa vez você saiu para jantar com amigos e seu parceiro e o restaurante não tem mais essa entrada. No entanto, há 15 outras entradas no menu. Se você fosse classificar essas 15 entradas com a entrada que sempre pede como sendo a número um (que não está disponível essa noite) e, em seguida, classificasse as outras 14, você estaria expressando suas preferências relativas. O que é importante sobre as preferências relativas é que elas refletem a ideia de que *podemos obter alguma satisfação por meio de uma variedade de possibilidades*.

Você pode classificar suas preferências e reconhecer que há uma variedade de resultados que têm aspectos positivos que superam os negativos. Por exemplo, André pode ter uma preferência que Anita combine perfeitamente com ele em todos os interesses e atividades, mas se ele classificasse outras coisas que eles fazem ou compartilham juntos, talvez descobrisse que apesar de não estar recebendo a preferência "Número Um" na lista, ele está conseguindo a "Número Três". O exemplo do menu pode parecer trivial, mas pode ser que cada uma das cinco primeiras entradas tenha vantagens específicas e que aceitá-las possa trazer satisfação de qualquer maneira.

> Se você pensasse nas coisas na vida como preferências relativas em vez de necessidades, que oportunidades se abririam para você?

Perguntando a si mesmo o que o "menos do que perfeito" significa

O que não conseguir o que você acha que é essencial significa para você? André acreditava que se não tivesse o que achava essencial ele teria um casamento inferior e uma vida inferior e isso o tornava uma pessoa inferior. Sugeri que ele pensasse sobre isso de uma maneira diferente: se ele não tinha o casamento perfeito, então ele tinha um casamento real, uma vida real, e ele era uma pessoa real. Seu exigente padrão de pensamento, sua crença de que precisava da parceira perfeita, o levou apenas a mais insatisfação e infelicidade.

Perguntei a André se ele conhecia alguém que tivesse o casamento perfeito. Claro que ele não conseguiu nomear uma pessoa sequer. Então pedi a ele que me contasse sobre algumas pessoas que ele realmente respeitasse e conhecesse bem. Elas tinham relacionamentos perfeitos? Claro que nenhuma delas tinha. Um amigo dele tinha tido uma série de relacionamentos problemáticos e dois divórcios, mas André o respeitava e o valorizava como amigo. Sugeri a André que ele era *injusto* consigo mesmo, pois se julgava como uma pessoa inferior por não ter o relacionamento perfeito, mas não julgava um amigo com relacionamentos problemáticos como inferior. André percebeu que estava sendo injusto ao pensar em si mesmo como uma pessoa inferior, pois realmente não julgava seus amigos ou mesmo estranhos tão severamente. Propus que ele tentasse ser tão justo consigo mesmo quanto seria com os outros.

Outra preocupação que as pessoas têm quando não recebem exatamente o que esperavam é que muitas vezes pensam: "O que as outras pessoas pensarão de mim? Será que elas vão pensar que eu sou um perdedor?". Perguntei a André sobre essa preocupação, e ele reconheceu que se preocupava sobre se as pessoas pensariam que ele havia se contentado com menos. Pedi a André que me dissesse quais pessoas específicas o julgariam tão severamente, e ele teve dificuldade em nomear alguém no começo, mas então lembrou de um colega de trabalho que estava sempre julgando as pessoas. Perguntei se ele achava que deveria se atormentar com isso simplesmente porque esse colega poderia ser crítico. André percebeu que esse colega não era realmente um bom amigo e parecia julgar todos ao seu redor. Sugeri que talvez André se sentiria melhor se ele pudesse aceitar que pessoas que julgam as outras podem julgá-lo também, mas que não vale a pena reduzir sua satisfação com a vida para se esquivar dos julgamentos severos de pessoas que não têm compaixão nem compreensão.

Tornando a experiência algo universal

Outra estratégia a ser usada para reduzir seu autojulgamento é tornar sua experiência de imperfeição algo universal, que acontece com todas as pessoas. Vamos começar com o que eu disse anteriormente: *ninguém realmente consegue tudo o que quer em seus termos*. Como você e eu não conhecemos ninguém com uma vida perfeita, podemos reconhecer que todos nós acabamos tendo que lidar com menos do que o perfeito. Em vez de nos vermos como "seres humanos inferiores", podemos nos juntar ao resto da raça humana como seres humanos imperfeitos e que podem falhar. Ninguém é perfeito. Nem melhor, nem pior; pertencemos ao mesmo grupo, mas algumas pessoas lidam melhor com a imperfeição do que outras.

> Que portas se abririam se você se lembrasse de que milhões de pessoas vivem sem a coisa que você considera essencial?

O essencialismo é o *maior inimigo do "bom"*. Algo não pode ser essencial se nunca o tivemos antes, e não pode ser essencial se ainda há muitas coisas valiosas que podemos fazer sem ele. E se algo parecer realmente essencial, então podemos nos perguntar como o resto das 5 bilhões de pessoas no mundo vivem sem ele.

Focando em metas positivas

Em vez de pensar que algo é essencial, podemos nos concentrar em metas positivas, como apreciar o que temos e como tirar o melhor proveito disso. Para André, isso significava apreciar Anita em vez de julgá-la, aceitá-la por quem ela é em vez de exigir que ela fosse uma pessoa diferente, recompensá-la pelas coisas que ela faz e ser um melhor ouvinte e comunicador. Sugeri que uma maneira de ter sentimentos mais positivos sobre Anita seria se comunicar de maneira mais positiva. Focar em metas positivas em vez de julgar pode nos ajudar a superar o arrependimento, porque o arrependimento é um julgamento da situação e de nós mesmos, o que só leva a mais insatisfação e mais preocupação com o arrependimento. Concentrar-nos em melhorar a situação atual pode nos ajudar a mudar nosso foco para metas positivas, em vez de ficarmos pensando sobre o que achamos que estamos perdendo.

Expectativas inflexíveis

Quando estamos insatisfeitos com um resultado, muitas vezes dizemos: "Isso não é o que eu esperava", como se tivéssemos o direito de esperar um determinado resultado. André disse que esperava que um casamento fosse uma união completa de jeitos de pensar e uma completa partilha de interesses. O casamento não correspondia às expectativas dele. Anna estava insatisfeita com seu trabalho porque ele não era tão gratificante quanto ela esperava que ele fosse. Muitas vezes tratamos nossas expectativas como se fossem necessidades, quase como a lei da gravidade. As expectativas podem se tornar demandas. "Eu esperava que isso fosse desse e daquele jeito" é o equivalente a dizer "Eu exijo que as coisas sejam desse e daquele jeito" e, consequentemente, "Eu preciso disso e daquilo" e "As coisas devem ser exatamente como que desejo". Podemos desafiar as expectativas inflexíveis de várias maneiras.

É quase como se pensássemos que as expectativas são fixas em concreto e nunca podem ser mudadas, mas elas são apenas pensamentos. Na verdade, são hipóteses sobre o que esperamos ou achamos que pode acontecer no futuro. E hipóteses são realmente nosso melhor palpite sobre o que achamos que será o desfecho de algo. Na pesquisa científica, o cientista tem uma hipótese sobre qual será o resultado, e a pesquisa tenta descobrir qual é o resultado real. Quando o resultado real não é consistente com a hipótese, o cientista diz: "A hipótese foi rejeitada". Em outras palavras, se o que esperávamos que acontecesse não sair exatamente conforme planejamos, mudamos nossa ideia sobre o assunto. Seria muito estranho para um cientista insistir em manter sua hipótese inicial mesmo que os dados não apoiem sua crença.

Ou seja, podemos mudar nossas expectativas para corresponder ao resultado real. Por exemplo, os horários dos ônibus são colocados nas paradas de ônibus por toda a cidade de Nova York. Na *Second Avenue* o cronograma pode dizer que o ônibus chega a cada 12 minutos. As únicas pessoas que olham para esses horários e pensam que é um guia confiável são os turistas. As pessoas que vivem em Nova York sabem que não é incomum que dois ou três ônibus apareçam ao mesmo tempo e que os próximos passageiros esperando não vejam outro ônibus por 20 minutos. Percebemos que as expectativas sobre o horário dos ônibus não representam a realidade.

> As expectativas podem parecer exigências, mas elas não são a mesma coisa que a realidade.

Muitas de nossas expectativas são esperanças ou previsões. Elas não são a mesma coisa que a realidade, e certamente não são a mesma coisa que uma necessidade. Por exemplo, se você acha que seu trabalho vai ser gratificante em todos os sentidos e que não haverá tarefas chatas, está se apegando a uma expectativa que é completamente irrealista. Claro que você pode mudar de emprego o tempo todo para tentar encontrar um que seja sempre gratificante e nunca chato, mas é improvável que encontre esse trabalho ou fique nele por muito tempo. Vamos voltar ao André, que esperava que sua esposa fos-

> Expectativas são pensamentos, e você sempre pode mudar o que pensa.

se exatamente como ele queria. Sugeri a ele que mudasse suas expectativas para corresponder à realidade. Inicialmente, ele olhou para mim com uma expressão perplexa, como se minha sugestão de que é possível mudar as expectativas não fizesse absolutamente nenhum sentido. Ele disse: "Como posso mudar minhas expectativas? Isso é o que eu espero". Sugeri a André que não apenas podemos ter novas expectativas que correspondam à realidade, como também podemos ter uma nova estratégia para tentar tirar o melhor proveito delas e tentar apreciar o que realmente temos. Quando quero lidar com o horário do ônibus, espero que o ônibus apareça aleatoriamente, então tento chegar à parada assim que puder, em vez de contar que um ônibus chegue a cada 12 minutos.

Quanto ao essencialismo, insistir que suas expectativas sejam atendidas tem um custo. É provável que você se sinta mais decepcionado, arrependido e incapaz de apreciar o que realmente tem e acabar se concentrando no que não tem. Você pode pensar que há benefícios em manter suas expectativas, pois pensa que será realista sobre o que *precisa*, propenso a conseguir o que quer, e que não vai se contentar com menos. Vejamos esses benefícios presumidos de manter suas expectativas em uma situação em que pareça improvável obter exatamente o que esperava anteriormente.

Primeiramente, você está sendo realista sobre o que precisa quando se apega a essas expectativas? Ou está simplesmente sendo rígido sobre o que acha que precisa? Será que o que acha ser necessário é simplesmente uma *preferência relativa*, como vimos anteriormente? Por exemplo, a expectativa de André de que um bom casamento seja uma completa semelhança de interesses entre parceiros é uma preferência perfeccionista que ninguém que eu conheça realmente alcança. E duvido que André precise disso, já que ninguém mais o tem. Na verdade, as rígidas expectativas dele não estão relacionadas com o que ele precisa, mas sim com o que ele *exige* e o que ele acha que precisa.

A ideia de que manter expectativas rígidas significa que ele tem mais probabilidade de conseguir o que quer também é irrealista. Na verdade, ao manter uma expectativa rígida, ele continuará insatisfeito com as poucas coisas que estão faltando, em vez das muitas coisas positivas que estão disponíveis para ele.

Apegar-se a expectativas rígidas também pode levá-lo a pensar que ele não se contentará com menos do que deseja. Essa ideia de que aceitar o que a realidade realmente é seria equivalente a aceitar menos pode ser precisa, mas aceitar algo que é menos do que perfeito significa que você pode apreciar algo que é real. Aceitar a realidade significa que conseguirá algo. Não aceitar a realidade significa que não conseguirá nada. Não aceitar o que está disponível lhe privará completamente de qualquer satisfação.

Por fim, podemos pensar em "satisfação" em uma escala de 0 a 100, em que 0 corresponde a não encontrar nada agradável e 100 corresponde à satisfação perfeita, ideal e completa. Existem diferentes graus de satisfação, que podem variar conforme o dia, a atividade, as suas interações e o seu humor. Se monitorar seus sentimentos de prazer, felicidade e satisfação a cada hora do dia e depois classificá-los de 0 a 100, descobrirá que sua satisfação varia bastante. Isso significa que nunca obterá tudo o que deseja em seus termos, mas obterá muito do que está disponível. Estar aberto à satisfação é a chave para obter satisfação.

Exigir mais pode significar obter menos

Muitas vezes, exigir mais significa que experimentaremos menos. André acredita que sua parceira deveria ter todos os mesmos interesses que ele tem. Continuar exigindo isso significa que ele continuará insatisfeito. Em vez de enquadrar essa crença como "se contentando com menos", podemos enquadrá-la como sendo "realista sobre o que temos de verdade". Não é "se contentar com menos", mas sim "se contentar com o que é". É conseguir o que está disponível.

Decisões e seus resultados implicam que, em um mundo imperfeito, os resultados que obtem são os resultados com que você tem que lidar. Manter expectativas passadas dificulta a vida no mundo real. Todos se contentam com menos do que a perfeição. Isso acontece porque ninguém nunca atingiu a perfeição.

Vamos supor que, por alguma razão, você esperava que o dia seria quente hoje, mas saiu na rua e a temperatura está em 5 graus. O tempo está congelante, e você não está vestido para ele. Ao se deparar com isso, mantém suas expectativas e diz a si mesmo que não vai aceitar nada menos do que uma temperatura quente e continua reclamando enquanto congela e pega uma pneumonia? O mundo não foi construído para se adequar às suas expectativas. As coisas são como elas são.

> Imagine quanta felicidade você encontraria, inclusive em lugares surpreendentes, se estivesse realmente buscando satisfação em vez de tentar apagar a insatisfação?

> Não vamos nos afastar de um bufê porque ele não tem tudo o que gostaríamos. Coma o que você gostar.

Contrastando humildade com se achar no direito de algo

Às vezes, nossas expectativas inflexíveis podem fazer parte de nosso senso de termos direitos especiais a algo: "Tenho o direito de que as coisas aconteçam à minha maneira". Se formos honestos com nós mesmos, devemos considerar a possibilidade de que achamos que há uma razão especial para acreditarmos que temos direito que as coisas aconteçam do jeito que queremos. Você acha que merece o melhor? Você tem dificuldade em ser flexível sobre outras coisas em sua vida? Você está frequentemente insistindo em "isso não é o que eu esperava", como se essa fosse uma regra com a qual o resto do mun-

> Se você insiste em conseguir tudo o que espera, pergunte-se onde você provavelmente vai conseguir mais: na fantasia ou na realidade?

do deveria se conformar? A sensação de que você é uma pessoa especial que tem o direito de que as coisas aconteçam do seu jeito pode lhe fazer sentir algum conforto ocasional em uma falsa superioridade, mas isso lhe priva de viver no mundo real e, na verdade, até lhe prejudica.

Algumas pessoas se sabotam tendo a sensação de que têm direito a ter uma vida especial, emoções perfeitas e tudo melhor do que os outros têm. Você pode até ter esse senso de ser uma pessoa superior que exige uma vida superior, mas é provável que seja infeliz com isso, uma vez que a realidade não vai corresponder às suas expectativas. Se você acha que tem direitos especiais, deve se perguntar se isso contribui para suas frustrações, insatisfações, irritabilidades e dificuldades com outras pessoas. Se apresenta essas crenças, pode acabar julgando quase qualquer coisa como menos do que merece. Pode acabar sendo crítico com pessoas que não "respeitam" sua superioridade. Isso realmente está lhe fazendo feliz?

Se esses tipos de pensamento estão fazendo parecer que o mundo está ficando aquém das suas expectativas, considere uma alternativa a eles. Vamos chamá-la de *humildade*. A humildade é um sentimento de que você é um ser humano como todos os outros, com defeitos e pontos fortes, com esperanças e decepções. Um sentimento de que estamos todos conectados como parte da mesma espécie. Todos nós somos mortais, todos nós temos várias emoções, todos nós estamos lutando nossas próprias lutas. O que sabemos sobre humildade? Curiosamente, as pessoas que veem a si mesmas e aos outros com humildade têm melhores casamentos, melhores amizades, mais satisfação e sentem mais admiração e fascinação. A humildade nos permite aceitar a realidade, sermos gratos, termos um senso de admiração e fascínio sobre o lado simples da vida, nos conectarmos com o cotidiano e perdoarmos os outros. Pode parecer que a humildade lhe nivela por baixo, mas ela pode ser a porta que lhe leva à gratidão, à bondade e à compaixão com os outros e com você mesmo.

> Que horizontes se abririam para você de um ponto de vista de humildade em vez de superioridade?

Lidando com a autocrítica

Muitos de nós nos criticamos por nossas escolhas. Esse é outro dos muitos hábitos de pessoas altamente arrependidas: nos *criticarmos por não termos previsto o pior*. A autocrítica só faz nos sentirmos piores, e não nos ajuda a tomar melhores decisões no futuro. Na verdade, se nos criticarmos e nos rotularmos como estúpidos, incompetentes e incapazes de tomar decisões, provavelmente nos tornaremos piores em tomar decisões porque teremos medo de correr riscos. Rotular-se como um fracasso não é o caminho para o sucesso e certamente não nos ajuda a lidarmos com sua situação atual. Podemos usar uma série de técnicas para desafiar nossa autocrítica.

Primeiro devemos nos perguntar se há algum benefício em nos criticarmos. Podemos pensar que a autocrítica nos ajudará ("isso me motivará e me ajudará a lembrar"), mas devemos nos perguntar se ela realmente está funcionando para nós. Como nos rotularmos como idiotas ou maus tomadores de decisão nos motivará? O que aprenderemos nos desvalorizando? Anteriormente usei a analogia da treinadora de tênis que diz para batermos com a raquete em nossa cabeça. Isso nos ajudará a nos tornarmos melhores jogadores de tênis? Podemos achar que a autocrítica vai nos ajudar a lembrar de não errar, mas lembro que tomei o caminho errado sem precisar dizer a mim mesmo que sou um fracasso. Os custos da autocrítica são óbvios. Acabamos nos sentindo deprimidos e ansiosos em tomar decisões, então as adiamos e acabamos com mais arrependimentos. Portanto, em geral, a autocrítica não vai nos ajudar com nossos problemas com arrependimentos, vai apenas agravá-los. Em vez de se autocriticar, experimente as técnicas descritas a seguir.

Ver os resultados como experiências de aprendizagem

Todo erro é uma oportunidade de aprender algo novo. Essa ideia está no cerne do arrependimento produtivo. Se tomamos uma decisão impulsiva, devemos pensar no que aprendemos. Talvez possamos aprender a não confiar em informações tendenciosas ou procurar benefícios de curto prazo, ignorando os custos de longo prazo. Ou podemos descobrir que não estávamos fazendo a devida diligência ao examinar informações relevantes que estavam disponíveis no momento. Todas essas são excelentes oportunidades para aprendermos a nos tornar melhores na tomada de decisões e nenhuma delas envolve autocrítica ou arrependimento.

Lembrar que bons tomadores de decisão às vezes tomam más decisões

O que George Soros, Barack Obama, Bill Gates e Steve Jobs têm em comum? Sim, todos eles são famosos. Mas o que eles têm em comum é que cada um deles tomou uma má decisão. Soros perdeu um bilhão de dólares apostando que o primeiro ano do governo Trump levaria a uma grande depressão econômica. O presidente Obama admitiu que cometeu um erro ao não ser mais agressivo em sua abordagem com o Estado Islâmico. Bill Gates admitiu que cometeu um erro ao deixar o Android ficar à frente da Microsoft no mercado de plataformas móveis. Steve Jobs

> Quem não arrisca, não petisca. E arriscar faz parte do jogo, assim como errar.

contava com os erros e queria que muitas versões de um produto fossem testadas antes de serem lançadas no mercado. Então, se essas pessoas altamente bem-sucedidas podem admitir erros e até mesmo fazer planos para eles, por que você não pode cometer um erro?

Pensar que um bom tomador de decisão não comete erros é como pensar que um bom rebatedor nunca erra uma bola no beisebol.

Avaliar a tomada de decisão pelo processo racional, não pelo resultado

O fato de que um desfecho não foi o que esperávamos não significa que nossa tomada de decisão foi falha. Devemos julgar nossa tomada de decisão pelo processo que seguimos, não pelo resultado. Alguns resultados se devem à sorte. Tenhamos em mente que uma boa tomada de decisão é baseada em um processo racional, não apenas nos resultados. Mesmo um tolo pode ter sorte e ganhar na loteria, mas jogar na loteria não é uma boa decisão. Se fomos diligentes em decidir com base nas informações que tínhamos na época e seguimos um processo racional, mas o resultado foi negativo, não significa que tomamos a decisão errada. Tomamos a melhor decisão dadas as limitações do que sabíamos na época. Ir para Las Vegas e apostar todas nossas economias, mesmo que tenhamos sorte de ganhar, não tem um bom processo de decisão. Se seguirmos um processo razoável e racional, não há razão para nos criticarmos por seguir a maneira correta de pensar. Mesmo uma boa lógica pode acabar trazendo um resultado ruim.

Usar a autocompaixão

Se você tem a tendência de se arrepender, é provável que seja duro consigo mesmo. Você não se dá um tempo, não "deixa passar" nada. Na verdade, você provavelmente não tolera erros, é áspero em suas autoavaliações e até mesmo cruel consigo mesmo. Meu amigo e colega Paul Gilbert, autor do livro *A mente compassiva*, desenvolveu uma forma inteiramente nova de terapia baseada na ativação da compaixão e bondade para si e para os outros. O oposto da autocrítica é a autocompaixão. A autocompaixão envolve imaginar uma voz gentil, cheia de amor e aceitação, dirigindo-se a nós durante um momento difícil. Quando tento imaginar isso, visualizo minha avó italiana, que era cheia de calor e bondade. Imagino ela me dizendo o quanto me ama e se importa comigo. Quando expressamos ou recebemos compaixão, ficamos calmos, relaxados, confortados e mais felizes. A parte boa sobre ser capaz de ativar a compaixão é que sempre podemos estar presentes para nós mesmos, sempre podemos mostrar bondade para nós mesmos.

Uma maneira de imaginar a compaixão é pensar em um de seus melhores amigos que está passando por um período de arrependimentos e autocrítica. Ele está dizendo a si mesmo que é estúpido, que deveria ter previsto o que ia acontecer, que é uma idiota. Você se sente muito triste ao ouvir seu amigo se colocando para baixo assim e quer confortá-lo, quer que ele sinta a bondade de que precisa, que sabe que sente por ele. O que diria a esse amigo? Como mostraria que o ama e quer que ele seja feliz? Imagine-se o abraçando e dizendo que ele é alguém com quem você se importa, uma pessoa que você respeita e até precisa em sua vida.

Agora imagine fazer isso por si mesmo. Na verdade, imagine abraçar-se com seus próprios braços e dar a si mesmo um lembrete gentil de que você estará sempre presente *para você mesmo.*

8

Deixando a ruminação de lado

E se seu arrependimento durasse apenas 5 minutos e você pudesse simplesmente seguir em frente para tirar o melhor proveito dele? Bem, você provavelmente não estaria lendo este livro. Muitas vezes vemos o arrependimento como uma tendência a pensar em como as coisas poderiam ter sido melhores, como fizemos a escolha errada, como nossa vida é insuportável por causa das escolhas que fizemos e como a alternativa que ignoramos seria tão perfeita. Na verdade, todos os hábitos das pessoas altamente arrependidas, que mencionei no Capítulo 2, envolvem esse tipo de pensamento insistente, ficar preso com uma alternativa imaginária em nossa cabeça e uma desvalorização contínua de nossas circunstâncias atuais de vida. Arrependimento é estarmos ancorados em algo que nunca conseguiremos mudar e sentirmos que nunca conseguiremos escapar.

Esse pensamento negativo repetitivo sobre nossa vida e nossas decisões é conhecido como *ruminação*, e é um dos principais jeitos pelos quais ficamos presos aos arrependimentos de longo prazo. Ruminação é como uma âncora que nos mantém presos ao passado. É um sequestro mental que se apodera de nossa mente e não nos deixa escapar. Quando não lidamos efetivamente com resultados negativos (Capítulo 7), o arrependimento se enraíza, mas é pensando repetidamente em nossas ideias angustiantes que o arrependimento floresce. Ruminação é muitas vezes um problema persistente. Já conversei com pessoas que afirmam que vêm remoendo certos pensamentos a vida toda. Dada essa persistência e nossa tendência de não "notar" o que fazemos o tempo todo, é útil ter uma variedade de ferramentas para lidar com nossa ruminação sobre arrependimentos.

Para lhe dar uma ideia sobre o que significa ruminação, pode ser útil imaginar uma vaca mastigando feno sem parar. Ela está ruminando. Ruminar é mastigar algo repetidamente sem engolir. O mesmo vale para quando ruminamos sobre algo. Estamos mastigando nossos pensamentos, nossos sentimentos e nossa imaginação sobre possibilidades que foram perdidas, porque não conseguimos "engolir" ou aceitar a realidade. Nunca pensamos que poderíamos engolir e aceitar a realidade.

Eu já vi pessoas na casa dos 70 e 80 anos que ainda remoem decisões que tomaram quando tinham 20 anos. Eu também já vi pessoas de todas as idades perderem o sono por se arrependerem de ter dito algo em uma festa na mesma noite. É quase como se o passado lhe perseguisse, lhe puxasse para trás, tornando sua mente refém. Como alguém disse uma vez: "A única razão para viver no passado é que o aluguel era mais barato". Mas com os arrependimentos, viver no passado é caro.

> Viver no passado é caro.

Qual é a consequência da ruminação? Por que fazemos isso? Como podemos mudar?

O problema da ruminação

Remoer os arrependimentos não leva a lugar nenhum, apenas a mais arrependimento. E, consequentemente, também pode levar a algo muito pior: pessoas que ruminam têm uma probabilidade muito maior de ficarem e permanecerem deprimidas. Na verdade, a ruminação é um dos melhores preditores de um futuro episódio de depressão. Isso acontece porque, quando rumina, você se concentra no lado negativo, pensando repetidamente em algo que é desagradável ou deprimente. Perde o foco no momento presente, se desprende por um tempo do ambiente e às vezes fica tão focado internamente que tem dificuldade em buscar objetivos que valoriza, interagir com as pessoas ou tomar decisões de agir. A ruminação pode levar a mais passividade e isolamento e pode reduzir as oportunidades disponíveis para aproveitar a vida. Inclusive, existem tratamentos para depressão focados quase exclusivamente na reversão da ruminação

Se ruminar não nos faz bem, por que fazemos isso? Curiosamente, podemos ter uma predisposição genética para ruminar; 21% da ruminação se deve aos nossos genes e os outros 79% a outros fatores, como nossas experiências e nossas estratégias adquiridas para lidar com problemas, entre outras coisas. Há até evidências de marcadores genéticos para ruminação em adolescentes. Infelizmente, não podemos alterar nossos genes. Mas podemos modificar nossos pensamentos para ruminarmos menos. Muitas pessoas acreditam que a ruminação as ajudará a resolver problemas, reduzir incertezas ou obter "resolução". As pessoas não ruminam porque querem se sentir miseráveis, mas porque muitas vezes acreditam que não têm controle sobre sua ruminação e têm a responsabilidade de pensar nas coisas. Essas crenças são, no entanto, enganosas e só atraem aqueles que ruminam para um círculo vicioso. Existem maneiras de sair desse círculo, que são apresentadas a seguir.

O PROBLEMA COM MAUS INVESTIMENTOS

Caroline investiu em uma ação arriscada que parecia ser uma boa aposta. Inicialmente, o valor das ações subiu, então ela pensou: "Talvez eu compre mais". Ela comprou mais e depois observou a ação pelos meses seguintes. A empresa começou a receber más notícias e o preço das ações começou a cair. Em um ano, ela perdeu 80% de seu investimento nessa ação. Embora Caroline tivesse um bom emprego e tivesse apenas trinta e poucos anos, ela havia perdido uma parte significativa de suas economias e começou a se debruçar sobre isso: "Não acredito no quão estúpida eu fui em me deixar levar. No que eu estava pensando? Agora vou levar anos para voltar aonde eu estava. Isso é tão terrível e tão estúpido. O que eu deixei passar?". Esse fluxo de pensamentos negativos, dúvidas e críticas sobre si mesma ficou cada vez mais forte. Sempre que olhava para a seção de negócios das notícias, especialmente para outras ações que estavam indo bem, ela ficava deprimida e começava a se debruçar sobre seus investimentos passados que pareciam evaporar.

Caroline estava claramente sofrendo com sua ruminação, que estava claramente ligada ao arrependimento, como muitas vezes acontece. A experiência negativa de Caroline com os investimentos a levou a focar em suas perdas, se questionar e se concentrar repetidamente em seus pensamentos negativos. Ela estava demonstrando o que o psicólogo Adrian Wells, da University of Manchester, no Reino Unido, chamou de *síndrome cognitiva atencional* (SCA), um processo subjacente à ruminação (e à preocupação). A SCA é caracterizada pelo foco contínuo na ameaça, no pensamento repetitivo, na limitação de recursos cognitivos, em estratégias de controle ineficazes e no foco contínuo no conteúdo dos pensamentos. Isso significa que, uma vez que a SCA é ativada, a pessoa se concentrará em informações negativas (o que deu errado ou o que poderia dar errado) – esse foco é repetitivo e muitas vezes implacável. Concentrar-se nessa negatividade limita sua capacidade de acompanhar e lembrar de outras informações. Você tenta usar estratégias que não funcionam, como buscar suprimir seus pensamentos ou continuar a remoê-los, e continua se concentrando no que está pensando em vez de no que está acontecendo ao seu redor. Esse é o círculo vicioso que mencionei, o qual pode ser visto na imagem da próxima página. Adrian Wells tem sido excepcionalmente bem-sucedido em ajudar as pessoas a lidar com a ruminação e reduzir a depressão como resultado desse modelo, desenvolvendo um tratamento chamado de *terapia metacognitiva*.

O valor da abordagem metacognitiva é que ela lhe ajuda a se distanciar de seus pensamentos, aceitá-los como ruído de fundo, desviar sua atenção para outras coisas e, por fim, deixar de lado o ruído em sua mente. É como se você parasse por um momento, saísse de sua cabeça e dissesse: "Sim, eu percebo esses pensamentos. São apenas pensamentos, posso aceitá-los como eventos mentais com os quais não preciso me envolver, e posso seguir em frente com a minha vida". Adrian Wells e seus colegas desenvolveram uma série de técnicas interessantes, algumas das quais analisaremos a seguir.

O repetitivo ciclo da ruminação

- Pensamentos de arrependimento
- Como isso é uma ameaça ou problema
- Foco no pensamento negativo
- Foco repetitivo em pensamentos
- Limitação de pensamento
- Tentativas falhas de suprimir pensamentos

Seus arrependimentos muitas vezes são seguidos por esse ciclo de pensamentos negativos repetitivos. Por exemplo, Caroline teve o arrependimento de pensar: "Não acredito que tomei uma decisão tão ruim". Ela viu isso como um problema e começou a pensar que era ruim em tomar decisões, que precisava resolver a situação em que se colocou e que poderia cometer mais erros no futuro. Então se concentrou nos pensamentos e eventos negativos, fazendo uma revisão contínua do que havia feito no passado e pensando em como isso a fez se sentir mal. Essa repetitividade apenas fortaleceu sua negatividade, a deixou mais deprimida e a levou a mais ruminação. Como ela estava gastando tanta energia mental nisso, teve dificuldade em prestar atenção no trabalho e se lembrar de outras coisas que poderiam ser importantes para a vida diária. Ela muitas vezes tentava suprimir esses pensamentos negativos, dizendo a si mesma para "calar a boca", mas isso raramente ajudava. O ciclo de ruminação continuou a se desenrolar.

> O que você perdeu no presente enquanto dedicava tanto tempo remoendo o passado?

SUPERANDO A RUMINAÇÃO

Seus arrependimentos se transformam em ruminação quando você pensa que precisa prestar atenção em pensamentos intrusivos, encontrar todas as respostas e nunca deixar esses pensamentos para lá. Virar refém da ruminação faz parte de virar refém de arrependimentos, o que envolve pensar em algo repetidamente sem qualquer satisfação e sem qualquer senso de conclusão. Muitas vezes, pode parecer que sua mente lhe levou para um estado de imersão intensa que não chega a lugar nenhum. A boa notícia é que agora temos métodos comprovados para lidar melhor com a ruminação. É possível sair desse estado. Vejamos algumas maneiras de desafiar o hábito de ficar remoendo o passado.

DESAFIO: *perceba e rotule.*
O ditado "você não pode domá-lo se você não pode nomeá-lo" se aplica bem ao estado de ruminação. Se ficarmos pensando repetidamente nos mesmos pensamentos sobre o passado e em nossos arrependimentos sobre nossas escolhas, devemos tentar imediatamente rotular nosso estado como *ruminação*. Eu sei que às vezes me encontro remoendo o passado, e felizmente minha esposa sabe o suficiente sobre mim e ruminação para dizer: "Bob, você está ruminando. Que conselho você daria a um paciente?". Rotular a ruminação me ajuda a me afastar desses meus pensamentos e considerar o uso de todas as técnicas que descrevo aqui. Rotule a ruminação. Diga "estou ruminando" ou imagine--se apontando para ela e dizendo "Minha ruminação está bem aqui". Agora você pode voltar a fazer escolhas.

Caroline conseguia ver que sua ruminação havia tomado conta de grande parte de sua vida, especialmente quando ela estava sozinha e quando gastava dinheiro. Afastar-se por um momento e rotular esses pensamentos repetitivos como ruminação a ajudou a obter perspectiva. E essa perspectiva tornou-se a porta de entrada para outras técnicas que ela poderia usar.

> Afaste-se, aponte para a sua ruminação e diga: "Aí está ela de novo".

DESAFIO: *examine as tentativas fracassadas de supressão e negação.*
Às vezes pensamos que podemos "resolver" o motivo de ficarmos remoendo algo se pensarmos o suficiente na questão. "Talvez eu tenha perdido algo; talvez haja outra maneira de olhar para isso; talvez eu possa coletar mais informações". Mas alimentar a ruminação com mais pensamentos como esses é como tentar curar o alcoolismo com um martíni. Não vai funcionar. Pensar demais sobre estar pensando demais nos faz apenas virarmos reféns de pensamentos intrusivos. Eles aparecem e nós os perseguimos. Ou tentamos a alternativa de tentar suprimir esses pensamentos. Podemos até nos encontrar dizendo a nós mesmos para "pararmos de pensar" ou "calar a boca", mas isso é como tentar não pensar em urso polar. Tente não pensar em ursos polares. Então levante a mão quando pensar em ursos polares. Eu sei que ursos polares, na verdade, qualquer urso, podem ser fofos, mas isso é apenas para ilustrar que tentar suprimir pensamentos simplesmente nos leva a pensarmos nesses pensamentos.

Caroline às vezes dizia a si mesma para "parar de pensar assim", mas então os pensamentos simplesmente apareciam para assombrá-la. Ela também reconheceu que, uma vez que a ruminação tomou conta dela, ela implicitamente pensou que precisava "pensar sobre o assunto", o que só levou a mais ruminação. Eu disse a ela que remoer mais para acabar com a ruminação era simplesmente jogar gasolina no fogo.

DESAFIO: examine sua motivação para mudar (prós e contras).

> A ruminação já o ajudou a resolver algum dos seus problemas? Onde você estaria agora se tivesse parado de contar com a ruminação para mudar sua vida?

Tal como acontece com muitas coisas na vida, temos motivos contraditórios para a mudança. Queremos parar de ruminar, mas achamos que se continuarmos vamos ganhar algo com isso. Pergunte a si mesmo quais serão as vantagens de ruminar sobre algo. Esses são seus pensamentos positivos sobre a ruminação. Eles podem ser "eu vou achar a resposta", "vai fazer sentido", "eu tenho a responsabilidade de pensar em todas as opções" ou "isso vai me ajudar a evitar ou resolver problemas futuros". Pergunte a si mesmo se toda essa ruminação realmente resolveu seus problemas e o fez começar a remoer menos o passado. Funcionou? Será que mais ruminação vai lhe ajudar? Caroline percebeu que seu pensamento repetitivo contínuo nunca levou a uma "solução" duradoura e que ela sempre poderia acabar questionando mais o que pensava ser uma solução ou uma explicação. Logo, a ruminação não estava dando certo para ela.

Agora considere seus pensamentos negativos sobre ruminação. Eles podem incluir "estou fora de controle", "preciso ter controle", "se eu não me livrar dessa ruminação, não conseguirei ser uma pessoa funcional" ou "isso continuará sem parar, a menos que eu faça algo". Examine se esses pensamentos são verdadeiros. Por exemplo, vamos considerar a ideia de que você não tem controle. Você está sentado no trabalho e seu chefe diz: "Eu preciso falar com você sobre o projeto em que você está trabalhando". Você diz "Eu não posso falar agora, estou remoendo meus arrependimentos"? Não, você se controla. Você desliga a ruminação por um tempo e se concentra em outra coisa. Mudar o foco mostra que temos controle.

Por que mudar o foco ajuda? É porque sua mente só consegue estar em um lugar por vez. Se estamos falando com nosso chefe, não estamos ruminando enquanto fazemos isso. É inconsistente. Caroline conseguiu ver que ela tinha controle quando decidia se concentrar em outra coisa. Ela sabia que tinha trabalho a fazer e que a ruminação iria atrapalhar, então focou em voltar ao trabalho. Ela também notou que quando estava com amigos ou se exercitando, ela raramente ruminava. Então ela não estava completamente sem controle.

Agora vejamos a ideia de que você não consegue ser funcional se ruminar. Como eu disse anteriormente, muitas pessoas ficam deprimidas por causa da ruminação. Mas mesmo as pessoas deprimidas muitas vezes conseguem fazer as coisas funcionarem razoavelmente bem. Quais seriam as evidências de que você é funcional? Você trabalha?

Você vê seus amigos e familiares? Você participa de algum tipo de atividade? A ruminação pode ser desagradável, mas é improvável morrermos por causa dela.

DESAFIO: *mude sua teoria da mente, aceite o ruído.*
Todos nós temos uma teoria sobre como nossa mente deve ser. Algumas pessoas sofrem da crença que eu chamo de *mente pura*. Como discuti no Capítulo 2, essa é a crença de que "Minha mente deve ser clara e lógica e livre de pensamentos e emoções desagradáveis". E às vezes pensamos que temos que fazer algo para alcançar essa mente pura: "Eu preciso me livrar dos pensamentos ou sentimentos desagradáveis". À medida que tentamos "obter clareza", "obter um senso de conclusão" ou "esclarecer nossos pensamentos", percebemos que não chegamos a lugar algum, porque os pensamentos intrusivos continuam aparecendo (lembra dos ursos polares?). A mente pura é um mito mental. Nossa mente é mais como um caleidoscópio de ruído, repleto de imagens e pensamentos que voam, muitos dos quais não fazem sentido. É quase como tentar conversar com alguém em um bar lotado onde há tanto ruído de fundo que sentimos que temos que gritar. A mente pura lhe leva a refletir sobre por qual motivo seus pensamentos não estão funcionando da maneira como "deveriam".

Agora tente abordar sua mente de maneira diferente. Vamos começar com a suposição de que somos todos um pouco loucos. Somos todos irracionais, cheios de contradições, tentando atravessar a névoa, o barulho, as contradições e as perguntas sem resposta que surgem em nossa mente. A nossa verdadeira missão não é alcançar a mente pura, mas decidir no que queremos prestar atenção. Se continuarmos procurando clareza em nossa mente barulhenta, acabaremos de mãos vazias (ou de cabeça vazia).

> No que você prestaria atenção se fizesse uma escolha consciente em vez de tentar encontrar clareza em sua mente barulhenta?

Uma alternativa é colocar sua mente barulhenta de lado, se afastar de seus pensamentos excessivos e se concentrar em ações que tenham valor. Por exemplo, você pode remoer seus arrependimentos e criar mais ruminação, ou pode se exercitar, trabalhar em um projeto, mostrar afeto por um ente querido, fazer carinho no seu gato ou cachorro ou simplesmente observar as nuvens flutuando no céu.

Essas ideias foram úteis para Caroline, que percebeu que tinha ideias perfeccionistas sobre sua mente e muitas outras coisas em sua vida. Ela começou a perceber que achava que sua mente deveria ser clara e lógica o tempo todo, e por isso muitas vezes a "examinava" procurando pensamentos que não eram razoáveis ou que estavam "inacabados". A ruminação era a ferramenta dela para tentar obter um "senso de conclusão" e dar sentido a tudo

> Todos nós temos de aprender a viver com uma mente barulhenta.

isso, mas raramente funcionava. Ela teria de aprender a viver com uma mente barulhenta.

DESAFIO: *aceite a incerteza e negócios inacabados.*
Ruminação e arrependimento são como tentar terminar um negócio inacabado de decisões passadas. É uma tentativa de conseguir certeza e poder dizer para si mesmo "agora eu entendo com certeza". Mas se isso funcionasse tão bem, você se livraria de toda ruminação e nunca mais remoeria nada. Isso não acontece, apenas estimula mais a ruminação. O que estamos tentando obter com remoer o passado? Por trás de suas tentativas frustradas estão os fatos de que tenta obter certeza em um mundo incerto e um senso de conclusão para o passado, que está sempre com você. Depende do seu foco. Obter certeza e um "senso de conclusão" do passado pode ser como perseguir ar.

A intolerância à incerteza é um dos principais fatores de preocupação e ruminação. É por isso que as pessoas que se preocupam com o futuro geralmente sofrem do que chamo de "Google-ite". Elas procuram todas as coisas terríveis que poderiam acontecer, consideram todas as soluções possíveis e depois as rejeitam porque não têm certeza absoluta. Quando está remoendo, você está tentando conseguir certo conhecimento sobre o passado ou sobre o que está sentindo no momento. Simplesmente não consegue aceitar não saber ou não estar no controle.

O que você pode fazer? Pense em aceitar a incerteza. O que significa aceitar algo? Lembro-me de andar de bicicleta com minha esposa na chuva. Estávamos a uma hora de casa, começou a chover, e eu não tinha roupa de chuva. Então decidi aceitar me molhar. Fiquei encharcado. Nós nos divertimos cantando *Singing in the Rain*. Minha esposa desceu da bicicleta e começou a sapatear nas poças. Eu não sabia sapatear, então me limitei a rir. O que foi divertido. Minha aceitação transformou uma tempestade em uma cena de faz de conta de um filme antigo. A aceitação me levou a não me importar se estava seco ou não.

> Como uma experiência "infeliz" do seu passado teria se tornado positiva se você tivesse parado de remoer o fato de que as coisas não estavam indo como você esperava?

Aceitação significa simplesmente dizer "aceito e reconheço que a situação é o que é". Não significa gostar de algo, achar justo ou maravilhoso, mas simplesmente reconhecer por enquanto: "Posso aceitar que não sei por que isso aconteceu". E ir ainda mais longe: "Aceito que talvez nunca saiba".

Pense em todas as coisas que você pode fazer agora se aceitar a *ignorância* permanente sobre algo em particular. Abrace sua falta de conhecimento como a porta que o leva à vida real. É como dizer: "Posso ficar trancado na minha cabeça tentando descobrir por que estou trancado neste lugar ou posso passar por aquela porta e viver minha vida". Use sua aceitação da ignorância como um trampolim para uma vida melhor. Você pode dizer às pessoas: "Eu tornei minha vida muito melhor aceitando que não sei muitas coisas".

Na verdade, saber e viver são maneiras diferentes de existir. Escolha viver. Você não vai se arrepender. Ninguém diz: "Lamento ter vivido uma vida plena", mas não é incomum alguém dizer: "Desperdicei todos esses anos lamentando e remoendo as coisas".

> A ignorância é a porta que nos leva à vida real.

Caroline percebeu que às vezes tinha dificuldade em lidar com incertezas e negócios inacabados de suas decisões passadas. Sua ruminação era uma maneira de tentar "encerrar o assunto", mas ela só a fazia se sentir mais confusa. Perguntei a Caroline sobre áreas da vida em que ela aceitava incertezas, como viajar, se entreter, conhecer novas pessoas ou iniciar um novo projeto. Ela percebeu que já estava aceitando alguma incerteza com essas questões, mas o "erro" com suas finanças parecia sempre aparecer para incomodá-la. Por causa de sua experiência negativa com investimentos, ela havia transferido seu dinheiro para contas "seguras" que quase não rendiam juros. Ela pensou no fato de que sua busca por certeza nos investimentos agora limitava a oportunidade de lucrar com seu dinheiro. A questão que ela tinha que considerar era se exigir certeza era uma estratégia que limitaria o lado positivo. Ela percebeu que precisava pensar em uma abordagem equilibrada, em que aceitasse alguma incerteza, mas também buscasse algum risco e oportunidade. Enquanto ela pensava mais sobre isso nos meses seguintes, começou a reequilibrar seus investimentos para assumir alguns riscos razoáveis que resultaram em algum aumento no lucro. Com isso discutimos como a incerteza é frequentemente o preço que pagamos pela oportunidade.

DESAFIO: *marque um horário para ruminar.*
Um dos problemas com ficar se preocupando e remoendo o passado é que esses padrões de pensamento podem ocupar boa parte de sua vida. Pesquisas sobre pessoas que remoem o passado indicam que o período em que isso mais ocorre é durante a noite e que muitas vezes isso interfere no sono. Muitas dessas pessoas descobrem que viram reféns desses pensamentos ao longo do dia, de modo que acreditam que não têm controle sobre eles – elas nunca conseguem escapar deles.

Uma técnica útil é reservar um horário do dia para ruminar – literalmente, marque uma consulta com sua ruminação. Durante esse tempo de ruminação, podemos nos concentrar em nossa ruminação por 10 minutos. Também podemos usar muitas das ferramentas que estou descrevendo aqui. Quando apresento essa ideia pela primeira vez aos meus pacientes, geralmente sou confrontado com dúvidas e até afirmações de que isso é impossível, pois eles não conseguem deixar de lado a ru-

> O que você faria com todo o seu tempo livre se reservasse a ruminação para um período de 15 minutos por dia?

minação. Então, descrevo como eles já a colocam de lado quando se distraem com algo. Mas muitas vezes eles insistem que isso é impossível. Então, normalmente eu sugiro que façamos uma experiência para ver se eles conseguem experimentar essa técnica por uma semana. "Reserve 15 minutos à tarde quando tiver algum tempo livre e rumine e, em seguida, use as ferramentas com as quais trabalhamos aqui. Se você começar a ruminar em outras ocasiões, anote os pensamentos e reserve-os para o tempo de ruminação."

No início, Caroline pensou que isso era uma ideia bizarra. Ela disse: "Eu não acho que vou ser capaz de fazer isso, porque esses pensamentos simplesmente aparecem na minha cabeça e parecem assumir o controle". Ela acrescentou: "E você está realmente me dizendo para ruminar, enquanto estou tentando parar de ruminar? Eu não estou entendendo". Sugeri que pensássemos nisso como compartimentalizar o problema para que ele não penetrasse no resto do dia dela. E que, quando ela "se encontrasse" com a ruminação, estaria armada com uma ampla gama de técnicas, estaria mais bem preparada para lidar com a ruminação. Ela estava disposta a tentar. Quando voltou após a primeira semana, ficou surpresa por ter conseguido "atrasar" a ruminação em algum grau, embora não completamente. Eu disse: "Tentar limpar completamente sua mente da ruminação é parte do mito da mente pura. Estamos simplesmente tentando lhe devolver o controle de sua vida".

> Você não pode eliminar toda a ruminação, assim como não pode eliminar todo o arrependimento.

DESAFIO: *concentre-se em ações e objetivos de valor.*

Sua mente só pode estar em um lugar de cada vez. Você pode imediatamente perceber isso quando nota que suas preocupações e ruminações parecem desaparecer quando está intensamente focado em outra coisa. Acredito ser importante ter uma variedade de metas de comportamentos e objetivos para você mesmo regularmente. Estes podem incluir:

- Ações de valor direcionadas à sua saúde física e mental: exercício, dieta, sono, relaxamento, meditação, etc.
- Objetivos de relacionamento: ser um amigo melhor, ser um parceiro melhor, ser um pai melhor, ser um irmão melhor, etc.
- Objetivos de trabalho: fazer um trabalho melhor, fazer parte da equipe, aprender novas habilidades, etc.
- Relaxamento e *hobbies*: escutar música, praticar esportes, ler, apreciar arte, fazer cursos, se divertir, etc.
- Ser membro de uma comunidade: retribuir, ser um bom cidadão, ser um bom vizinho, etc.

Estou apenas sugerindo alguns objetivos possíveis. Você pode decidir quais têm valor para você. O ponto é que, quando você se concentra em ações voltadas para esses objetivos, se afasta da ruminação.

Essa é uma forma de mudar seu comportamento para escapar da ruminação – agir em vez de pensar demais. Caroline percebeu que poderia ter uma escolha. Ela poderia ou ruminar sobre o dinheiro perdido ou se exercitar, ver amigos, assistir a um vídeo, levar seu cão para passear, praticar *mindfulness* ou escutar um pouco de música. A chave é dizer a si mesmo: "Eu posso ou ficar ruminando ou fazer algo útil e significativo". Parar e dizer a si mesmo que isso é útil é um passo importante para se afastar da ruminação.

> Tente mudar seu comportamento para sair da ruminação. Faça algo em vez de ficar pensando demais.

DESAFIO: *deixe para lá.*

Imagine que alguém que estava pescando arremessou a isca e você apareceu e a mordeu. É assim que funciona a ruminação – o pensamento aparece, você o agarra e não o solta mais. Você é como um peixe que foi ludibriado a morder a isca e está sendo puxado pelo pescador. Agora pense em todas as coisas que acontecem durante o dia nas quais você não presta muita atenção. Eu sei que quando alguém já mora em Nova York há algum tempo, eventualmente não presta mais muita atenção no barulho, no trânsito ou nas multidões. Todas essas coisas se tornam "ruído de fundo". A pessoa se torna indiferente. E se pensar em sua ruminação e arrependimentos como um ruído de fundo que não lhe fisga mais?

Existem muitas outras técnicas que você pode usar para deixar certos pensamentos de lado, muitas delas desenvolvidas pelo psicólogo Adrian Wells, entre outros, incluindo eu.

Comece a pensar em si mesmo como observador em vez de participante. Imagine que os pensamentos de ruminação são algo que você observa, dos quais você se afasta e percebe que estão lá.

- *Imagine esses pensamentos como uma ligação de* telemarketing *que ouvimos tocar, mas que não atendemos e com a qual não nos envolvemos.* Pensamos apenas: "Ah, essa é uma daquelas ligações em que eles tentam me vender algo que eu não preciso. Vou deixar cair na caixa postal".
- *Veja os pensamentos de ruminação como algo em sua pasta de* spam. Eles podem ter uma linha de assunto atraente, "você ganhou 100 milhões de dólares", mas você sabe que são absurdos, então apenas os ignora. Deixe-os ir para o *spam*.
- *Imagine-se de pé na plataforma de uma estação de trem movimentada, esperando pelo trem número 5, que é relevante para algum objetivo que você valoriza.* Os trens número 4, 10 e 12 chegam, mas você não embarca neles. Esses são os trens de ruminação.

Você só vai embarcar no trem número 5. Ele ainda não chegou, então deixe os outros trens passarem.

- *Imagine que seus pensamentos de ruminação são balões que você pode soltar.* Imagine que você está segurando a corda de um balão, e o vento está soprando. Você está tendo que puxar com força para segurar o balão, até que você decide simplesmente soltá-lo. Agora o balão está à deriva no céu, e você o observa até ele sumir. Você está observando, e deixando ele para lá. Você está livre.

> Deixar para lá é o oposto de se arrepender.

Caroline inicialmente gostou da analogia da ligação de *telemarketing*, porque ela justamente experimentava esses arrependimentos de culpa como intrusivos em sua privacidade, assim como uma ligação de *telemarketing*. Ela dizia para si mesma: "Ah, ok, é a pessoa do *telemarketing* tentando me vender algo. Eu não vou atender". Isso permitiu que ela aceitasse que a "ligação" existia, sem se envolver com ela. Ela não precisava "responder" ou "se engajar" com a chamada, tinha apenas que observar. Ela também gostou da analogia do balão, porque a permitia visualizar o afastamento de pensamentos aos quais estava tentando se agarrar. Ela começou a gostar da sensação de deixar para lá.

DESAFIO: *inunde-se com o pensamento temido (a técnica do tédio).*

Você já notou que quando ouvimos a mesma história repetidamente ficamos entediados? Ou se comemos o mesmo prato todas as noites por uma semana, ele perde seu apelo? Se repetirmos algo até a exaustão, é menos provável que nossa atenção continue nessa mesma coisa. Os psicólogos chamam isso de *habituação*, o que significa simplesmente que, com a exposição repetida, um estímulo se torna menos poderoso e menos capaz de provocar excitação e atenção. Pode até eventualmente nos colocar para dormir de tão chato. Aí está a ironia. De certa forma, consideramos nossos pensamentos de ruminação tão interessantes, tão importantes e tão relevantes que achamos que precisamos nos envolver com eles logo que eles aparecem e começamos a tentar respondê-los, procurar informações, resolver o problema ou obter um "senso de conclusão". Não é à toa que ficamos tão exaustos com todo esse trabalho mental.

A técnica é realmente muito simples. Vamos imaginar que você tem medo de pegar elevadores. Eu entro com você e subimos e descemos algumas vezes. As primeiras vezes são assustadoras para você, mas à medida que continuamos a subir e a descer metodicamente, sua ansiedade diminui. Eventualmente, você diz: "Ok, Bob, eu entendi. Agora vamos descer". Mas insisto que continuemos subindo e descendo ainda mais. Você fica entediado. A exposição repetida leva ao tédio.

A mesma coisa pode ser verdade sobre repetir um pensamento negativo. Por exemplo: "Acho que me sinto culpado pelo que fiz". Sua tarefa é repetir esse temido pensamento para si mesmo muito lentamente, quase como um zumbi. Repita-o várias vezes por 10 minutos sem dizer, pensar ou fazer qualquer outra coisa. O que você acha que vai acontecer? Se você é como a maioria das pessoas, vai ficar entediado. Você pode até passar a achar difícil prestar atenção no pensamento. Isso é o que eu passei a chamar de *técnica do tédio*, e, surpreendentemente, muitas pessoas acabaram achando ela muito poderosa.

Claro que ela é muito diferente de afirmações positivas sobre o quão bom nós somos ou de tentar suprimir um pensamento negativo. Pelo contrário, ela *convida o pensamento negativo*, repete ele sem fazer nada, e acaba desgastando-o com o tédio. Você pode usar essa técnica uma vez por dia. Se você tem um pensamento de que é culpado sobre algo de que se arrepende, basta gastar 10 minutos desgastando esse pensamento com o tédio. "Sinto-me culpado por algo que fiz." Então, eventualmente, você acabará tendo outro pensamento. Um pensamento que o liberta: "Eu não me importo".

Caroline inicialmente achou que eu era meio louco. Mas ela estava disposta a tentar a técnica do tédio. Pedi que ela repetisse: "Sinto-me culpada por fazer um mau investimento" por 10 minutos em uma de nossas sessões. Quando ela fechou os olhos, repetindo isso em voz alta, pude ver o seu rosto mudar. Inicialmente, ela parecia um pouco nervosa, talvez um pouco enojada com esse pensamento, mas enquanto continuava, sua expressão facial mudou. Depois de alguns minutos, ela estava sorrindo. Eu perguntei o que ela estava pensando no final do exercício, e ela disse: "Ele é chato".

> O tédio e a indiferença podem ser a cura definitiva para ansiedade, culpa e arrependimento.

Podemos usar essa técnica quando nos vermos reféns de arrependimentos ou culpa. Apenas pare tudo por 10 minutos, feche os olhos e repita o pensamento silenciosamente para si mesmo. Não tente respondê-lo e veja se ele começa a evaporar.

DESAFIO: escreva o próximo capítulo e depois tente vivê-lo.
Gosto de pensar em arrependimento e culpa como o último capítulo que você tem vivido. Mas sua vida é uma história mais longa, e você pode pensar sobre o que será o próximo capítulo. Imaginemos que você tem 32 anos e fez algo pelo qual se sente culpado quando tinha 12 anos. Você tem 32 anos, vivendo no capítulo 10, mas sua vida aos 12 anos era o capítulo 3. Você quer voltar a um capítulo anterior e repeti-lo sem parar? Você poderia se estivesse cheio de arrependimento e culpa. Mas e se pensasse em passar para o próximo capítulo da sua vida? E se fosse o autor desse capítulo? O que você escreveria?

Aqui está a beleza da metáfora de ser o autor da história da sua vida. Ela reconhece que algumas coisas ruins podem ter acontecido no início do livro. Os erros e arrependimentos ficaram no capítulo anterior. Você está seguindo em frente, afinal, a história continua – você tem um livro inteiro para escrever. Podemos até reconhecer que em algum capítulo anterior você fez algo estúpido, talvez antiético ou até nojento. Se você estivesse escrevendo um romance (o seu romance), você poderia usar isso como parte do "desenvolvimento das personagens". Como a personagem muda? Como essa personagem vai de fazer algo pelo qual se sente culpada até melhorar sua vida? Como essa personagem cresce? Talvez ela olhe para trás e diga: "Eu fui impulsiva quando fiz isso. Eu me arrependo. Mas agora, neste próximo capítulo, vou crescer a partir dessa experiência. Estou me transformando". E se você é o autor do livro, pode decidir qual será o próximo capítulo.

Por que não experimentar? Escreva uma descrição de 200 palavras do que você quer que aconteça no próximo capítulo da sua vida.

Pense em como você quer mudar e o que será importante na próxima fase ou capítulo de sua vida. Pense em seus valores, seus objetivos, o tipo de pessoa que você deseja ser, como quer aprender e crescer a partir de sua culpa e seus arrependimentos, e o que você realmente quer fazer. E então faça acontecer. Reflita sobre isso toda semana à medida que avança para o próximo capítulo. Você é o autor.

> Como você quer aprender e crescer a partir do arrependimento? Você é o autor de sua vida, então vá em frente e escreva o próximo capítulo e depois o viva.

Caroline adorou essa ideia. Essa era a liberdade que ela precisava para reconhecer sua culpa e arrependimento, mas assumir o controle de aonde estava indo. Ela descreveu como o próximo capítulo seria trabalhar duro em seu emprego, ver seus amigos, se exercitar, aprender a ser mais equilibrada em seus investimentos e ser grata por sua saúde e pelo que tinha em sua vida. Ela percebeu que não podia apagar o passado e também não podia esquecer as decisões tomadas nele, mas podia construir sua vida e fazê-la crescer da maneira como queria. E isso era muito melhor do que ser ancorada por culpa e arrependimento. Isso é o que chamo de *arrependimento produtivo*.

9

Aprendendo com a culpa

O que a culpa tem a ver com arrependimento? Enquanto conversava com uma colega sobre meu plano de escrever um livro sobre arrependimento, ela afirmou que arrependimento e culpa são a *mesma coisa*. Entendo que algumas pessoas podem ter a ideia de que o arrependimento muitas vezes envolve ter remorso e culpar a si mesmo, mas nem todo arrependimento é autopunitivo. Por exemplo, posso me arrepender de tomar um caminho diferente enquanto dirijo sem me sentir culpado. Da mesma forma, posso lamentar que um relacionamento não tenha dado certo e me sentir decepcionado e triste, mas ainda não me culpar. No entanto, ela tem um ponto razoável, porque, para muitas pessoas, o arrependimento envolve culpa. Por exemplo, alguém pode se sentir culpado por ter se divorciado devido ao arrependimento do impacto negativo que o divórcio teve sobre seus filhos. Outra pessoa pode se sentir culpada por deixar o emprego porque se arrepende de colocar sua família em uma posição financeira delicada. Arrependimento e culpa estão frequentemente entrelaçados. Arrependimento nem sempre implica culpa, mas a culpa sempre implica arrependimento.

Como, então, devemos definir o conceito de culpa? A culpa envolve a incapacidade de cumprir um código moral ou ético. Por exemplo, assassinato e estupro são "erros" que violam o código moral de quase todas as pessoas. Podemos pensar na culpa como envolvendo alguma intenção maliciosa de causar danos, falha em honrar acordos ou negligência em fazer o que uma pessoa razoável faria. A culpa implica que fomos a causa e tivemos a responsabilidade por um mau resultado. Mas podemos nos sentir culpados por muitos comportamentos que não são tão hediondos quanto um crime. Podemos nos sentir culpados por sermos hostis com nosso parceiro, colar em uma prova, ter um caso, sexual ou emocional, enquanto estamos em um relacionamento com outra pessoa, não apoiar um amigo em necessidade ou dizer coisas aos nossos filhos que os deixem magoados.

Vergonha *versus* culpa

Muitas vezes confundimos vergonha com culpa, mas vergonha está mais relacionada a sentir que queremos nos esconder dos outros porque nos sentiríamos humilhados se alguém descobrisse alguma coisa sobre nós. A vergonha não é necessariamente relacionada a causar danos ou ser antiético, mas sim a se sentir julgado e excluído pelos outros – ou pelo menos imaginar que seremos julgados e excluídos por eles. Por exemplo, muitas pessoas sentem vergonha de suas próprias atividades sexuais, mesmo que elas não violem um código moral geral ou causem dano a alguém. Este capítulo é focado especificamente na culpa, pois ela parece ser uma parte mais importante do arrependimento do que a vergonha. Muitas dessas ideias também se aplicam à vergonha, mas, por uma questão de brevidade, vou focar na culpa. Para uma leitura mais aprofundada sobre a vergonha, veja o trabalho de Paul Gilbert (ver Referências).

Como o arrependimento e a culpa agem juntos

A culpa é uma resposta significativa e comum a um resultado negativo de uma decisão que tomamos. Ela pode levar a autocrítica, ruminação, vergonha, isolamento e, em alguns casos, até suicídio. Embora a culpa possa ser tão complicada quanto qualquer outra emoção, para os propósitos deste livro, vejo ela como uma forma mais exagerada de arrependimento.

> Pense na culpa como um arrependimento muito grande.

Nos arrependemos tanto do que fazemos quanto do que não fazemos porque pensamos que teríamos um resultado melhor com uma alternativa diferente ou que deveríamos ter previsto que algo não funcionou. A culpa leva o arrependimento para o próximo nível. Quando sentimos culpa, não apenas pensamos que as coisas teriam sido melhores com um curso de ação diferente, mas também atribuímos um rótulo moral ao nosso comportamento e a nós mesmos. Pensamos que o que fizemos foi imoral ou antiético ou que as pessoas pensarão menos de nós e nos condenarão. Em seguida, nos rotulamos, às vezes nos condenando fortemente por nos acharmos pessoas más. Por exemplo, um homem se sentiu culpado por fazer sexo com uma pessoa enquanto estava namorando outra e se rotulou como alguém terrível. O arrependimento dele não era simplesmente porque ele gostaria de não ter feito aquilo, mas envolvia também sua intolerância e um julgamento moral de si mesmo. O que ele não estava considerando era o que o levara a buscar sexo fora do relacionamento. Ele desconsiderou todas as qualidades positivas que tinha e agora se via através da lente moral de ser uma pessoa má.

OS PONTOS NEGATIVOS E OS PONTOS POSITIVOS DA CULPA

Assim como o arrependimento, a culpa tem aspectos negativos e positivos, e este capítulo irá se aprofundar em ambos. Grande parte da nossa culpa é desproporcional ao que fizemos. Além disso, podemos acabar atribuindo incorretamente toda a culpa para nós mesmos. De qualquer forma, essa resposta de culpa pode exacerbar o impacto negativo do arrependimento e também levar a ruminações intermináveis. Por causa disso, este capítulo examina várias técnicas que podem fornecer um controle realista sobre a culpa, nos ajudando a reduzir autocríticas desnecessárias, aceitar que somos humanos e, portanto, falhamos, reconhecer realisticamente nossas responsabilidades e diminuir nossa dor. Como o arrependimento está ligado à culpa, lidar com um pode nos ajudar a lidar com o outro.

Do lado positivo, também precisamos examinar por qual motivo a culpa é tão universal. Para que ela serve? Como ela pode nos ajudar a construir relacionamentos melhores, um maior autocontrole e a capacidade de aprender com nossos erros (como no arrependimento produtivo)? Este capítulo explora em quais situações a culpa é apropriada, por quanto tempo e em que grau.

Às vezes, nossos arrependimentos nos levam a culpa e vergonha extremas e podemos ter dificuldades em nos afastar delas e deixá-las de lado, mesmo com as escolhas pelas quais nos sentimos culpados estando em um passado distante. A culpa pode facilmente durar mais do que sua potencial utilidade. A seguir, discutiremos algumas questões que podem ser usadas para ajudar a reduzir a culpa desnecessária ou extrema sobre decisões passadas. Uma coisa é ter uma culpa racional, proporcional e até útil que pode levar a autocorreção, aprendizagem, perdão, desculpas e aceitação; outra é se atormentar com uma culpa esmagadora da qual nunca conseguimos escapar.

Mais uma vez, pelo lado positivo, a culpa às vezes pode aumentar nossa capacidade de construir confiança em relacionamentos. Do ponto de vista evolutivo, membros de grupos que demonstravam culpa, vergonha ou medo de serem descobertos eram mais propensos a sobreviver do que grupos em que havia enganação e trapaça contínuas. A culpa pode ser produtiva se ela nos ajudar no autocontrole, nos levar à autocorreção e nos ajudar a buscar perdão e construir confiança. Podemos pensar nisso como uma culpa razoável, produtiva e socialmente apropriada. Também examinaremos como podemos fazer uso da culpa de maneira a melhorar nossas vidas e nossos relacionamentos.

Para aprender a tornar a culpa mais produtiva, vamos começar olhando mais de perto para que ela serve e por qual motivo ela evoluiu para ser uma emoção tão poderosa e universal.

A culpa pode gerar confiança

Imagine que você é solteiro e está buscando um relacionamento sério. Encontrou alguém que parece inteligente, excitante e atraente. Partilha com essa pessoa muitos dos mesmos interesses e opiniões sobre os assuntos atuais. Contudo, um dia a pessoa lhe diz: "Eu quero lhe falar que, ao contrário de muitas pessoas, sou incapaz de sentir culpa ou vergonha. Eu nunca me senti culpado ou envergonhado por nada, e não consigo me imaginar sentindo esses sentimentos algum dia". Como você se sentiria sobre se envolver emocionalmente com essa pessoa? Se enfrentasse dificuldades em sua vida, será que seria capaz de confiar nesse parceiro?

A capacidade de uma pessoa de sentir culpa pode indicar uma inclinação dela a fazer a coisa certa. Ou seja, uma pessoa que sente culpa pode ser alguém em quem podemos confiar. A culpa que esse indivíduo experimentaria por violar nossa confiança provavelmente seria tão desagradável que ele evitaria esse comportamento. Portanto, poderíamos acreditar que podemos confiar na pessoa para não nos magoar. É mais provável que confiemos em alguém que tenha controle sobre o próprio comportamento, e a capacidade de sentir culpa pode ser um indicador desse tipo de autocontrole.

A culpa pode funcionar como um arrependimento antecipado produtivo

A culpa também impede que as pessoas se envolvam em comportamentos que possam prejudicar ou ofender outras pessoas e acabar levando elas a serem punidas ou humilhadas de alguma maneira. Isso significa que nossa culpa nos ajuda a evitar punições. Por exemplo, se eu antecipar me sentir culpado depois de roubar algo pelo qual eu posso ser preso, controlarei meus impulsos e não roubarei o objeto. A culpa é uma *habilidade social emocional* que facilita antecipar a punição e evitá-la ao exercermos o autocontrole. Assim, a capacidade de sentir culpa é como a capacidade de sentir um arrependimento antecipado, o qual, por sua vez, envolve a capacidade de imaginar as consequências negativas de uma decisão, como, por exemplo, dizer algo grosseiro ao seu parceiro, beber demais e perder o controle ou não cumprir um compromisso no trabalho. Essa é a parte do arrependimento que podemos imaginar. E a culpa é o passo extra para se sentir muito mal por algo ter acontecido; ficamos em um estado autocrítico, arrependido e triste se fizermos essas ações negativas. Nosso arrependimento antecipado, acompanhado de nossa culpa antecipada, é refletido nos seguintes pensamentos: "Serei punido se fizer isso. Me sentirei mal? Como evito fazer isso?". E, assim como com o arrependimento antecipado, pouca culpa pode nos levar a ações impulsivas que podem ser imprudentes, e muita culpa pode nos deixar presos no mesmo lugar por muito tempo enquanto nos repreendemos por tudo o que imaginamos que fizemos de errado. As questões são sempre "o que é razoável?", "o que é produtivo?" e "qual é o equilíbrio certo?".

A culpa pode nos ajudar a nos adaptarmos a grupos

As pessoas que pontuam mais alto em uma medição de intensidade da *culpa de sobrevivente* (a crença de que a pessoa se beneficiou em uma situação em que outros sofreram) são geralmente melhores em cooperar em grupos. Talvez a culpa tenha evoluído porque as pessoas em grupos que tinham essa capacidade eram mais propensas a cooperar defendendo umas às outras, dividindo recursos alimentares e cuidando dos jovens e uns dos outros. Curiosamente, os funcionários propensos à culpa são menos propensos a se ausentar do trabalho, presumivelmente porque colocam suas responsabilidades com o trabalho e com o grupo acima de seus próprios desejos ou necessidades percebidas. Um fator que pode explicar isso é que os indivíduos propensos à culpa são melhores em levar em conta o ponto de vista dos outros e não apenas seus próprios interesses. A culpa pode ser uma emoção dura, mas, de certa forma, pode nos manter juntos às vezes.

A culpa pode nos levar a pedir desculpas

Um pedido de desculpas autêntico e sincero, em que o indivíduo expressa de forma convincente o remorso, ajuda as pessoas a repararem relações afetadas por ações prejudiciais. Um pedido de desculpas eficaz que é autenticamente recebido também pode acabar com a ruminação sobre o arrependimento, dando ao "transgressor" alguma sensação de ter resolvido o dano do qual se arrepende. O problema muda de fazer algo que estava errado para reconciliar um relacionamento que foi afetado. É claro que muitos fatores estão envolvidos na eficácia de um pedido de desculpas. Um pedido de desculpas eficaz é uma via de mão dupla – o sucesso dele também depende de como ele é recebido. O quão bem o pedido de desculpas é recebido depende de se o destinatário sente que o "transgressor" é sincero, se ele acha que o relacionamento era bom anteriormente e, portanto, acredita que as intenções do pedido de desculpa são boas e se ele acredita que a pessoa fazendo o pedido é capaz de mudar para melhor. Para ser eficaz, um pedido de desculpas também deve:

- Transmitir que a pessoa assume a responsabilidade pelo que fez.
- Expressar que a pessoa está disposta a compensar o erro.
- Prometer (de forma convincente) que a transgressão não se repetirá.

A seguir, alguns exemplos de desculpas ineficazes:

"Desculpe, mas vamos seguir em frente."
"Desculpe, mas você fez a mesma coisa comigo no passado."
"Desculpe, mas tenho certeza de que você vai superar."
"Desculpe, mas muitas outras pessoas na minha posição teriam feito o mesmo ou pior."
"Desculpe por você sentir que fiz algo errado."

> Um pedido de desculpas ineficaz o deixará preso no arrependimento que você estava tentando reduzir.

Agora que reconhecemos que a culpa pode ser útil em certas circunstâncias, vamos nos voltar para o lado negativo dela. Como podemos reduzir a culpa desnecessária, autopunitiva e desproporcional? E como podemos também, idealmente, reduzir níveis prejudiciais de arrependimento?

COMO DIMINUIR A CULPA DESNECESSÁRIA

Podemos pensar em culpa desnecessária como uma culpa excessiva considerando o tamanho do mau comportamento ou do dano causado. Ela está associada a autocrítica ou autoaversão intensas e dura muito mais do que poderia parecer razoável para a maioria das pessoas. Geralmente, ela nos leva à ruminação excessiva, a evitar atividades do dia a dia que podem desencadear culpa e a resistir à mudança de nossos comportamentos. A culpa desproporcional não nos ajuda a nos tornarmos pessoas melhores, ela apenas nos deixa mais infelizes.

No entanto, há uma maneira diferente de olharmos para nossas emoções, especialmente a culpa. E se pensássemos nas emoções como *temporárias* ou, ainda melhor, como *o primeiro passo* para o próximo estágio de aprendizagem e funcionamento adaptativos? Não estou dizendo que nunca devemos nos sentir culpados, mas devemos nos perguntar se o sentimento de culpa precisa durar tanto tempo, se tem que ser tão intenso, se tem que ser inundado com uma autoaversão esmagadora e se precisa interferir em nossa vida diária. E se pensássemos na culpa como um passo em direção ao aprendizado, reconciliação e reparo?

Há muitas maneiras de questionar seus pensamentos de culpa que podem ajudar você a viver em um mundo imperfeito como seres humanos imperfeitos que somos. Se você está sofrendo de arrependimentos persistentes, ruminação, culpa e até autoaversão, você poderia examinar a culpa que sente para ver se há maneiras de obter uma perspectiva mais realista.

Vejamos o exemplo de Michele, uma mulher na casa dos 40 anos que decidiu se divorciar do marido, Maurice, depois de anos de um casamento sem amor. De acordo com Michele, Maurice é um bom pai, mas ele a critica, muitas vezes não quer fazer sexo e grita com ela com frequência. Ela ama seu filho Jamal, de 10 anos, mas acha que não consegue mais aguentar os conflitos e as dificuldades de seu casamento. Agora ela se sente culpada pensando como o divórcio pode afetar permanentemente seu filho. Ela também se sente culpada pelo seu comportamento durante o casamento. Michele veio me ver porque ela tinha problemas com o divórcio, dúvidas sobre si mesma e sentimentos de culpa. Meu objetivo era ajudá-la a encontrar diferentes perspectivas para a situação a fim de que ela pudesse aceitar alguma responsabilidade e diminuir sua culpa e ruminação persistentes. Podemos usar algumas das perguntas a seguir para desafiar nossos próprios sentimentos de culpa.

DESAFIO: *o que você realmente fez ou não fez?*
No caso de Michele, ela permaneceu no casamento por 12 anos, e durante a maior parte desse tempo se sentiu infeliz por causa de seus conflitos com Maurice. O que ela realmente fez? Ela tentou melhorar seu relacionamento por meio de terapia individual e terapia de casais e tentou ser uma boa mãe, mas nada disso parecia funcionar. A relação continuou a se desintegrar. Agora ela reflete que poderia ter sido mais gentil com Maurice, discutido menos, e tentado mais fazer o casamento dar certo. Mas agora que Maurice se mudou para seu próprio apartamento, ela teme que seu filho Jamal veja menos o pai e fique chateado indefinidamente. O que ela realmente fez foi pedir a separação e o divórcio depois de um relacionamento longo e difícil.

DESAFIO: *qual foi o dano real?*
Nunca devemos banalizar os efeitos do divórcio sobre as crianças, mas adultos e crianças são muito mais resistentes do que pensamos. Michele inicialmente previu que Jamal seria afetado de maneira permanente. Continuei a trabalhar com Michele após a separação e o divórcio, e embora Jamal tenha experimentado raiva e tristeza, ele eventualmente acabou se adaptando bem. Ambos os pais se comprometeram com o objetivo comum de não culpar um ao outro e, em vez disso, se concentraram em garantir a Jamal que ambos o amavam, que o veriam regularmente e que sua escola e amigos permaneceriam os mesmos. Claro que nem todos os casos de divórcio dão certo dessa maneira, mas, em vez de prevermos prejuízos permanentes, devemos ser realistas sobre as consequências reais resultantes de nossas ações.

DESAFIO: *você estava exercendo seus direitos?*
A culpa tem muito a ver com o que vemos como nossos direitos em determinado momento. Por exemplo, eu não tenho o direito de roubar o carro do meu vizinho, então, se eu roubá-lo, é mais provável que eu me sinta culpado. Às vezes, podemos nos sentir culpados simplesmente por exercer nossos direitos, ou seja, por sermos adequadamente assertivos. Michele tem o direito de se divorciar do marido? Claro que sim. Muitas vezes podemos nos sentir culpados por exercer nossos direitos porque os outros podem se sentir chateados com nossa escolha, culpando-nos por seus sentimentos. Mas não temos a obrigação de continuar em um relacionamento ou um curso de ação se ele nos privar de nossa felicidade e bem-estar. Quando exercemos nossos direitos, precisamos aceitar

> Exercer seus direitos faz você se sentir culpado ou empoderado?

que os outros podem nos julgar negativamente. Mas isso não significa que devemos nos sacrificar por causa do julgamento dos outros.

DESAFIO: *o que você realmente sabia naquele momento?*
O que Michele sabia sobre Maurice quando eles se casaram? Ela me disse que ele era gentil, divertido, interessado nela, inteligente e que tinha os mesmos interesses que ela. No entanto, ela não sabia que o casamento iria se desintegrar ao longo do tempo, ou que Maurice teria explosões de raiva frequentes, teria momentos de isolamento, beberia demais e não iria querer fazer sexo. Logo, ela entrou em um relacionamento de longo prazo sem saber como ele acabaria.

DESAFIO: *quais eram suas intenções?*
Inicialmente, as intenções de Michele no casamento eram de ser uma boa esposa e uma boa mãe, e ela tentou. Mas ela era muitas vezes irritável e reclusa também. As intenções dela em se divorciar eram as de se libertar de um casamento sem amor, continuar sendo uma mãe amorosa para Jamal e seguir em frente com a vida dela. Talvez ela encontrasse outro relacionamento, talvez não. Mas ela não queria magoar seu filho ou marido. Se ela pudesse se divorciar com os dois ficando felizes, ela teria preferido isso. O objetivo não era magoar alguém, era sair do casamento.

DESAFIO: *você previu que o resultado seria tão ruim quanto acabou sendo?*
Além de examinarmos quais eram nossas intenções, podemos investigar o que havíamos antecipado. Por exemplo, Michele esperava que ela e Maurice ficassem juntos pelo resto de suas vidas, tivessem filhos e se apoiassem. Foi por isso que ela se casou com ele. Ela não antecipou discussões frequentes, a reclusão dele e a perda de amor e afeto. Em outras palavras, a desintegração do casamento não era previsível.

DESAFIO: *você foi provocado a fazer sua escolha?*
Se alguém me empurra e eu empurro de volta, não sou culpado de agressão, pois fui provocado. A provocação é outro limitador da nossa liberdade. Eu não agia tendo livre escolha. Mais uma vez, Michele reconheceu que houve momentos em que ela provocou Maurice, mas ela disse que era ele quem a provocava a maior parte do tempo. Em certo sentido, a provocação sugere que a causa do nosso comportamento não foi "livre arbítrio" ou "escolha", mas sim um empurrão ou puxão de fora. A provocação é uma restrição ou um limite ao nosso comportamento. Quanto mais restrições tivermos, menos responsabilidade teremos.

DESAFIO: *houve fatores que limitaram sua liberdade de agir de outra forma?*
Quando escolhemos um comportamento ou curso de ação, também precisamos considerar quais fatores podem limitar nossa liberdade de agir da forma ideal. Por exemplo, podemos nos perguntar "Eu tive alguma capacidade diminuída devido a drogas, álcool ou estresses da vida que limitaram minha liberdade de escolha?" e "Eu estava

sob muita pressão dos outros para agir da maneira que eu agi?". Qualquer coisa que limita sua liberdade de escolha reduz sua responsabilidade. Por exemplo, as vítimas de agressão sexual muitas vezes se culpam, acreditando que causaram isso a si mesmas. Uma mulher que havia sido estuprada dez anos antes de começar a se tratar comigo sentia-se culpada porque tinha bebido muito na ocasião, e pensou que isso tinha permitido que o estuprador a atacasse. Examinamos como ela não podia ter dado consentimento, porque estava intoxicada e, além disso, como ela foi subjugada fisicamente. Maurice era muito maior do que Michele e mais intensamente ameaçador, o que a manteve no casamento, porque ela tinha medo de provocar a hostilidade dele. Ela não era completamente livre para agir de uma maneira que seria do melhor interesse dela. Sentindo-se intimidada, ela teve dificuldade em se impor. E ela não era responsável pelo comportamento do marido.

DESAFIO: você estava seguindo convenções culturais ou de grupo nas quais não acredita mais?
Muitos de nós fomos criados por pais e líderes religiosos que nos disseram o que era certo e errado. Por exemplo, houve proibições culturais contra o divórcio, relações inter-raciais, homossexualidade e outros comportamentos, características e estilos de vida. Mas também podemos questionar se essas "regras" são razoáveis e justas. Por exemplo, embora Michele não julgasse outros que decidiram se divorciar, ela ainda abrigava algumas crenças religiosas desde a infância sobre o divórcio. Porém, ao examinarmos essas crenças, ela percebeu que se ela não julgava os outros por terem se divorciado, não seria justo julgar a si mesma. As crenças religiosas que carregava anteriormente estavam desatualizadas para ela.

DESAFIO: outros contribuíram para o mau resultado?
Nosso comportamento nunca existe no vácuo. Outros contribuem para o problema, mesmo que não estejam dispostos a contribuir para a solução. Se dividirmos a responsabilidades entre todas as pessoas envolvidas, qual porcentagem nós contribuímos para o problema e qual porcentagem os outros contribuíram? Quando Michele examinou isso, ela reconheceu que muitas vezes fez ou disse coisas negativas que irritaram Maurice, mas, considerando a culpa pelo relacionamento desmoronar, ela disse que: "Eu daria 80% do crédito para ele, e levaria 20%".

DESAFIO: como você julgaria outros que fizeram a mesma coisa?
Nossa culpa pode não ser justa para nós se julgarmos os outros menos severamente. Essa abordagem é a técnica de dois pesos e duas medidas: você julgaria outra pessoa de forma tão severa quanto julga a si mesmo? Por que não? Acho que essa técnica ajuda as pessoas a saírem de suas mentalidades perfeccionistas e críticas para que possam ver a si mesmas como semelhantes aos outros. Todos cometem erros; somos todos anjos caídos e não precisamos ser duros com nós mesmos se admitirmos um erro. Michele era uma pessoa justa e disse que nunca julgaria um amigo que decidisse se divorciar.

Então por que ela se julgava tão severamente? "Acho que tenho dificuldade em aceitar meus defeitos."

DESAFIO: *a culpa que você sente é proporcional ao dano?*
Como mencionei anteriormente, a culpa pode ser uma emoção apropriada às vezes, mas a questão aqui é: quanta culpa? A culpa de Michele estava perto de 90%, mas quando examinamos as razões do divórcio, ela começou a ver que sua culpa era desproporcional aos fatos. Por exemplo, ela percebeu que Jamal poderia ver os dois pais, nenhum dano grave foi sofrido, ela havia sido provocada e ameaçada, Maurice e Jamal seriam capazes de seguir com a vida após o divórcio, e ela e Maurice ainda podiam ser pais apoiadores. Por causa desses fatos, ela reexaminou seu grau de culpa e decidiu considerar que se culpar apenas 10% já era apropriado. Às vezes, precisamos diminuir nossas emoções, não desligá-las completamente.

DESAFIO: *existe uma "prescrição" sobre a culpa?*
Algumas pessoas podem passar a vida inteira se sentindo culpadas e lamentando as decisões tomadas anos atrás. Todo mundo comete erros. Alguns de nós fazem coisas das quais nos sentimos envergonhados e culpados mais tarde, mas, exceto por assassinato, estupro e abuso sexual infantil, quase todos os crimes podem sofrer prescrição penal, isto é, depois de um determinado limite de tempo sem ser acusado ou considerado culpado o réu não pode mais ser processado. Por exemplo, no Estado de Nova York, o prazo de prescrição penal para certos crimes é de 5 a 6 anos após a prática dele. Então, por quanto tempo devemos sofrer por arrependimento ou culpa? Nossa ação foi equivalente a um assassinato em primeiro grau? Michele conseguiu ver que ela estava se sentindo culpada por muito mais tempo do que fazia sentido para uma escolha para qual ela tinha muitas boas razões. Mas eu já vi pessoas na casa dos 80 anos que ainda se sentem arrependidas e culpadas por comportamentos em que se envolveram 50 anos antes. Isso parece razoável? Talvez a "prescrição" já tenha passado. Siga em frente.

DESAFIO: *em vez de se concentrar na culpa, você poderia se concentrar em se tornar uma pessoa melhor?*
Parece lamentável desperdiçar nossos erros e não aprender com eles. E se reconhecêssemos nossa responsabilidade por um erro, mas usássemos isso como motivação para nos tornarmos pessoas melhores? Michele percebeu que parte de sua raiva no casamento a levou a explodir de maneiras não muito diferentes do comportamento que ela observou em Maurice. Ela se sentiu culpada por isso. Vimos isso como uma experiência de aprendizado, um aviso para ela trabalhar em tentar melhorar sua raiva e aprender a controlar o que diz. Um dos meus antigos pacientes, Ron, tinha uma longa história de abuso de álcool e drogas. Ele se sentia culpado e envergonhado. Trabalhamos em ajudá-lo a ganhar sobriedade e, em seguida, usar sua experiência (seus erros) para ajudar os outros. Ele se envolveu nos Alcoólicos Anônimos (AA), trabalhou com uma organização sem fins lucrativos para ajudar as pessoas a se reerguerem e se tornou

alguém que os outros admiravam. Seus "fracassos" associados à culpa esmagadora se tornaram o trampolim para ele se transformar em uma pessoa de quem podia se orgulhar. Se sentir culpado e assumir seu problema, bem como se comprometer a mudar, o levaram a ter uma vida melhor.

USANDO A CULPA DE UMA FORMA PRODUTIVA

Vamos supor que algum grau de culpa pareça legítimo levando em conta o que você fez. Considere a infidelidade, algo que pode destruir relacionamentos entre pessoas boas. Minha observação ao lidar com casais em que um dos parceiros traiu o outro é que sentir e até expressar arrependimento normalmente não é suficiente para reconstruir o relacionamento, se isso permanecer uma possibilidade. A reconstrução precisa começar com o arrependimento do resultado da decisão de ser infiel, mas a reconstrução também requer culpa e remorso autênticos. Como explicado anteriormente no capítulo, a culpa autêntica pode gerar confiança no parceiro que foi infiel. Construir confiança significa dar à outra pessoa razões para acreditar em você. Não é simplesmente sobre deixar de ser culpado, mas sobre mostrar que aprendeu e que se arrepende de seu comportamento passado.

Vejamos o que aconteceu com Marco, que teve um caso e, quando foi descoberto, disse que muitos homens têm casos, fez um pedido de desculpas fraco e desdenhoso, e depois ficou hostil com a esposa quando ela chamou atenção para a falta de culpa que ele estava expressando, para o seu pedido de desculpas sem sentido e para sua falta de vontade de aceitar a responsabilidade. Desculpar-se enquanto invalidava a raiva e os sentimentos dolorosos de sua esposa nunca iria funcionar. Compare Marco com Henry, que sentiu muita culpa por seu caso, mas não deu desculpas para si mesmo, validou a dor e a desconfiança de sua esposa, aceitou a raiva dela e se comprometeu a reconstruir o relacionamento que ele temia perder. Essa resposta ao sentimento de culpa abriu as portas para ele aprender com a experiência e, quando sua esposa disse que duvidava que conseguiria confiar completamente nele de novo, isso permitiu que ele permanecesse no que chamamos de *modo de validação*: encontrar a verdade nas palavras da outra pessoa e assumir a responsabilidade de que arriscou perder a confiança e o respeito que ela costumava ter por ele. Ao normalizar a desconfiança dela sobre ele, Henry tornou possível que eles reconstruíssem seu relacionamento.

Esses dois homens revelam a diferença entre os passos para o arrependimento produtivo (Henry) e os passos para a culpa improdutiva (Marco). Esses passos estão representados nas imagens na próxima página.

O primeiro passo é a ação em si; no exemplo anterior seria a infidelidade. A escolha que levou à traição é a ação que devemos avaliar. A avaliação de si mesmo e do comportamento é o segundo passo: "Eu fiz algo de errado?". O terceiro passo é sentir culpa ou remorso por ter feito algo que acreditamos ser errado. Essa experiência é marcada por sentimentos de tristeza, confusão, vergonha, ansiedade e, às vezes, impotência,

Sequência da culpa produtiva

Ação → Avaliação da ação → Culpa → Pedido de desculpas → Como eu posso melhorar como pessoa?

Sequência da culpa improdutiva

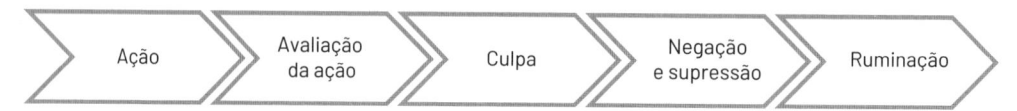

Ação → Avaliação da ação → Culpa → Negação e supressão → Ruminação

> Você não pode corrigir um problema sem saber que ele existe.

pois nem sempre é possível corrigir um erro cometido. O quarto passo pode ser um pedido de desculpas para a pessoa afetada. Por fim, o quinto passo é o resultado desse sentimento de culpa. Ela levou à autocorreção e ao aprendizado ou à culpa constante? Ela levou e ajudou o indivíduo a se tornar uma pessoa melhor (como no caso de Henry) ou ela afastou ainda mais a possibilidade de ele aprender sobre si mesmo por meio de seus erros? A ideia-chave aqui é observar a resposta à culpa.

Já a culpa improdutiva segue um caminho diferente. A pessoa ainda se sente culpada por suas ações, mas suas escolhas, pensamentos e estratégias após o evento podem levá-la a ter mais problemas. Por exemplo, mesmo reconhecendo que a ação estava errada, e se sentindo culpada, a pessoa, depois do sentimento de culpa, pode achar difícil aceitar essa emoção e tentar negá-la, minimizá-la ou suprimi-la. Por exemplo, a pessoa pode começar a se defender ou ir para o contra-ataque (como Marco), ou consumir álcool ou drogas para "lidar" com a culpa. Essa pessoa pode se desculpar ou não, mas, de qualquer jeito, a culpa pode levar à autoaversão, à ruminação e ao isolamento. No fim das contas, Marco não só perdeu seu casamento ao agir daquela maneira, mas também não aprendeu que admitir erros, assumir suas ações e compartilhar seu remorso o teria ajudado em uma tentativa de reconciliação. Como mencionado anteriormente, nunca desperdice um bom erro. Mas a tendência de Marco de pensar que ele tinha o direito de fazer o que quisesse e que sua esposa deveria simplesmente aceitar significava que aquele casamento já estava se encaminhando para o fim. Tudo era evitável.

Podemos pensar na culpa ou qualquer outra emoção dolorosa em termos de como elas podem ser aproveitadas para nos tornar pessoas melhores. Henry usou sua culpa e sua aceitação de responsabilidade como uma maneira de construir um relacionamento melhor dali em diante. Ele reconheceu e aceitou que havia cometido um erro e percebeu como havia decepcionado sua esposa e a si mesmo. Seu arrependimento e a culpa que o acompanhou se tornaram a motivação para ele melhorar suas habilidades de comunicação e escuta, tornar-se apropriadamente assertivo, agendar discussões familiares semanais sobre possíveis problemas e como anda seu progresso e estar disposto a aceitar a raiva, a desconfiança e a ansiedade de sua esposa por algum tempo. A culpa levou ao remorso e à expressão de culpa e compaixão sinceras. A culpa foi um primeiro passo necessário, mas foi a confiança construída depois, a escuta consciente e a validação, que levou a um relacionamento melhor no final. Na verdade, tanto Henry quanto sua esposa reconheceram que sua comunicação era mais honesta e real nos meses seguintes ao pedido de desculpas.

Sua culpa pode levá-lo a se comprometer com ações e valores que tornarão sua vida (e a vida dos outros) melhor? Às vezes, o mal causado não pode ser desfeito. Nesses casos, muitas vezes culpamos a outra pessoa por nosso relacionamento não ter dado certo, em vez de usar a experiência como uma oportunidade de aprender com nosso próprio papel nos problemas. Como podemos aprender com nossas experiências passadas e os erros que cometemos? Como podemos aprender com nossos arrependimentos e nossa culpa? Assumir nosso papel em um problema é o primeiro passo para ajudar a reconhecer que podemos repetir um determinado comportamento problemático no futuro.

> Se você não faz parte do problema, então como você pode fazer parte da solução?

Admitir seus erros e assumir a quantidade apropriada de culpa pode ser o primeiro passo para reconhecer que você tem um problema que precisa ser corrigido. Se varrer seus problemas para debaixo do tapete, eles vão voltar para lhe assombrar. No mundo atual, em que temos uma grande consciência social, reconhecemos que milhões de pessoas foram prejudicadas pelo sexismo, racismo, homofobia e outros preconceitos, e todos devemos reconhecer os erros e danos que podemos ter cometido coletivamente. Poucos de nós estão livres de preconceitos, mas isso não significa que não possamos crescer e mudar.

> Os problemas foram feitos para que possamos aprender. Problemas são oportunidades, se usados da maneira certa.

Mesmo quando você reconhece que é parte de um problema, ou foi parte dele, pode ser essencial ir além de "consertar a culpa". Simplesmente rotular alguém como errado não vai deixar tudo bem. Vejamos um exemplo. Um cara com quem fui para a faculdade (e isso foi há muito tempo) era descaradamente racista. Ele era orgulhoso, arrogante e obsceno. Mas depois de servir no exército, onde ele teve que resgatar e testemunhar seus companheiros de várias raças morrendo ao seu redor, ele mudou seu jeito bruto. Ele se tornou um assistente social e trabalhou com refugiados no mundo todo. Seus comentários racistas certamente magoaram as pessoas à sua volta, e sua arrogância não era uma visão acolhedora. Mas quando o vi anos depois, transformado em uma alma mais humilde, compassiva e generosa, soube que ele havia crescido além do mal que havia causado e além da culpa que sentia. Ele havia resolvido o problema e se tornado uma pessoa melhor. Quando olhei para uma foto antiga dele, ele estava em um uniforme militar segurando um rifle. Quando olhei para uma foto mais atual, ele estava em roupas casuais em uma aldeia na Ásia ao lado de um gatinho. Sua história era a de um homem que tinha errado, mas acabou se tornando uma pessoa melhor.

DERROTANDO SUA AUTOCRÍTICA

Muitas pessoas reagem ao arrependimento com autocrítica. Como discutimos no Capítulo 7, culpamos particularmente a nós mesmos pelos resultados decepcionantes de nossas decisões, nos repreendendo por não termos previsto melhor o que iria acontecer e por uma série de outras falhas que acreditamos que nos levaram ao arrependimento que estamos sentindo agora. Mas a culpa, além do arrependimento, pode levar a uma magnitude ainda maior de autocrítica. Se não tornarmos a culpa produtiva e diminuirmos a culpa desnecessária, podemos acabar nos rotulando como pessoas indignas em geral. Se lidar de forma ineficaz com o arrependimento pode congelar nosso ímpeto e nos deixar presos na vida, imagine o que o arrependimento somado à culpa pode fazer conosco! Felizmente, existem algumas técnicas que podemos usar para resgatar nossa autoestima. Não para nos absolver da responsabilidade, mas para ver as coisas de maneira realística, na mesma proporção que outros aspectos da realidade.

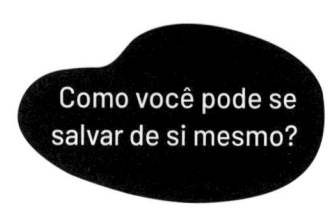

> Como você pode se salvar de si mesmo?

Vejamos alguns pensamentos de culpa autocríticos.

"Eu sou uma pessoa terrível."
"Nada do que eu faço funciona."
"Eu sou uma mãe/um pai ruim."
"Eu sou incompetente."
"Eu sou estúpido."

Sentimentos de culpa levam a uma conversa negativa consigo mesmo. Essa negatividade lhe torna mais deprimido, crítico e menos capaz de aguentar a vida cotidiana. Felizmente, temos muitas ferramentas disponíveis para ver as coisas de forma mais justa e realista.

DESAFIO: quais são seus pensamentos negativos sobre si mesmo?
Michele tinha vários pensamentos negativos sobre si mesma. Ela se via como uma mãe ruim, como uma fracassada, e como alguém impotente para mudar sua situação. Esse tipo de conversa consigo mesma aumentava seu arrependimento, sua culpa e sua

depressão. Toda vez que você está se sentindo mal, pode perguntar: "O que estou dizendo a mim mesmo que está me fazendo sentir assim?". O problema não é apenas o que você fez, mas também a narrativa interna que tem sobre si mesmo. E isso só você pode mudar.

DESAFIO: *você está se rotulando?*
Michele estava se reduzindo a esses rótulos. A rotulação ocorre quando vemos a nós mesmos ou aos outros em termos de características negativas muito gerais, difundidas e imutáveis, como "mãe ruim", "fracasso" ou "impotente". Mas as pessoas são sempre mais complicadas do que um rótulo pode sugerir. Quando rotulamos alguém, muitas vezes estamos confundindo um comportamento específico com um indivíduo inteiro. Pode ser mais realista julgar o comportamento do que a pessoa por inteiro. Por exemplo, podemos dizer "esse comportamento não funcionou muito bem nessa situação", em vez de "eu sou um mau pai". Fale sobre um comportamento, não sobre a pessoa como um todo.

DESAFIO: *quanto você acredita nesse pensamento? Que sentimentos vêm com ele?*
Você pode classificar o grau em que acredita em um pensamento de 0 a 100, em que 100 representa certeza absoluta. Quando Michele estava se sentindo mal, ela acreditava que era uma mãe ruim (80), um fracasso (80) e impotente (75). Ela se sentia triste (90). Seus pensamentos estavam relacionados com seus sentimentos negativos. Também examinamos uma pergunta relacionada: "Como você pensaria e se sentiria se acreditasse muito menos nesses pensamentos negativos?". Michele percebeu que se ela não acreditasse que era uma mãe ruim, um fracasso e impotente, ela seria mais esperançosa, mais capaz de viver no momento presente e mais capaz de desfrutar o dia a dia. Ela percebeu que modificar seus pensamentos negativos mudaria a maneira como se sentia, e esse conhecimento lhe deu a motivação para desafiar e derrotar essas crenças negativas.

DESAFIO: *como você definiria os rótulos especificamente?*
Muitas vezes usamos rótulos como se o significado deles fosse claro, mas geralmente eles não são. Por exemplo, o que Michele quis dizer com "mãe ruim", "fracasso" ou "impotente"? Michele pensou por um tempo e disse: "Uma mãe ruim é alguém que não se importa com as necessidades de seus filhos ou alguém que é mau com eles. Um fracasso é alguém que não consegue nada na vida e uma pessoa impotente é alguém que não consegue fazer nada". Quando ela começou a definir esses rótulos, eu conseguia ver que o pensamento dela estava mudando. Seria difícil para ela se ver nesses termos uma vez que os definíssemos.

DESAFIO: *você está se vendo em termos de tudo ou nada?*
Rotular-se é uma visão em preto e branco, de tudo ou nada, mas a vida raramente é tão simples. É como pegar pequenos detalhes como prova e depois generalizá-los para

toda uma pessoa. Por exemplo, vamos imaginar que somos péssimos jogadores de tênis. Então decidimos deixar o nosso saque no tênis nos definir como pessoa inteiramente. Nosso saque no tênis, então, vira uma prova de que somos incompetentes, fracos e impotentes. Isso soa justo ou razoável? Quando estamos ansiosos ou deprimidos, muitas vezes usamos o pensamento de tudo ou nada; nossos processos de pensamento se tornam bastante simplistas e, portanto, imprecisos. Isso era o que Michele estava fazendo. Ela estava usando muito o pensamento de tudo ou nada, como ao pensar "não consigo fazer nada certo".

DESAFIO: quais são as evidências a favor e contra esse rótulo?
Quando estamos nos sentindo mal com nós mesmos, focamos seletivamente no lado negativo. Então, as evidências que Michele usou para afirmar que ela tinha esses traços negativos era que o divórcio iria prejudicar seu filho, que ela não tinha conseguido salvar o casamento dela, e que Maurice a culpava. Mas essa é uma visão muito seletiva e tendenciosa das coisas. Quando examinamos as evidências de que ela era uma boa mãe, ela descreveu como amava Jamal, o ajudava com a escola, brincava com ele, trabalhava duro para fazê-lo se sentir ouvido, era afetuosa com ele e dizia constantemente que ele era um garoto maravilhoso. Quando nos sentimos mal com nós mesmos, estamos apenas ouvindo a acusação e já concluindo que somos culpados. Mas a defesa também deve ter espaço para se pronunciar. Como podemos nos defender dessa autocrítica?

DESAFIO: qual a porcentagem de seu comportamento que é inconsistente com o rótulo negativo?
Nem todos os nossos comportamentos são positivos, e nem todos são negativos. Podemos listar alguns comportamentos positivos sobre nós mesmos para questionar os rótulos negativos. Isso pode ser útil. Mas também precisamos colocar as coisas em perspectiva. Por exemplo, pensando em Michele, qual porcentagem do comportamento dela era positiva? Se ela olhasse para o ano anterior, que porcentagem do seu comportamento representava que ela tinha sido uma boa mãe, tinha tido sucesso e tinha progredido em suas tarefas e metas? Quando ela olhou para as coisas dessa maneira, percebeu que mais de 90% de seu comportamento estava na direção certa. Isso a ajudou a colocar suas dúvidas e críticas em perspectiva.

DESAFIO: você julgaria outra pessoa tão severamente? Por que não?
Usamos essa técnica dos dois pesos e duas medidas anteriormente, mas vale a pena revisitá-la porque ela pode nos ajudar a escapar de nossa visão negativa de nós mesmos e ver as coisas da perspectiva de outra pessoa. Muitas vezes somos mais justos com os outros, mesmo com estranhos, do que com nós mesmos. Por exemplo, Michele percebeu que veria algum amigo em uma situação parecida de uma maneira relativamente positiva e certamente o apoiaria.

DESAFIO: qual seria uma abordagem compassiva para se ter consigo mesmo?
Junto com ter uma visão lógica, factual e justa das coisas, podemos escolher nos ver com bondade e amor. Este é um método chamado terapia focada na compaixão (TFC), desenvolvido pelo psicólogo britânico Paul Gilbert. Com base na ideia budista de bondade e amor, a TFC reduz efetivamente a depressão, a ansiedade e, especialmente, o pensamento autocrítico. Podemos começar imaginando uma voz compassiva e amorosa, talvez alguém em nosso passado que possa ser carinhoso, receptivo, amoroso e que não nos julgue. Em seguida, devemos imaginar essa voz bondosa e amorosa falando conosco. O que ela diria? Para Michele, essa voz era a de sua mãe, que era gentil, carinhosa e compreensiva. Michele fechou os olhos e imaginou sua mãe dizendo suavemente: "Eu te amo e sempre estarei aqui para você. Você é uma boa pessoa; você luta para fazer as coisas certas; eu quero que você se sinta feliz, aceita e compreendida". Michele muitas vezes voltava para essa imagem de bondade e amor, pois ela acalmava sua dor, a reconfortava e a fazia se aceitar mais.

DESAFIO: como você revisaria sua visão de si mesmo?
Nossos sentimentos e pensamentos sobre nós mesmos estão em constante mudança. Um dia nos sentimos tristes; no outro, estamos rindo. Todas as semanas, Michele e eu examinávamos como os pensamentos e sentimentos dela estavam mudando em relação a si mesma. Ao usar essas técnicas e reconhecer que havia vieses em seu pensamento que agiam contra seu próprio interesse, ela começou a revisar seus pensamentos sobre si mesma. Por exemplo, em vez de pensar "sou uma mãe ruim", ela começou a pensar "sou humana, imperfeita e cometo erros, mas também faço muitas coisas boas pelo meu filho, mesmo nas circunstâncias mais complicadas". Ela começou a se ver mais positivamente, não como uma pessoa perfeita, mas como alguém que se esforça, às vezes tem sucesso e às vezes precisa evoluir de forma saudável. Quando começou a ter pensamentos compassivos sobre si mesma e os outros, tentando ver a si mesma e as pessoas à sua volta com bondade e amor, ela se tornou mais tolerante e mais capaz de viver no mundo real.

Se você experimenta muita culpa e vive em um estado de constante autocrítica, pode usar essas técnicas da mesma forma que Michele. Registre suas respostas às perguntas dos desafios anteriores (usando uma folha ou um computador) e veja se isso o ajuda a modificar esses pensamentos negativos, a aceitar a si mesmo, a direcionar bondade e amor para si e, o mais importante, a aprender a viver no mundo imperfeito em que vivemos.

TRABALHANDO PARA SE PERDOAR

Muitas vezes parece haver uma linha tênue entre escapar de responsabilidades e nos perdoar. A pessoa que diz "certo, cometi um erro e sinto muito, agora vamos seguir em frente" está tentando se perdoar recusando-se a aceitar a responsabilidade e a culpa e

> Você é o autor de sua vida.

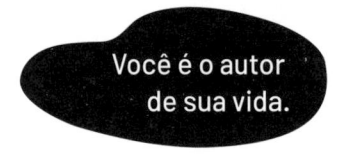

recusando-se a aprender com os erros que cometeu. Perdoar a si mesmo não é a mesma coisa que se dar um passe livre. Não é deixar você se safar. Mas também não é se prender à culpa. É passar pela porta para o próximo capítulo de sua vida em que você escreve sua própria história. A história será sobre como você cresceu a partir de seus erros ou como repete o capítulo anterior?

Quando perdoamos alguém, podemos reconhecer que o que eles fizeram foi errado, mas não os condenaremos para sempre por seus erros. Minha esposa uma vez me disse: "Você é muito mais tolerante do que eu", e pensei por um momento e respondi: "Se eu não perdoasse as pessoas, eu teria poucos amigos". E acrescentei, "Espero que se fosse o contrário, eles também me perdoariam, porque eu também cometo erros".

Também podemos perdoar as pessoas, mesmo que elas não tenham expressado culpa ou mesmo que tenham morrido há muito tempo. Esse perdão pode ser uma libertação de ressentimento e uma aceitação de que não queremos mais ser sobrecarregados constantemente por raiva e culpa. Poderia ser deixar algo para lá, mesmo que a pessoa envolvida nunca tenha se desculpado ou mesmo que ela já tenha falecido. Nós nos desapegamos desses sentimentos porque nossa culpa e ressentimento simplesmente são um fardo muito pesado. Deixar o ressentimento de lado pode ser o primeiro passo para construir uma vida melhor.

Eu passei por isso em minha vida. Meu pai era alcoolista e era cruel com minha mãe. Ela escolheu se mudar comigo e meu irmão (quando eu tinha 2 anos) da Virgínia para New Haven para fugir do meu pai, porque ele tinha se tornado abusivo, e ela queria nos proteger. Meu pai nunca me mandou um presente. Eu cresci guardando ressentimentos dele, e ele morreu há muitos anos devido aos efeitos do abuso crônico de álcool. Quando adulto, comecei a perceber que ele devia ter sido uma pessoa com problemas, uma pessoa deprimida e derrotada com uma doença. Na verdade, se ele fosse um paciente meu, minha abordagem com ele seria de compaixão, não julgamento. Descobri que pensar nele com mais compaixão, compreensão e menos julgamento me ajuda. Eu me esforço para perdoá-lo não porque eu acho que isso pode mudar ele ou suas ações, mas porque perdoá-lo vai me mudar. Eu também percebo que porque eu testemunhei o efeito de seu alcoolismo, eu me comprometi a nunca ter um problema com bebida. Gosto de beber de vez em quando, mas quase nunca bebo mais do que uma taça. O problema dele me manteve saudável e me ajudou a entender que as pessoas que involuntariamente nos machucam muitas vezes estão sofrendo muito. Talvez seja por isso que eu me tornei um psicólogo. Que melhor maneira de transcender a tristeza do que perdoar alguém cuja dor e limitações já causaram dificuldades para todos os envolvidos, incluindo ela mesma?

O mesmo pode ser dito sobre se perdoar por coisas que você fez que machucaram outras pessoas ou a si mesmo. Perdoar a si mesmo não é a mesma coisa que um passe livre para nos isentarmos de nossas responsabilidades. É o próximo passo para derrotar nossa autocrítica. É levar seus erros a sério, tão a sério que quer aprender com eles e usar isso como uma oportunidade para se tornar uma pessoa melhor e curar os danos que causou. É se levar a sério para perceber que fez coisas que sabe serem erradas, mas que vai mostrar compaixão e perdão para si mesmo. Não para se isentar da responsabilidade, mas para transformar a compaixão, a responsabilidade e a tolerância em uma nova direção em sua vida. É o começo da responsabilidade. É dizer a si mesmo: "Eu me arrependo de ter errado. Eu me arrependo e me sinto culpado por isso, mas estou comprometido com uma vida melhor, em que tomo decisões mais saudáveis e, se possível, me redimo e me desculpo". A parte poderosa sobre pedir perdão aos outros é que eles não precisam estar vivos. Imagine falar com alguém em sua vida que já se foi: "Sinto muito por ter feito o que fiz, realmente sinto muito. Gostaria que você estivesse aqui para me perdoar, mas darei o meu melhor para perdoar a mim mesmo".

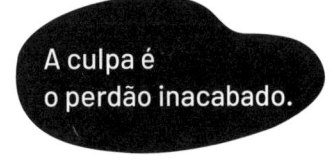

> A culpa é o perdão inacabado.

Temos discutido os prós e os contras do arrependimento e da culpa, de antecipar problemas e se arrepender deles e do valor do perdão para curar feridas em nossos relacionamentos. No próximo capítulo, reuniremos os usos produtivos do arrependimento para que suas decepções possam ser usadas para aprender, crescer e tomar melhores decisões no futuro.

10

Como usar o arrependimento produtivo

As emoções são úteis, mas nem sempre. A tristeza nos diz para desistir e nos desprendermos de causas perdidas, o medo nos diz que há algo perigoso, como altura, predadores ou espaços fechados, que devemos evitar, e a raiva pode nos ajudar a nos defendermos e protegermos nossas famílias. Como qualquer padrão de pensamento ou emoção, o arrependimento evoluiu porque foi útil aos nossos antepassados. A capacidade de antecipar o arrependimento nos permite ensaiar em nossa mente a possibilidade de escolhas problemáticas, para que possamos evitá-las e não sofrer as consequências na vida real. A capacidade de antecipar a perda em um conflito violento com um indivíduo muito mais forte, por exemplo, levou alguns de nossos ancestrais a evitar agressão em tais situações, tornando-os mais propensos a sobreviver e transmitir seus genes. Antecipar o arrependimento também pode garantir a sobrevivência de nossos genes hoje, e muito mais. O arrependimento pode ser uma *estratégia de sobrevivência*.

Da mesma forma, a capacidade de nos arrependermos de erros que cometemos no passado nos permite aprender com eles e evitar cometê-los no futuro. Aqueles ancestrais que se sentiram mal por terem cometido um erro, como se envolver em um encontro violento inútil do qual felizmente eles sobreviveram, eram mais propensos a evitá-los no futuro. Seus genes, então, sobreviveram. Da mesma forma, aqueles ancestrais que não guardavam comida para o futuro experimentavam uma fome intensa e, se eles sobrevivessem, usavam seu arrependimento como motivação para reservar comida para outro dia.

Ao longo deste livro, eu lhe pedi para pensar sobre como você pode reverter o arrependimento prejudicial em sua cabeça e torná-lo uma ferramenta de aprendizagem útil. Eu lhe dei muitas estratégias para desafiar os hábitos de pensamento e comportamento que o levam ao arrependimento improdutivo. Agora vamos focar estritamente em usar o arrependimento produtivo. Neste capítulo, examinaremos o valor dos erros e o valor do arrependimento. Veremos como podemos aproveitar o poder do arrependimento produtivo para melhorar nossa vida e nos ajudar a tomar decisões melhores no futuro. E também veremos por qual motivo às vezes pode ser difícil aprendermos com nossos erros e como desenvolver a capacidade de sermos flexíveis, honestos e realistas para que não desperdicemos um bom erro.

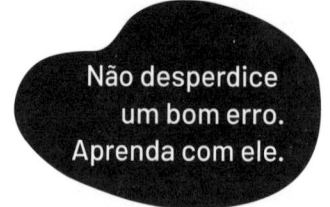

> Não desperdice um bom erro. Aprenda com ele.

A essência do arrependimento produtivo é antecipar o arrependimento racionalmente e aprender com os erros. Na verdade, profissionais de *design*, engenharia e investimentos, inclusive, buscam condições de falha para melhorar as coisas e evitar riscos desnecessários.

SUCESSO POR MEIO DO FRACASSO

Antecipar e revisar o fracasso fazem parte de todas as estratégias de projeção e de investimento responsáveis. Ainda mais amplamente, eles fazem parte de todo o gerenciamento de projetos em negócios. A falha é o trampolim para o progresso. Como *designers*, engenheiros, estrategistas militares e profissionais do investimento usam o fracasso para melhorar? Em um livro fascinante, *Sucess through failure: the paradox of design*, do historiador Henry Petroski, podemos acompanhar a história da aprendizagem por meio de erros em *designs*, como no ônibus espacial, no *design* de pontes, em violações de segurança e em novas tecnologias. Podemos ver como engenheiros e *designers* investigam falhas passadas para tornar o *design* futuro algo ainda melhor. Vemos como os testes de estresse para projetos de pontes ou edifícios, ou em empresas de investimento, podem ajudar a evitar o colapso das pontes que atravessamos, do prédio onde está nosso escritório ou dos fundos de investimento onde colocamos nossa aposentadoria. Os fracassos são ótimas experiências de aprendizagem. Não devemos desperdiçá-los.

> Você poderia ter alcançado o sucesso mais rápido em alguma parte de sua vida se não tivesse tentado fingir que seus fracassos nunca haviam acontecido?

Uma maneira de olhar para a falha é vê-la como um teste dos limites de um projeto. Pense em como os iPhones evoluíram. O iPhone foi anunciado por Steve Jobs em janeiro de 2007 e todos os anos desde então foi modificado para ser mais poderoso, para lidar com mais aplicativos e para ter mais memória e mais velocidade. Os engenheiros que testavam cada iPhone tentavam descobrir quais eram suas limitações e usar esses limites como um objetivo a ser superado pelo *design* posterior. Podemos não considerar essas limitações como "erros" porque, é claro, nenhum *design* é perfeito. Mas os *designers* olham para a "falha" em executar uma função específica como os limites do projeto atual e, mais importante, *o início do próximo projeto melhorado.*

O mesmo processo de aprender com os erros ocorre na estratégia militar. Quaisquer planos detalhados com os quais o estrategista comece provavelmente revelarão seus limites em combate. Mesmo quando uma estratégia é bem-sucedida, estrategistas experientes examinam como ela foi bem-sucedida e onde ela falhou. Os fracassos são sempre parte do sucesso em uma campanha militar. Isso foi certamente verdade para a maior invasão anfíbia na Segunda Guerra Mundial, a invasão na Normandia, na França, no Dia D, em 6 de junho de 1944. Embora, em última análise, ela tenha sido um sucesso em virar o jogo para os aliados, erros trágicos foram cometidos desde o início da operação. Muitas das embarcações de desembarque não conseguiram chegar à costa, soldados se afogaram ao desembarcar, milhares de soldados foram mortos nas praias, as comunicações falharam e muitos dos tanques pararam de funcionar depois de chegar à areia. No entanto, a campanha eventualmente teve sucesso na libertação da Europa.

Para mudar para um exemplo bastante trivial e anticlimático da minha própria vida, eu costumava praticar muito *windsurf*. Com frequência testava meus limites tentando surfar o mais próximo possível do vento sem ser derrubado (quando você surfa perto do vento, você vai mais rápido, mas muitas vezes tem menos equilíbrio). Isso foi uma "busca pelo fracasso" intencional da minha parte. Eu pensei que isso me ajudaria a me tornar um melhor praticante de *windsurf* em ventos mais fortes e me ajudar a desenvolver minha capacidade de equilíbrio em condições desafiadoras. Sucesso por meio do fracasso.

E você considerasse erros, fracassos e decepções como experiências de aprendizagem e crescimento? E se as reformulasse em sua mente como o custo do crescimento? E se normalizasse e tornasse universais falhas e erros como coisas que vêm com o aprendizado, uma parte inevitável de uma vida plena?

> Sem fracasso e sem erros não há progresso.

Da próxima vez que olhar para o seu *smartphone*, pode pensar em todas as "falhas" que tornaram essa tecnologia um sucesso tão grande para sua diversão.

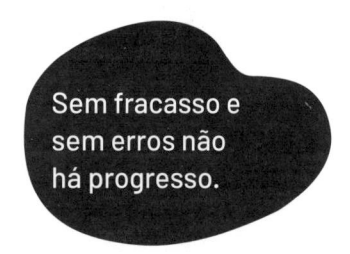

ARREPENDIMENTO PRODUTIVO *VERSUS* ARREPENDIMENTO IMPRODUTIVO

O arrependimento produtivo começa com a sensação de que nosso comportamento anterior poderia ter sido evitado e que teria sido melhor se não tivéssemos feito as escolhas que levaram a ele. Mas, em vez de simplesmente servir para nos criticarmos ou ruminarmos sobre nossos erros do passado, ele nos leva a aprender com a experiência.

O arrependimento produtivo envolve um compromisso disciplinado com a mudança, não simplesmente uma afirmação para nós mesmos e para os outros de que precisamos mudar nosso comportamento e prometer fazê-lo. O arrependimento improdutivo, como sabemos por experiência pessoal e como discutido em capítulos anteriores, envolve nos sentirmos mal sobre nossas decisões e comportamentos passados e é acompanhado por autocrítica e ruminação excessivas ou por minimizarmos o significado dessas decisões e comportamentos. O arrependimento improdutivo resulta em não aprendermos uma lição valiosa com nossos erros e simplesmente continuarmos a cometê-lo. Essa autocrítica e ruminação podem inclusive nos levar à depressão.

Algumas das diferenças significativas entre o arrependimento produtivo e o arrependimento improdutivo são apresentadas no quadro a seguir. Nos familiarizamos com essas diferenças com os capítulos anteriores e aprendemos estratégias para lidar com os problemas inerentes ao arrependimento improdutivo, mas ainda podemos estar tendo dificuldades em reconhecer e aprender com os erros. Identificaremos algumas possíveis razões para essa dificuldade mais adiante neste capítulo.

Você pode encontrar certas áreas em sua vida em que achará mais fácil usar o arrependimento de forma produtiva. Neste capítulo, tentaremos expandir nossa capacidade de aprendermos com os erros e usaremos nossa experiência com o arrependimento como uma plataforma para o crescimento pessoal.

Arrependimento produtivo e arrependimento improdutivo

Arrependimento produtivo	Arrependimento improdutivo
Um sentimento de decepção com uma decisão que tomei no passado	Um sentimento de decepção com uma decisão que tomei no passado
Aceitação: perceber que tomar más decisões faz parte de uma vida plena	Falta de aceitação de que tomar más decisões faz parte de uma vida plena
Capacidade de reconhecer que cometi um erro sem me criticar	Foco na autocrítica em vez de aprender com o erro
Substituir a ruminação pela reflexão e a capacidade de aprender com meus erros	Ficar remoendo o erro
Comprometimento em mudar meu comportamento com base no que aprendi	Falta de disposição para mudar meu comportamento com base em um erro do passado
Se for o caso, a capacidade de pedir desculpas e admitir meu erro com as pessoas que foram afetadas	Arranjar desculpas e não assumir minhas responsabilidades com os outros

O VALOR DOS ERROS

Todos cometem erros. Se você aceita essa realidade, pode reconhecer que quando comete um erro está fazendo algo ligado a viver uma vida plena. Não é possível passar pela vida sem cometer erros, nem sem ter arrependimentos.

Muitos de nós pensam negativamente sobre os "erros". Podemos pensar neles como falhas, defeitos de caráter, algo para se envergonhar, algo permanentemente errado conosco e, de maneira geral, algo para negar. O erro que estamos cometendo quando pensamos sobre nossos erros de maneira tão negativa é que muitas vezes não usamos a experiência de forma produtiva. Com frequência não usamos nossos erros da maneira que podíamos: para tornar a vida melhor para nós e para as pessoas que têm que lidar conosco.

Seis passos para aprender com um erro

Pense em um erro que você cometeu. Talvez você tenha dito algo desagradável para alguém de quem gosta, ou tenha bebido ou comido demais, ou tenha se atrasado para entregar um trabalho, ou tenha investido dinheiro de maneira impulsiva em um empreendimento arriscado. Tenho certeza que você consegue pensar em algo do que se arrepende. Agora que você "investiu" em um erro, ou seja, pagou o preço de um mau resultado, pode decidir se irá usá-lo a seu favor.

Por que não apenas ignorar o erro e seguir em frente? Por que se incomodar com essa desagradável autoavaliação? Isso não levará apenas à autocrítica e à depressão?

Isso não precisa necessariamente lhe deixar deprimido. Na verdade, se reformular seus erros como experiências de aprendizado, experimentos e oportunidades de crescimento, eles produzirão o oposto de depressão. Pensar nisso como um autoexame, uma conversa honesta ou como fazer um bom uso de um erro real pode fazer com que você se sinta otimista e empoderado.

Aqui estão seis passos para aprender com seus erros:

1. Normalize o pensamento de que todos cometemos erros.
2. Foque no que você pode aprender, não no que você fez de "errado".
3. Pergunte a si mesmo o que você estava pensando quando tomou a decisão.
4. Pergunte a si mesmo o que você estava ignorando quando cometeu o erro.
5. Pergunte a si mesmo como você pode usar as informações que coletou.
6. Pergunte a si mesmo como você pode evitar o mesmo erro no futuro.

Vamos pensar em um erro comum, que todos nós podemos cometer, como comer muita comida pesada e picante.

1. Lembre-se de que todos fazemos coisas assim às vezes. Erros fazem parte de viver uma vida completa, e você não é único a cometê-los.

2. O que podemos aprender? A consequência pode ser indigestão. Valeu a pena? Você pode pensar que sim, mas, novamente, pode descobrir que se sentiria melhor com uma refeição mais leve. O importante é o que aprendeu. Aprendeu a se criticar – isso é algo que lhe deixará deprimido. Não é melhor aprender a controlar o que come?

3. Examine o que você estava pensando, ou não estava. Talvez tenha sido um *descuido*. Descuidos ocorrem quando você não está prestando atenção, não está pensando nas consequências e não está considerando alternativas. Você pode chamar isso de comer sem pensar. Apenas responde ao que está à sua frente e é impulsionado por seu apetite e desejos imediatos. Essa não é uma estratégia sábia. Ou pode na verdade ter pensado em algo como "eu aguento" ou "eu só vou comer um pouquinho" ou "todo mundo está comendo também". Infelizmente, seu sistema gastrointestinal deve pensar diferente. Ou, digamos que seu comportamento problemático foi ter sido grosso ou até hostil com sua parceira. Talvez estivesse pensando "fui provocado" ou "eu não aguento isso", o que acha que justifica seu comportamento desagradável. O que *não* estava pensando é que existem alternativas melhores para a hostilidade, como dizer "fiquei incomodado quando você fez isso" ou "no futuro, você poderia, por favor, não fazer isso?". A melhor alternativa poderia ser, inclusive, não dizer nada. Não dizer nada raramente leva ao arrependimento.

4. Pense no que você estava ignorando quando cometeu o erro. Os suspeitos mais óbvios são não pensar em informações que estavam prontamente disponíveis, mas que não viu ou não queria ver. Por exemplo, se não levasse em conta seu apetite insaciável por comida picante e pesada, talvez não ignorasse o fato de que aquela comida seria difícil de digerir. Você não é apenas um processador de comida, certo? Às vezes você ignora o fato de que na verdade tinha uma escolha: comer algo mais leve, talvez uma salada. Estava ignorando o resultado: a recorrente dificuldade de dormir bem depois de uma refeição pesada.

5. Como você pode usar essas informações para melhorar sua vida? Se tomarmos a experiência de perder o controle como exemplo, é possível tornar a vida melhor percebendo que não vale a pena perturbar sua parceira (e a si mesmo) por uma satisfação momentânea do ego de dominar ou controlar a situação e depois ainda ter que lidar com as consequências de um conflito desnecessário. Pode melhorar sua vida antecipando e evitando possíveis conflitos futuros. Algumas maneiras de fazer isso são controlando o que diz, aceitando que as coisas nem sempre saem do jeito que você quer e colocando as coisas em perspectiva. Talvez o que sua parceira disse não tenha sido tão problemático. Talvez no futuro você possa não se importar com o que viu como provocação e simplesmente deixar para lá.

6. E, por fim, você pode resumir tudo isso se perguntando: "Como posso evitar esse erro no futuro?". Esse é o ponto principal do arrependimento produtivo: aprender algo útil. Vejamos o exemplo do marido hostil. Ele nem sempre é hostil, mas às vezes diz coisas das quais se arrepende. A esposa dele fica chateada, ele se sente culpado, e há uma

parede emocional que se ergueu que ninguém vai escalar por algum tempo. Como ele pode evitar esse erro no futuro? Como ele pode antecipar problemas e resolvê-los antes que eles se desenrolem a ponto de se arrepender do que disse?

Erros podem levar a planos

A resposta à pergunta do passo 6 é o ponto de todos os erros. Qual é o plano que você tem daqui para a frente para aprender com os erros? O arrependimento produtivo é sobre aprender e desenvolver um plano. Aqui está o plano que eu dei ao marido hostil: reconheça o fato de que você cometeu um erro ao ser hostil; examine como você se permitiu ser provocado; perceba que isso acontecerá novamente; faça a distinção entre sentir raiva e agir de maneira hostil; controle seus sentimentos de raiva; pense nas consequências negativas (seu arrependimento) se você se tornar hostil; não leve tudo de maneira tão pessoal; coloque as coisas em perspectiva; aceite que ambos podem cometer erros; pratique a respiração consciente e observe que o momento passará mais rapidamente se você não for hostil.

> Em vez de ficar remoendo um erro, você pode usar o que aprendeu para se planejar ou resolver o problema?

Um grande plano para apenas um erro, mas é para isso que servem os erros. Eles podem levar à resolução de problemas, a evitar problemas futuros e a tornar sua vida melhor.

Cabe a você decidir se deve ou não fazer bom uso dos erros, mas vou repetir: não desperdice um bom erro.

O QUE ESTÁ IMPEDINDO VOCÊ DE APRENDER COM SEUS ERROS

Vamos fazer um exercício que espero que seja revelador para você. Pense em três decisões ou comportamentos do passado dos quais você se arrepende e com os quais *aprendeu alguma coisa*. O que você fez ou não fez de que você se arrepende? Anote-os se achar que pode ser útil vê-los por escrito.

E, especificamente, *o que você aprendeu*? Anote alguns comentários sobre o que você aprendeu também, se quiser.

Vou dar alguns exemplos pessoais. Quando eu estava na faculdade, nem sempre fui o aluno mais dedicado. Eu jogava sinuca com meus amigos, conversava com eles até tarde da noite e simplesmente me divertia. Eu podia ter aprendido mais. O que eu aprendi? Aprendi que é importante ter mais disciplina e levar o trabalho a sério. Às vezes eu ficava em relacionamentos que eu sabia que não seriam gratificantes porque eu era preguiçoso demais para experimentar ficar sozinho e me dar a chance de encontrar a pessoa certa. O que eu comecei a perceber foi que a melhor estratégia era abandonar relacionamentos que não pareciam ser significativos e que não levariam a algo que eu realmente queria. Mas eu sobrevivi, e nenhuma dessas decisões teve um impacto permanente em mim. Sei que outros se arrependeram de decisões que levaram suas vidas na direção errada. Alguns arrependimentos parecem temporários, enquanto outros persistem por anos.

Um exemplo de uma decisão que levou a arrependimento e aprendizado é a seguinte: Ari, um jovem que frequentemente se envolvia em bebedeira com seus amigos, me disse que se sentia envergonhado de seu comportamento e das coisas que havia dito e feito durante uma de suas noitadas. Ele até pensou em suicídio, por causa da humilhação que sofreu. Discutimos o ocorrido como uma experiência de aprendizado e examinamos o que ele poderia ganhar com seu arrependimento e sua vergonha. Esse foi o início de sua jornada em direção à sobriedade. Ari começou a se focar em melhorar em vez de se arrepender de suas decisões passadas. Mesmo que estivesse progredindo, eu queria que ele tivesse em mente a memória de sua bebedeira que o levou às consequências que ele queria evitar no futuro. Em seguida, focamos em torná-lo o melhor Ari que ele poderia ser, o que incluía exercitar-se com grande disciplina, cuidar sua dieta e evitar beber. Vários anos depois, após Ari conseguir ficar quatro anos sóbrio, ele me disse que aquela discussão o tinha ajudado a seguir o caminho certo. Ari usou o arrependimento de uma maneira produtiva e sábia. Sem essa experiência de arrependimento, ele poderia não ter tido a motivação para fazer as mudanças das quais precisava.

Larry era um caso mais desafiador, dado seu problema com bebidas e seu comportamento. Larry descreveu várias ocasiões em que se envolveu em bebedeiras, em vários dias, inclusive durante a semana. Ele muitas vezes acordava com ressaca, sentindo que sua mente estava embaçada e tonta e se sentindo cansado e culpado por coisas que havia dito enquanto estava bêbado. Embora Larry tenha percebido que o arrependimento era uma resposta racional ao seu comportamento, ele continuou a minimizar as consequências e a exagerar sua capacidade de se controlar no futuro. Como resultado, envolveu-se em mais comportamentos dos quais, mais tarde, ele se arrependeria. Larry tinha problemas em reconhecer suas limitações.

> Alguma das decisões que levaram ao arrependimento podem ter sido devido a você ter falhado em reconhecer suas próprias limitações?

Às vezes, a melhor lição dos arrependimentos é ser realista sobre suas limitações. Percebi isso há alguns anos, depois de assumir muitas obrigações que tornaram minha vida muito mais estressante. Comecei a perceber que eu me sentiria bem em dizer sim a convites para dar palestras, em escrever capítulos, em ter mais pacientes e em assumir papéis editoriais para periódicos. Essas obrigações adicionais tinham poucos benefícios de longo prazo para mim, e comecei a pensar que precisava ser realista sobre minhas próprias limitações. Eu simplesmente não queria estar trabalhando o tempo todo. Então, conhecendo minhas limitações, comecei a me sentir mais confortável em dizer não. Não me lembro de algum dia ter me arrependido de ter dito não.

Aprender com nossos erros é o valor que podemos achar em experimentar errar, mas muitas vezes não conseguimos fazer isso por uma série de razões. Em primeiro lugar, normalizamos comportamentos problemáticos. Por exemplo, Larry, como muitas pessoas com problemas com álcool, diria que muitos de seus amigos e colegas de trabalho bebiam tanto quanto ele (se não mais). Pode ser verdade que muitos dos colegas e amigos dele bebiam demais, mas isso dificilmente é um parâmetro bom de se ter. Não queremos definir nossas metas com base no menor denominador comum. Em segundo lugar, muitas vezes minimizamos as consequências de nossos problemas. Por exemplo, Larry foi capaz de continuar trabalhando produtivamente, mesmo tendo um sério problema com álcool. Uma maneira de pensar sobre isso é perguntar se outras pessoas pensam que estamos minimizando o problema. Ou podemos nos perguntar se acharíamos que esse seria um bom comportamento para o nosso filho seguir. Minimizar problemas nos impede de abordá-los com sabedoria. Em terceiro lugar, muitas vezes exageramos nossa capacidade de lidar com nossos problemas no futuro. Com frequência pensamos que, por fazermos afirmações como "nunca mais farei isso", realmente nunca mais faremos algo. O exagero da percepção de autocontrole é um grande risco para pessoas com problemas comportamentais, que normalmente, mais tarde, acabam se arrependendo. Você tende a exagerar sua capacidade de controlar seu comportamento no futuro? Essa atitude o leva a se envolver em comportamentos dos quais pode se arrepender depois?

> Sabedoria envolve fazer o melhor que puder dentro das suas limitações.

Mas vamos voltar à nossa pergunta sobre arrependimentos e aprendizados. Analise os três arrependimentos que você anotou, mas agora pense no que você *não* aprendeu com as decisões que levaram a eles. Se você for honesto consigo mesmo, provavelmente identificará algumas coisas que poderia ter aprendido, mas não o fez. Você pode ter aprendido o que agora vê como a lição mais importante do erro, mas talvez houvesse mais que poderia ter aprendido também.

Vamos agora ao motivo pelo qual você não aprende com esses "valiosos" erros.

> Você não precisa estar sempre certo, mas você certamente pode se beneficiar de usar seus erros de forma produtiva.

POR QUE VOCÊ NÃO APRENDE COM SEUS ERROS

Uma das razões pelas quais algumas pessoas não aprendem com seus erros é que elas se concentram tanto em querer algo que se recusam a desistir desse objetivo. Esse é claramente um problema para pessoas com hábitos comportamentais problemáticos, como beber demais, abusar de drogas, gastar excessivamente, jogar jogos de azar e fazer sexo sem proteção. O desejo pelo comportamento e as emoções que o acompanham são tão fortes que anulam o julgamento de que ele levará ao arrependimento. É quase como dizer "Eu quero tanto isso que vou ignorar as consequências em longo prazo". Essa negação intencional das consequências aumenta tanto o arrependimento quanto a quantidade de erros que você comete.

O problema com esse pensamento ilusório é que as consequências virão atrás de você, independentemente de quanto acredita que elas não vão acontecer. Esse tipo de obstinação é uma força poderosa. *Queremos o que queremos*, mas sem os arrependimentos e as consequências negativas.

> Erros são importantes. Você precisa usá-los.

Toda ação ou inércia tem consequências. Às vezes não se trata do que "acredita", como "eu acredito que posso lidar com isso", mas do que é real, do que *realmente acontece*. O autoengano e o excesso de confiança podem resultar em mais erros, arrependimentos e, ironicamente, na incapacidade de aprender com os erros.

Vamos analisar a crença do "eu quero o que eu quero" mais de perto. Claro que é verdade, por definição, que queremos o que queremos. Mas o que acontecerá se não conseguirmos o que queremos nesse momento? A pessoa que bebe demais quer se sentir bem, mas o que acontecerá se ela não conseguir? Seja o que você quiser, pense bem. Talvez você se sinta frustrado, talvez se sinta ansioso e talvez fique irritado. No entanto, a sabedoria geralmente envolve reconhecer que queremos algo em determinado momento, mas que pode ser melhor não conseguirmos. A mente sábia decide a partir da perspectiva de um eu futuro calmo, pensativo e reflexivo. O que seu "eu" futuro diria?

Há muitas razões pelas quais podemos não aprender com nossos erros. Aqui estão algumas das mais comuns:

- Você não reconhece que foi um erro.
- Você normaliza o erro e acha que ele era inevitável.
- Você culpa os outros pelo seu comportamento.
- Você minimiza as consequências para si mesmo e para os outros.
- Você foca continuamente em exigir o que você deseja.
- Você acredita que nunca vai conseguir mudar.
- Seu orgulho atrapalha o aprendizado.
- Você acredita que não deveria ter que mudar.

Se qualquer uma dessas razões para não aprender com seus erros soar verdadeira, talvez você possa se beneficiar examinando seu raciocínio. Vamos ter em mente que se não aprender com os erros, você não obtém o benefício da experiência. É como pagar um custo muito alto e não conseguir absolutamente nada de retorno. É interessante pensar nisso como se fosse uma formação educacional cara com a qual você poderia aprender e se beneficiar. E se não aprende com seus erros, é provável que você os repita. E isso só vai aumentar o seu arrependimento.

DESAFIO: *você está falhando em reconhecer que cometeu um erro?*
Bernardo muitas vezes ficava com raiva de sua esposa, Sarah, e gritava com ela. Sarah ficava chateada. Bernardo tinha dificuldade em reconhecer que gritar com Sarah era um erro. Ele estava comprometido em justificar seu comportamento dizendo que Sarah não tinha feito algo que ele esperava que ela fizesse. Para Bernardo, era essencial que ele se visse como certo sobre quase todos os assuntos. O problema de "estar certo sobre tudo" é que você não se beneficia com o aprendizado de quando está errado. Para usar os arrependimentos (e os erros) de forma produtiva, tente olhar para o seu comportamento pelo "lado de fora", isto é, como as outras pessoas veriam esse comportamento. Quando pedi a Bernardo para ver seu comportamento do ponto de vista de sua esposa, ou de um estranho neutro, ele conseguiu perceber que outros poderiam enxergá-lo como inapropriado e injusto. Sugeri a Bernardo que o primeiro passo para corrigir um erro é reconhecê-lo, o que não significa se culpar e ficar se repreendendo. Trata-se de simplesmente aceitar o que é real para que possa mudar seu comportamento para melhor no futuro.

> A necessidade de estar certo muitas vezes mantém você comprometido com o que é errado tanto para você quanto para os outros.

DESAFIO: *você acredita que o erro foi inevitável?*
Às vezes nossas decisões não funcionam, e às vezes isso se deve a um erro que cometemos, mas muitas vezes é tentador normalizá-lo. É como dizer: "Qualquer outra pessoa teria feito o mesmo". Por exemplo, Bernardo frequentemente afirmava que suas respostas à sua esposa eram semelhantes a como ele achava que outras pessoas poderiam responder a ela. Pode ser verdade que outras pessoas respondam com hostilidade à Sarah, mas isso não significa que o comportamento dele não foi um erro. Outras pessoas também podem cometer o mesmo erro. Outro exemplo frequente disso é quando as pessoas bebem demais e tentam normalizar isso dizendo que seus amigos bebem mais do que elas. A questão não é se outras pessoas também fazem o que fazemos, mas se há uma opção melhor. Há uma alternativa melhor do que gritar com a esposa ou beber demais e acordar com uma ressaca?

DESAFIO: *você está culpando os outros por seus erros?*
Bernardo culpava sua esposa, Sarah, pela hostilidade dele, como se ele não tivesse controle sobre seu comportamento e ela o tivesse provocado. Essa tendência de acreditar que ele não era responsável por seus erros e que Sarah era a causa de tudo o que ele fazia o deixava mais irritado e hostil e mais propenso a cometer os mesmos erros novamente. Perguntei a Bernardo se havia outras ocasiões em sua vida, com outras pessoas, em que ele se sentiu muito irritado e teve o desejo de ser hostil, mas acabou optando por não o fazer. Bernardo reconheceu que havia momentos em que ele ficava com raiva de um colega ou de seu chefe, mas que evitou ser hostil porque pensou que isso poderia ter consequências negativas para ele. Sugeri a Bernardo que, se culpamos outras pessoas por nossos erros, estamos alegando que não temos controle sobre nosso comportamento, o que significa que achamos que não há possibilidade de mudarmos esse comportamento. Sugeri que, se ele tinha os mesmos sentimentos de raiva com outras pessoas, mas tinha optado por não ser hostil, estava demonstrando que *tinha* controle sobre o que fazia, mesmo quando estava com raiva. Além disso, sugeri que ele pensasse quais eram as consequências para ele e para seu casamento se deixasse sua raiva levá-lo a um comportamento hostil.

DESAFIO: *você está minimizando as consequências?*
Bernardo é um bom exemplo dessa tendência de minimizar. Ele costumava dizer que Sarah "superaria isso" ou que ele não era violento fisicamente com ela, e assim por diante. Portanto, na mente dele, as consequências de seus gritos eram mínimas. Vamos considerar quais são as consequências de minimizar as consequências de um erro. Será que ele achava que seus gritos e sua hostilidade verbal tinham pouco efeito em como Sarah se sentia, ou como seus filhos testemunhavam seu comportamento, ou em alimentar sua própria raiva? O objetivo dele era ter um relacionamento melhor com Sarah ou minimizar e justificar seu comportamento? Todos nós queremos acreditar que o que fazemos é certo, mas às vezes pode ser mais benéfico reconhecer quando estamos errados. Perguntei a Bernardo como ele descreveria um relacionamento saudável entre parceiros. Ele disse que um relacionamento saudável teria menos discussões, mais compreensão e mais carinho. Perguntei se esses eram objetivos nos quais ele poderia considerar trabalhar para atingir, e ele disse que sim. Em seguida, sugeri que ele considerasse como a minimização dos efeitos de sua agressão verbal impacta a tentativa de alcançar aqueles objetivos.

Quais são alguns exemplos de sua tendência de minimizar erros? E é possível que, ao minimizar o erro, você também minimize alcançar metas positivas, melhorar seu relacionamento, melhorar sua saúde, melhorar seu sucesso no trabalho ou melhorar suas amizades?

DESAFIO: *você exige conseguir as coisas do seu jeito?*
Você pode ser muito investido e insistente em conseguir o que quer ou para que as coisas ocorram do seu jeito. Pode exigir que pessoas concordem com você, ou que não sinta

frustração, ou que você ou qualquer pessoa à sua volta faça as coisas da maneira certa o tempo todo. A raiva de Bernardo era muitas vezes impulsionada por essa exigência de que as coisas seguissem do jeito dele, em vez de ele aceitar com flexibilidade o que estava acontecendo. Parte de ser flexível e adaptável é entender a perspectiva e as necessidades de outras pessoas e, principalmente, respeitá-las.

Sugeri a Bernardo que todos nós queremos conseguir as coisas do nosso jeito, mas o mundo não é construído para atender a todos nossos desejos em nossos termos. Perguntei o que ele acharia se todos ao seu redor pensassem e agissem como ele e simplesmente exigissem de forma agressiva o que eles queriam. Bernardo foi capaz de reconhecer que este seria um mundo muito difícil de se viver e que isso levaria a muitos conflitos e infelicidade para todos os envolvidos. Conseguia ver que muitas vezes ele ficava preso nessa exigência de sempre conseguir o que queria. Precisávamos explorar mais o que significava para ele não conseguir o que queria. "Quando você não consegue o que quer com Sarah, o que isso o faz pensar?" Bernardo respondeu: "Isso me faz pensar que não sou importante, que ela não me respeita, que sou um covarde e que nunca conseguirei nada do que eu quero". Perguntei a Bernardo se ele conhecia alguém que tivesse tudo o que queria. Ele olhou para mim com alguma culpa no rosto e concordou que ninguém que ele conhecia tinha tudo o que queria. Isso os torna fracos e covardes, ou simplesmente faz parte de ser um ser humano, em um relacionamento, que vive no mundo real?

> Onde você estaria hoje se não tivesse passado tanto tempo insistindo em conseguir exatamente o que você queria?

Sugeri que uma maneira de pensar sobre relacionamentos, como sobre quase qualquer coisa na vida, é encontrar um *equilíbrio* em que você consegue um pouco do que quer e as outras pessoas consigam um pouco do que querem. Isso significa ser flexível em reconhecer que tanto você quanto os outros cometerão erros, mas que pode negociar alguns pontos em comum. Pedi a Bernardo que pensasse em como ele lidava com as pessoas no trabalho quando tentava chegar a um acordo sobre algo como um contrato. Ele reconheceu que sempre há concessões e que ninguém consegue o que quer o tempo todo. Eu também sugeri que ele usasse esse modelo para lidar com Sarah e tentar entender o que ela quer, dar-lhe espaço e respeitar os desejos dela. Depois disso, ele poderia ver se eles conseguiam chegar a algum meio termo em que ambos poderiam se comprometer e desistir de algo.

> Às vezes, quando você desiste de algo, ganha mais em longo prazo.

DESAFIO: *você acredita que não pode mudar?*
Você pode acreditar que não tem as habilidades ou a capacidade de mudar, como se sua capacidade fosse fixa e estável e nunca pudesse melhorar. Por exemplo, pode dizer que

sempre foi dessa maneira, que foi ensinado dessa forma, que é tudo bioquímico, ou que sofreu "danos" permanentes por causa da forma como foi criado por seus pais. Quando os pacientes me dizem que foram simplesmente criados dessa maneira, procuro variações em seus comportamentos, dependendo das circunstâncias. Eu pergunto: "Em que situações você age melhor?". Por exemplo, um homem veio se tratar comigo em busca de ajuda com sua raiva, porque sua esposa lhe disse que ou ele obtinha ajuda ou ela iria pedir o divórcio. Essa foi uma forte motivação para ele. Mas então ele começou a se rotular: "Eu sou apenas uma pessoa irritada. Eu não tenho capacidade de mudar. Sempre fui assim". Primeiro, eu disse a ele que precisávamos fazer uma distinção entre sentir raiva e agir de forma hostil. Podemos sentir raiva, mas não agir sobre ela. Por exemplo, podemos sentir raiva de alguém, mas não sermos hostis com a pessoa, não gritar com ela e não atacá-la. Eu perguntei se ele conseguia pensar em alguns exemplos em que ele sentiu raiva, mas não se tornou hostil. Ele refletiu por um momento e me disse que há momentos em que ele sente raiva de clientes que agem de forma irracional, mas que ele não expressa sua hostilidade porque sabe que isso seria pouco profissional e poderia colocar seu sucesso em risco.

Fomos capazes de pensar em outros exemplos de quando ele sentia raiva e não expressava hostilidade. Por exemplo, ele não expressaria hostilidade se encontrasse alguém que estivesse agindo de maneira provocativa, mas parecesse potencialmente perigoso, por causa do risco de se machucar, ou se seu chefe dissesse algo que ele não gostasse, porque agir de maneira hostil com seu chefe poderia fazê-lo ser demitido. O que esses exemplos ilustraram é que a capacidade dele de controlar a raiva e não agir de forma hostil dependia de como ele avaliava a situação. Isso o levou a refletir sobre a possibilidade de que poderia ter mais controle sobre sua hostilidade em relação à sua esposa do que pensava e que ele pode ser capaz de mudar se avaliar a situação de forma diferente.

Ao examinarmos a maneira dele de pensar durante os momentos em que expressava sua hostilidade em relação à esposa, ele percebeu que estava envolvido em uma série de distorções de pensamento que foram discutidas anteriormente neste livro. Esses pensamentos incluíam levar as coisas para o lado pessoal, tentar ler a mente da esposa e concluir que ela não o respeitava e catastrofizar o comportamento ou os comentários dela em vez de colocá-los em perspectiva. Ele tinha uma série de regras sobre como ela deveria falar com ele e o que ela deveria dizer. Enquanto trabalhávamos nos problemas de raiva em relação à esposa, ele ficou surpreso por conseguir controlar sua raiva antes de expressá-la, por considerar maneiras alternativas de ver as coisas e por reduzir sua hostilidade. Sua ideia de que tinha a hostilidade como uma característica fixa não resistiu à evidência de que ela dependia da situação e do que ele pensava, e de que ela poderia ser mudada com o uso de algumas ferramentas da terapia.

DESAFIO: *seu orgulho está atrapalhando seu aprendizado?*
O orgulho muitas vezes atrapalha a mudança. Quando somos orgulhosos, investimos muito em tentar estar certos e em nos sentirmos superiores aos outros. Em certos aspec-

tos, aprender com nossos erros envolve reconhecer que cometemos um erro. Isso é muito difícil para alguém que é excessivamente comprometido a guardar seu orgulho e tentar ser melhor e mais inteligente do que as outras pessoas. Este é frequentemente o caso de pessoas narcisistas que se veem como especiais e acima das regras. Todos nós podemos ser um pouco narcisistas às vezes, mas esse tipo de comportamento pode prejudicar nossa capacidade de conseguir mudar. Deixar que seu orgulho lhe impeça de reconhecer e aprender com seus erros significa aceitar que nunca será tão bom em algo quanto poderia ser.

> Reconhecer erros é um degrau da escada para chegar à sua melhor versão.

DESAFIO: *você acredita que não deveria ter que mudar?*
Às vezes, nos encontramos pensando de um ponto de vista moralmente arrogante: "Por que eu deveria reconhecer que tive um papel nisso quando sei que eles não fizeram o que deveriam ter feito?". Isso pode envolver um senso de superioridade moral que inclui a ideia de que se reconhecermos que cometemos um erro e tentarmos mudar a nós mesmos, isso nos levaria a descer o nível da nossa superioridade moral e do nosso senso de justiça mais avançado dos quais gostamos tanto. Muitas vezes vemos isso quando as pessoas têm conflitos em seus relacionamentos e uma ou ambas as partes tomam posições que recusam a modificar porque acreditam que estão certas e que seria desonesto ou que elas condenariam a si mesmas se reconhecessem que tiveram um papel em um problema do qual podem se arrepender. Pense em como você se sente quando está conversando com alguém que tem esse estilo moralmente arrogante. Você se sente confortável em discordar da pessoa ou em não atender aos pedidos dela? Essa crença de que o julgamento moral de certas pessoas devem ser colocados acima do de outras contribui para o aumento da raiva dessas pessoas e para a resistência à mudança do ego delas para se ajustar ao que é o mundo real. Quando acreditamos nesse tipo de moral superior, vemos qualquer desacordo como um ataque ao nosso sistema moral, nos tornamos rígidos e, portanto, inflexíveis na maneira como respondemos.

Vimos que erros podem nos ajudar e que o arrependimento pode nos motivar a aprender, crescer e evitar erros futuros. Mas você não precisa ficar preso em arrependimento para perceber que algo deu errado e que agora pode aprender com isso. Nas Palavras finais, após este capítulo, veremos como podemos reunir tudo o que abordamos no livro e como seu estilo de tomada de decisão, suas suposições sobre a vida, sua vontade de aceitar e ser flexível e sua capacidade de lidar com resultados imperfeitos podem lhe ajudar a viver com o passado e a criar um futuro melhor.

Palavras finais
Olhando para o passado enquanto olhamos para o futuro

Embora muitas pessoas vejam o arrependimento como uma experiência uniformemente negativa, vimos que ele, como todas as emoções, evoluiu porque se adapta em certas circunstâncias. O arrependimento, na verdade, é uma habilidade adquirida que nos permite aprender com nossos erros, antecipar erros antes de nos comprometermos com ações e expressar remorso para curar feridas em nossos relacionamentos. Mas o arrependimento também pode nos fazer de reféns, nos levando à autocrítica, à depressão, à indecisão e à sensação de estarmos congelados no passado. A boa notícia é que podemos aprender a ter uma abordagem equilibrada com o arrependimento, a fim de usá-lo quando for produtivo e descartá-lo quando nos deixar infelizes.

Nosso estilo de tomada de decisões está relacionado à nossa vulnerabilidade ao arrependimento. Inclusive, alguns estilos de decisão estão focados principalmente em evitar o arrependimento. Vimos que o *estilo maximizador*, baseado na suposição de que temos que buscar sempre os melhores resultados, acaba quase sempre em indecisão, em demandar muitas informações, em procrastinação, em insatisfação com os resultados e em mais arrependimento. O estilo alternativo que aceita resultados que não são perfeitos é mais adaptável. Esse *estilo em que ficamos satisfeitos* reconhece que não há certeza em um mundo incerto, aceita compromissos e não se compara constantemente com os melhores resultados imagináveis. Viver no mundo real implica nos comprometermos a nos contentarmos com imperfeições. O imperfeito é muitas vezes a melhor alternativa.

Algumas pessoas jogam para ganhar; outras jogam para não perder. Talvez a sabedoria esteja entre essas duas polaridades. Os tomadores de riscos excessivos podem se beneficiar de aprender a antecipar o arrependimento, mas indivíduos hesitantes podem aprender que é mais provável que eles se arrependam de não agir do que de agir. Não há uma fórmula simples. Certas coisas vêm com o aprendizado, e o arrependimento é uma delas.

Os problemas duplos do *perfeccionismo emocional* e do *perfeccionismo existencial* também contribuem para a insatisfação e o arrependimento. A ideia de que nossas emoções devem sempre ser calmas, agradáveis e alegres alimenta o mito de que nossa vida deve sempre ser gratificante, maravilhosa e sem conflitos. A felicidade pode ser um valor, mas nem sempre é uma realidade. O indivíduo resiliente entende que a vida envolverá uma vasta gama de emoções e abraçará a realidade de "sentir tudo", em vez de exigir "sentir-se bem" o tempo todo. Junto com essas demandas perfeccionistas que alimentam o arrependimento, também vimos que alcançar uma *mente pura*, que não tem conflitos, ambivalências ou dúvidas, é um objetivo impossível. Nossa mente está cheia de ruído, de contradições e de perguntas sem respostas. Uma vez que aceitemos sua cacofonia inevitável, podemos decidir quais serão nossas prioridades, quais ações vamos valorizar e como podemos tirar o melhor de uma situação que não seja ideal.

Vimos como o arrependimento influencia nossa tomada de decisões, como fazemos uma escolha e como lidamos com os resultados. Novamente, se seu objetivo é nunca ter nenhum arrependimento, você vai se encontrar preso à tomada de decisões repetidamente, porque os arrependimentos são muitas vezes o custo de viver no mundo real e tomar decisões reais. Se fizer escolhas tentando evitar arrependimentos, você pode se encontrar tentando se livrar de suas responsabilidades ao buscar reafirmação, ao seguir a multidão ou até mesmo ao ter alguém fazendo uma escolha por você. Isso não o libertará do arrependimento. Fazer uma escolha no mundo racional e real envolve aceitar o custo de algum arrependimento, já que os resultados nem sempre estão de acordo com nossas fantasias do que "precisamos". E o que você acha que "precisa" é muitas vezes uma expectativa rígida de que, se for sábio, pode alterar os resultados. Afinal, as expectativas são simplesmente pensamentos, não realidades, e ajustar suas expectativas ao mundo real lhe permite viver com o que você tem.

O arrependimento é muitas vezes a âncora que nos afunda na lama do passado — ou o que pensamos que poderíamos ter feito de forma diferente. Sugeri que com frequência gastamos muito tempo em nosso arrependimento, não reconhecendo que ele poderia ser a primeira emoção depois que uma decisão foi tomada, mas não precisa ser a única ou a última. Escolhas, resultados e arrependimentos podem ser vistos como os primeiros passos para vivermos em um mundo onde temos escolhas. Mas o que fazemos depois de nos arrependermos? Existe um prazo de prescrição do arrependimento? Temos que ruminar sobre ele? Ou podemos reconhecer que ele é simplesmente uma onda que chega até a praia, o deixamos ir e seguimos em frente?

Cada onda carrega consigo oportunidades, mas nossos arrependimentos podem ser a âncora que nos afunda.

Claro que você tem arrependimentos. Mas você consegue construir uma vida significativa aceitando arrependimentos, os deixando para trás e se concentrando no próximo capítulo? Seus arrependimentos não precisam ser o autor da sua história de vida. Você é o autor. O que você escreverá para o próximo capítulo?

Libertar-se dos arrependimentos não significa que você nunca terá arrependimentos. Não significa que eles não vão voltar e bater à sua porta para lhe lembrar que as coisas poderiam ser melhores. A liberdade de se arrepender implica que você pode se concentrar em ouvir a voz do arrependimento, usá-la se puder aprender algo com ela e deixá-la para trás. Uma pipa pode lhe levar para longe, mas só se você a segurar.

Pensei que ia terminar este livro voltando para onde começamos — os *oito hábitos das pessoas altamente arrependidas*. Lembra-se de como rimos juntos de como muitas vezes pensamos sobre nossas decisões? De que é quase garantido que teremos arrependimentos? Aqui está a lista, caso você tenha esquecido. E vamos ver algumas coisas que aprendemos.

Aqui vai.

1. Olhe para trás e pense no quão melhor sua vida teria sido se você tivesse feito diferente.

Essa idealização sobre todas as oportunidades perdidas não é apenas uma maneira distorcida e tendenciosa de pensar, mas também é algo que apenas lhe fará infeliz. Qualquer um pode se tornar infeliz idealizando o que a vida poderia ter sido, mas a chave para viver uma vida plena é fazer o melhor com o que temos. Sempre pode ser melhor, mas também sempre pode ser muito pior. Muitas vezes sonhamos com coisas que nunca aconteceram conosco. Não sabemos se as coisas realmente poderiam ter sido muito melhores com uma alternativa. Em vez de olhar para trás, tente viver sua vida presente enquanto constrói um futuro melhor. Não temos escolha quanto ao passado, mas temos escolha quanto ao futuro. E o futuro pode começar agora.

2. Foque em todos os aspectos negativos que você experimentou e desconsidere todos os aspectos positivos.

Essa é outra maneira distorcida e autodestrutiva de pensar. Claro que houve pontos negativos, mas houve e há pontos positivos também. Nossa mente só pode estar em um lugar de cada vez. Se você abrir o arquivo chamado "todos os pontos negativos", você será infeliz. Por que se preocupar com isso? Se descontar todos os pontos positivos porque houve pontos negativos, então não importa o quão boa sua vida poderia ter sido. Eu sei que quando falo com pessoas que têm um sério susto relacionado à saúde, como um diagnóstico de câncer, e elas percebem que vão conseguir sobreviver, elas não ficam cheias de arrependimentos. Elas ficam cheias de gratidão pelo que elas têm. E muitas vezes essa gratidão é sobre coisas simples, como estar vivo, sentir-se próximo de alguém e ser capaz de viver por enquanto. Foque-se na resiliência e em lidar com os problemas em vez de buscar a perfeição. A vida requer vida, não arrependimentos. A vida é curta.

3. Idealize as escolhas que você não fez.

A vida real não é viver em um paraíso utópico onde tudo é maravilhoso. Mesmo as pessoas que você admira ou inveja têm grandes decepções. Se você idealiza ter um parceiro diferente, tenha em mente que todos os relacionamentos têm problemas. Se você idealiza uma carreira diferente, tenha em mente que ela é chamada de "trabalho" porque as pessoas não a fariam de graça. Existem alternativas, sim, mas raramente há vidas ideais. Pelo menos nunca conheci alguém com uma vida ideal. Você conheceu? O ideal é um mito. Não há ideal.

4. Insista no fato de que você deveria sempre saber o que seria o melhor a fazer.

Seria maravilhoso ser onisciente, mas isso é algo limitado aos deuses. Todos nós temos limites. Você não poderia saber o que nunca soube. Dizer que deveríamos ter previsto é uma afirmação cheia de viés retrospectivo. Sim, você pode ser bom em prever o que aconteceu ontem, mas ninguém é muito bom em prever o que acontecerá amanhã. Quantas vezes a previsão do tempo já esteve errada? Raramente somos tão inteligentes quanto gostaríamos de ser ou pensamos que somos.

5. Então, critique-se por não saber o que não sabia e era sua obrigação saber.

De que adianta a autocrítica? Em vez de se autocriticar, pense em erros ou arrependimentos como experiências de aprendizagem. Pense em como você pode se corrigir. Se você cometeu um erro, trate a si mesmo como trataria seu melhor amigo ou seu filho que fez besteira. Substitua a autocrítica pela aceitação, aprendizagem e compaixão. Afinal de contas, você seria mais gentil com estranhos do que com você mesmo.

6. Avalie suas escolhas pelo melhor resultado que você pode imaginar.

Como é que isso faz algum sentido? Sabemos que ser um maximizador ou um perfeccionista sobre como a vida deve ser nos levará ao arrependimento e à infelicidade. Visar à satisfação, fazer o melhor com o que tem, focar na apreciação e na gratidão e até mesmo fazer uma ação virtuosa por pura humildade pode melhorar o significado e o prazer da vida. Tenha em mente que a demanda constante por "mais" significa viver a vida em um senso contínuo de privação. Sempre podemos ter menos, e muitas pessoas têm. Buscar mais rende menos.

7. Nunca aceite trocas.

A vida é um ato de equilíbrio, um conjunto de custos e benefícios. Não há almoço grátis, e cada decisão envolve aceitar alguma incerteza, algum compromisso. Você não precisa que as coisas ocorram do seu jeito para torná-las aceitáveis para si mesmo. Não há almoço grátis, e "decisões perfeitas" podem existir em um livro de matemática, mas não na vida real. Compromisso é outra maneira de ser realista. Compromisso leva ao progresso, enquanto exigir tudo em seus termos leva à insatisfação. Mire em se contentar com ser capaz de viver tão bem quanto você pode no mundo real.

8. Ao considerar uma escolha, insista que você precisa saber de tudo com certeza antes de decidir.

Não há certeza em um mundo incerto, e você nunca saberá tudo antes ou depois de uma decisão. Pense no mundo e em suas decisões como jogar um jogo, ou fazer uma aposta, e esperar que as chances estejam a seu favor. A busca constante por finalidade e certeza só aumenta a intolerância à incerteza. Faça o melhor palpite razoável em sua decisão e, em seguida, aprenda a lidar com o resultado. Mais informações nem sempre significam mais informações relevantes.

O mito da maximização

Vimos como tentar ser um maximizador geralmente termina em indecisão, arrependimento, ruminação e insatisfação. Há tantos memes motivacionais sobre ser o seu melhor, sobre alcançar o seu auge, sobre ter grande sucesso e sobre uma vida ideal, mas há muito pouco sobre aceitação, equilíbrio, apreciação, sentir-se grato e viver bem no dia a dia. Se você está em seu leito de morte e reflete sobre o que sua vida tem sido, acho que se lembrará do dia a dia, do comum, das vozes das pessoas que você ama e que te amam e dos tesouros simples que passaram despercebidos. Olhe ao seu redor para o momento presente e segure-o com um abraço caloroso. Porque seus arrependimentos só vão mantê-lo longe do que você tem e de quem você é e prendê-lo em um mundo fictício que nunca existirá e nunca poderia ter existido.

Recursos de apoio

ORGANIZAÇÕES QUE FORNECEM AJUDA PARA PESSOAS COM TRANSTORNOS MENTAIS

Academy of Cognitive and Behavioral Therapies
https://www.academyofct.org

American Psychological Association (APA)
https://www.apa.org

Anxiety & Depression Association of America (ADAA)
https://adaa.org

Anxiety Canada
https://www.anxietycanada.com

Association for Behavioral and Cognitive Therapies (ABCT)
https://www.abct.org

Association for Contextual Behavioral Science (ACBS)
https://contextualscience.org/acbs

Australian Association for Cognitive and Behaviour Therapy (AACBT)
https://www.aacbt.org.au

Behavioral Tech
https://behavioraltech.org

British Association for Behavioural & Cognitive Psychotherapies (BABCP)
https://babcp.com

Canadian Association of Cognitive and Behavioural Therapies (CACBT)
https://cacbt.ca

European Association for Behavioural and Cognitive Therapies (EABCT)
https://eabct.eu

The International OCD Foundation
https://iocdf.org

National Alliance on Mental Illness (NAMI)
https://nami.org

National Center for PTSD, U.S. Department of Veterans Affairs
https://www.ptsd.va.gov

Alguns recursos em língua portuguesa:

https://blog.artmed.com.br/

https://www.youtube.com/c/DraCarmemBeatrizNeufeld

https://www.instagram.com/tccparaacomunidade/

LIVROS SOBRE PREOCUPAÇÃO E RUMINAÇÃO

Clark, D. A. (2020). *The negative thoughts workbook: CBT skills to overcome the repetitive worry, shame, and rumination that drive anxiety and depression*. New Harbinger.

Hayes, S. C., & Smith, S. X. (2005). *Get out of your mind and into your life: The new acceptance and commitment therapy*. New Harbinger.

Hayes, S. C., Strosahl, K. D., & Wilson, K. G. (2021). *Terapia de aceitação e compromisso: o processo e a prática da mudança atenta*. (2. ed.). Artmed.

Leahy, R. L. (2007). *Como lidar com as preocupações: sete passos para impedir que elas paralisem você*. Artmed.

Papageorgiou, E. C., & Wells, E. A. (2006). *Depressive rumination: Nature, theory and treatment*. Wiley.

Watkins, E. R. (2018). *Rumination-focused cognitive-behavioral therapy for depression*. Guilford Press.

Wells, A. (2011). *Metacognitive therapy for anxiety and depression*. Guilford Press.

LIVROS SOBRE TOMADA DE DECISÃO

Ariely, D. (2010). *Predictably irrational: The hidden forces that shape our decisions*. HarperPerennial.

Baron, J. (2019). *Thinking and deciding* (4th ed.). Cambridge University Press.

Duke, A. (2019). *Thinking in bets: Making smarter decisions when you don't have all the facts*. Portfolio/Penguin.

Kahneman, D. (2011). *Thinking fast and slow*. Farrar, Straus & Giroux.

Kahneman, D., Sibony, O., & Sunstein, C. R. (2021). *Noise: A flaw in human judgment*. HarperCollins.

Lewis, M. (2016). *The undoing project: A friendship that changed our minds*. Norton.
Schwartz, B. (2005). *The paradox of choice: Why more is less*. HarperPerennial.

Thaler, R. H. (2016). *Misbehaving: The making of behavioral economics*. Norton.

ARTIGOS SOBRE ARREPENDIMENTO

Anderson, C. J. (2003). The psychology of doing nothing: Forms of decision avoidance result from reason and emotion. *Psychological Bulletin, 129*(1), 139–167.

Bleichrodt, H., & Wakker, P. P. (2015). Regret theory: A bold alternative to the alternatives. *Economic Journal, 1245*, 493–532.

Buchanan, J., & Summerville, A. (2014). Functions of personal experience and of expression of regret. *Personality and Social Psychology Bulletin, 40*(4), 463–475.

Gilbert, D. T., Morewedge, C. K., Risen, J. L., & Wilson, T. D. (2004). Looking forward to looking backward: The misprediction of regret. *Psychological Science, 15*(5), 346–350.

Gilbert, D. T., Pinel, E. C., Wilson, T. D., Blumberg, S. J., & Wheatley, T. P. (1998). Immune neglect: A source of durability bias in affective forecasting. *Journal of Personality and Social Psychology, 75*(3), 617–638.

Gilovich, T., & Medvec, V. H. (1994). The temporal pattern to the experience of regret. *Journal of Personality and Social Psychology, 67*(3), 357–365.

Gilovich, T., & Medvec, V. H. (1995). The experience of regret: What, when, and why. *Psychological Review, 102*(2), 379–395.

Gilovich, T., Medvec, V. H., & Kahneman, D. (1998). Varieties of regret: A debate and partial resolution. *Psychological Review, 105*(3), 602–605.

Jabr, F. (2012, April 19). The rue age: Older adults disengage from regrets, young people fixate on them. *Scientific American.* www.scientificamerican.com/article/oldpeople-manageregret.

Kahneman, D., & Tversky, A. (1979). Prospect theory: An analysis of decision under risk. *Econometrica, 47*(2), 263–291.

Loomes, G., & Sugden, R. (1982). Regret theory: An alternative theory of rational choice under uncertainty. *Economic Journal, 93,* 805–824.

McCormack, T., O'Connor, E., Beck, S., & Feeney, A. (2016). The development of regret and relief about the outcomes of risky decisions. *Journal of Experimental Child Psychology, 148,* 1–19.

O'Connor, E., McCormack, T., & Feeney, A. (2014). Do children who experience regret make better decisions?: A developmental study of the behavioral consequences of regret. *Child Development, 85*(5), 1995–2010.

Oswalt, S. B., Cameron, K. A., & Koob, J. J. (2005). Sexual regret in college students. *Archives of Sexual Behavior, 34,* 663–669.

Roese, N. J. (1994). The functional basis of counterfactual thinking. *Journal of Personality and Social Psychology, 66,* 805–818.

Roese, N. J., Epstude, K., Fessel, F., Morrison, M., Smallman, R., Summerville, A., et al. (2009). Repetitive regret, depression, and anxiety: Findings from a nationally representative survey. *Journal of Social and Clinical Psychology, 28,* 671–688.

Roese, N. J., & Summerville, A. (2005). What we regret most . . . and why. *Personality and Social Psychology Bulletin, 31,* 1273–1285.

Saffrey, C., Summerville, A., & Roese, N. J. (2008). Praise for regret: People value regret above other negative emotions. *Motivation and Emotion, 32,* 46–54.

Sherman, S. J., & McConnell, A. R. (1995). Dysfunctional implications of counterfactual thinking: When alternatives to reality fail us. In N. J. Roese & J. M. Olson (Eds.), *What might have been: The social psychology of counterfactual thinking* (pp. 199–231). Erlbaum.

Zeelenberg, M. (1999). Anticipated regret, expected feedback and behavioral decision-making. *Journal of Behavioral Decision Making, 12*(2), 93–106.

Zeelenberg, M., & Pieters, R. (2007). A theory of regret regulation 1.0. *Society for Consumer Psychology, 17*(1), 3–18.

Zeelenberg, M., van der Pligt, J., & Manstead, A. S. R. (1998). Undoing regret on Dutch Television: Apologizing for interpersonal regrets involving actions or inactions. *Personality and Social Psychology Bulletin, 24,* 1113–1119.

Referências

CAPÍTULO 1 O que é arrependimento?

Shimanoff, S. B. (1984). Commonly named emotions in everyday conversations. *Perceptual and Motor Skills, 58*(2), 514.

CAPÍTULO 2 Como funciona o arrependimento

Amsel, E., & Smalley, J. D. (2000). Beyond really and truly: Children's counterfactual thinking about pretend and possible worlds. In P. Mitchell & K. J. Riggs (Eds.), *Children's reasoning and the mind* (pp. 121–147). Psychology Press/Taylor & Francis.

Bernard, V., Sotiris, A., Michel, B., Alejandro, S., & Massimo, V. (2017). Current situation of medication adherence in hypertension. *Frontiers in Pharmacology, 8*, 100.

Bjälkebring, P., Västfjäll, D., Dickert S., & Slovic, P. (2016). Greater emotional gain from giving in older adults: Age-related positivity bias in charitable giving. *Frontiers in Psychology, 7*, 846.

Bonanno, G. (2021). *The end of trauma: How the new science of resilience is changing how we think about PTSD*. Basic Books.

Bonanno, G. A., Westphal, M., & Mancini, A. D. (2011). Resilience to loss and potential trauma. *Annual Review of Clinical Psychology, 7*, 511–535.

Borkovec, T. D., Hazlett-Stevens, H., & Diaz, M. L. (1999). The role of positive beliefs about worry in generalized anxiety disorder and its treatment. *Clinical Psychology & Psychotherapy, 6*(2), 126–138.

Brassen, S., Gamer, M., Peters, J., Gluth, S., & Büchel, C. (2012). Don't look back in anger!: Responsiveness to missed chances in successful and non-successful aging. *Science, 336*, 612–614.

Breugelmans, S. M., Zeelenberg, M., Gilovich, T., Huang, W.-H., & Shani, Y. (2014). Generality and cultural variation in the experience of regret. *Emotion, 14*(6), 1037–1048.

Brewer, N. T., DeFrank, J. T., & Gilkey, M. B. (2016). Anticipated regret and health behavior: A meta-analysis. *Health Psychology, 35*(11), 1264–1275.

Carmon, Z., Wertenbroch, K., & Zeelenberg, M. (2003). Option attachment: When deliberating makes choosing feel like losing. *Journal of Consumer Research, 30*(1), 15–29.

Cornfield, J. (2020, January 15). *More than three-quarters of Americans feel bad about this investing mistake.* CNBC. www.cnbc.com/2020/01/15/theseare-the-biggest-regrets-people-have-about-investing-in-stocks.html.

Dugas, M. J., Buhr, K., & Ladouceur, R. (2004). The role of intolerance of uncertainty in the etiology and maintenance of generalized anxiety disorder. In R. G. Heimberg, C. L. Turk, & D. S. Mennin (Eds.), *Generalized anxiety disorder: Advances in research and practice* (pp. 143–163). Guilford Press.

Ellis, E. M., Elwyn, G., Nelson, W. L., Scalia, P., Kobrin, S. C., & Ferrer, R. A. (2018). Interventions to engage affective forecasting in health-related decision making: A meta-analysis. *Annals of Behavioral Medicine, 52*(2), 157–174.

Enriquez, J., & Pickrell, T. M. (2019, January). *Seat belt use in 2018: Overall results* (Traffic Safety Facts Research Note, Report No. DOT HS 812 662). National Highway Traffic Safety Administration.

Feinberg, M., Willer, R., & Keltner, D. (2012). Flustered and faithful: Embarrassment as a signal of prosociality. *Journal of Personality and Social Psychology, 102*(1), 81–97.

Friedman, L. (2016, July 18). 18 entrepreneurs reveal their biggest business regrets. *Fortune.* https://fortune.com/2016/07/18/entrepreneursregrets.

Gilbert, D. T., Morewedge, C. K., Risen, J. L., & Wilson, T. D. (2004). Looking forward to looking backward: The misprediction of regret. *Psychological Science, 15*(5), 346–350.

Gilbert, D. T., Pinel, E. C., Wilson, T. D., Blumberg, S. J., & Wheatley, T. P. (1998). Immune neglect: A source of durability bias in affective forecasting. *Journal of Personality and Social Psychology, 75*(3), 617–638.

Gilovich, T., & Medvec, V. H. (1994). The temporal pattern to the experience of regret. *Journal of Personality and Social Psychology, 67*(3), 357–365.

Gilovich, T., Wang, R. F., Regan, D., & Nishina, S. (2003). Regrets of action and inaction across cultures. *Journal of Cross-Cultural Psychology, 34*(1), 61–71.

Gulati, D. (2012, December 14). The top five career regrets. *Harvard Business Review*. https://hbr.org/2012/12/thetopfivecareerregrets.

Guttentag, R., & Ferrell, J. (2004). Reality compared with its alternatives: Age differences in judgments of regret and relief. *Developmental Psychology, 40*(5), 764–775.

Hoerger, M., Quirk, S. W., Lucas, R. E., & Carr, T. H. (2009). Immune neglect in affective forecasting. *Journal of Research in Personality, 43*(1), 91–94.

Kahneman, D., & Tversky, A. (1982). The psychology of preferences. *Scientific American, 246*(1), 160–173.

Keltner, D., & Kring, A. M. (1998). Emotion, social function, and psychopathology. *Review of General Psychology, 2*(3), 320–342.

Kitayama, S., Snibbe, A. C., Markus, H. R., & Suzuki, T. (2004). Is there any "free" choice?: Self and dissonance in two cultures. *Psychological Science, 15*(8), 527–533.

Komiya, A., Kusumi, T., & Watabe, M. (2007). Regret in individual and group decision making. *Japanese Journal of Psychology, 78*(2), 165–172.

LaFreniere, L., & Newman, M. (2020). Exposing worry's deceit: Percentage of untrue worries in generalized anxiety disorder treatment. *Behavior Therapy, 51*, 413–423.

Leahy, R. L. (2005). Clinical implications in the treatment of mania: Reducing risk behavior in manic patients. *Cognitive and Behavioral Practice, 12*(1), 89–98.

Leahy, R. L. (2015). *Emotional schema therapy*. Guilford Press.

Lyubomirsky, S., & Dickerhoof, R. (2010). A construal approach to increasing happiness. In J. E. Maddux & J. P. Tangney (Eds.), *Social psychological foundations of clinical psychology* (pp. 229–244). Guilford Press.

MacLaughlin, K. L., Jacobson, R. L., Breitkopf, C. R., Wilson, P. M., Jacobson, D. J., Fan, C., et al. (2019). Trends over time in Pap and Pap-HPV cotesting for cervical cancer screening. *Journal of Women's Health, 28*(2), 244–249.

Mancini, A. D., Bonanno, G. A, & Clark, A. E. (2011). Stepping off the hedonic treadmill: Individual differences in response to major life events. *Journal of Individual Differences, 32*(3), 144–152.

McCormack, T., O'Connor, E., Cherry, J., Beck, S. R., & Feeney, A. (2019). Experiencing regret about a choice helps children learn to delay gratification. *Journal of Experimental Child Psychology, 179*, 162–175.

Miller, J. G. (2003). Culture and agency: Implications for psychological theories of motivation and social development. In V. Murphy-Berman & J. Berman (Eds.), *The*

49th annual Nebraska Symposium on Motivation: Cross-cultural differences in perspectives on self (pp. 59-99). University of Nebraska Press.

Morrison, M., & Roese, N. (2011). Regrets of the typical American: Findings from a nationally representative sample. *Social Psychological and Personality Science, 2,* 576–583.

Nielsen, L., Knutson, B., & Carstensen, L. L. (2008). Affect dynamics, affective forecasting, and aging: Correction to Nielsen, Knutson, and Carstensen (2008). *Emotion, 8*(5), 713.

Nisbett, R. (2003). *The geography of thought: How Asians and Westerners think differently — and why*. Free Press.

O'Connor, E., Mccormack, T., Beck, S., & Feeney, A. (2015). Regret and adaptive decision making in young children. *Journal of Experimental Child Psychology, 148,* 1–19.

Rafetseder, E., & Perner, J. (2012). When the alternative would have been better: Counterfactual reasoning and the emergence of regret. *Cognition and Emotion, 26*(5), 800–819.

Roese, N. J. (1997). Counterfactual thinking. *Psychological Bulletin, 121,* 133–148.

Roese, N. J., Epstude, K., Fessel, F., Morrison, M., Smallman, R., Summerville, A., et al. (2009). Repetitive regret, depression, and anxiety: Findings from a nationally representative survey. *Journal of Social and Clinical Psychology, 28*(6), 671–688.

Roese, N. J., & Summerville, A. (2005). What we regret most . . . and why. *Personality and Social Psychology Bulletin, 31*(9), 1273–1285.

Rosenbaum, L. (2014). Invisible risks, emotional choices—mammography and medical decision making. *New England Journal of Medicine, 371*(16), 1549–1552.

Saffrey, C., Summerville, A., & Roese, N. J. (2008). Praise for regret: People value regret above other negative emotions. *Motivation and Emotion, 32,* 46–54.

Sandberg T., & Conner, M. (2009). A mere measurement effect for anticipated regret: Impacts on cervical screening attendance. *British Journal of Social Psychology, 48*(2), 221–236.

Schwartz, B., Ward, A., Monterosso, J., Lyubomirsky, S., White, K., & Lehman, D. R. (2002). Maximizing versus satisficing: Happiness is a matter of choice. *Journal of Personality and Social Psychology, 83*(5), 1178–1197.

Sheldon, K. M., & Lyubomirsky, S. (2012). The challenge of staying happier: Testing the hedonic adaptation prevention model. *Personality and Social Psychology Bulletin, 38*(5), 670–680.

Slovic, P. (1998). Do adolescent smokers know the risks? *Duke Law Journal, 47,* 1133–1141.

Slovic, P., Finucane, M. L., Peters, E., & MacGregor, D. G. (2004). Risk as analysis and risk as feelings: Some thoughts about affect, reason, risk and rationality. *Risk Analysis*, 24(2), 311–322.

Summerville, A., & Buchanan, J. (2014). Functions of personal experience and of expression of regret. *Personality and Social Psychology Bulletin*, 40(4), 463–475.

Tetlock, P. E., & Gardner, D. (2015). Superforecasting: *The art and science of prediction*. Crown/Random House.

Västfjäll, D., Peters, E., & Bjälkebring, P. (2011). The experience and regulation of regret across the adult life span. In *Emotion and well-being* (pp. 165– 180). Springer.

Vrijens, B., Vincze, G., Kristanto, P., Urquhart, J., & Burnier, M. (2008). Adherence to prescribed antihypertensive drug treatments: Longitudinal study of electronically compiled dosing histories. *British Medical Journal*, 336, 1114–1117.

Wegner, D. M. (1989). *White bears and other unwanted thoughts: Suppression, obsession, and the psychology of mental control*. Penguin.

Wegner, D. M. (1994). Ironic processes of mental control. *Psychological Review*, 101, 34–52.

Weisberg, D. P., & Beck, S. R. (2010). Children's thinking about their own and others' regret and relief. *Journal of Experimental Child Psychology*, 106(2–3), 184–191.

Weisberg, D. P., & Beck, S. R. (2012). The development of children's regret and relief. *Cognition and Emotion*, 26(5), 820–835.

Wight, D., Henderson, M., Raab, G., Abraham, D., Buston, K., Scott, S., et al. (2000). Extent of regretted sexual intercourse among young teenagers in Scotland: A cross sectional survey. *BMJ Clinical Research*, 320, 1243–1244.

Wilson, T. D., Wheatley, T., Meyers, J. M., Gilbert, D. T., & Axsom, D. (2000). Focalism: A source of durability bias in affective forecasting. *Journal of Personality and Social Psychology*, 78(5), 821–836.

Worsch, C., Bauerr, I., & Scheier, M. F. (2005). Regret and quality of life across the adult life span: The influence of disengagement and available future goals. *Psychology and Aging*, 20(4), 657–670.

Zeelenberg, M. (1999). Anticipated regret, expected feedback and behavioral decision making. *Journal of Behavioral Decision Making*, 12(2), 93–106.

Ziarnowski, K. L., Brewer, N. T., & Weber, B. (2009). Present choices, future outcomes: Anticipated regret and HPV vaccination. *Preventive Medicine: An International Journal Devoted to Practice and Theory*, 48(5), 411–414.

CAPÍTULO 3 Quais suposições conduzem suas decisões e estimulam seu arrependimento?

Abramson, L. Y., Metalsky, G. I., & Alloy, L. B. (1989). Hopelessness depression: A theory-based subtype of depression. *Psychological Review, 96*(2), 358–372.

Alloy, L. B., Abramson, L. Y., Metalsky, G. I., & Hartlage, S. (1988). The hopelessness theory of depression. *British Journal of Clinical Psychology, 27*, 5–12.

Alloy, L. B., Burke, T. A., O'Garro-Moore, J., & Abramson, L. Y. (2018). Cognitive vulnerability to depression and bipolar disorder. In R. L. Leahy (Ed.), *Science and practice in cognitive therapy: Foundations, mechanisms, and applications* (pp. 105–123). Guilford Press.

Bonanno, G. (2021). *The end of trauma: How the new science of resilience is changing how we think about PTSD.* Basic Books.

LaFreniere, L. S., & Newman, M. G. (2020). Exposing worry's deceit: Percentage of untrue worries in generalized anxiety disorder treatment. *Behavior Therapy, 51*(3), 413–423.

Leahy, R. L. (1997). Depression and resistance: An investment model of decision makin. *Behavior Therapist, 20*, 3–6.

Leahy, R. L. (2004). Decision making processes and psychopathology. In *Contemporary cognitive therapy: Theory, research, and practice* (pp. 116–118). Guilford Press.

Leahy, R. L. (2018). *Emotional schema therapy: Distinctive features.* Routledge.

Leahy, R. L. (2020). *Don't believe everything you feel: A CBT workbook to identify your emotional schemas and free yourself from depression and anxiety.* New Harbinger.

Schwartz, B., Ward, A., Monterosso, J., Lyubomirsky, S., White, K., & Lehman, D. R. (2002). Maximizing versus satisficing: Happiness is a matter of choice. *Journal of Personality and Social Psychology, 83*(5), 1178–1197.

CAPÍTULO 4 Como você percebe o risco?

Bar-Hillel, M. (1980). The base-rate fallacy in probability judgments. *Acta Psychologica, 44*(3), 211–233.

Barnett, A. (2020). Aviation safety: A whole new world? *Transportation Science, 54*(1), 84–96.

Gilbert, D. T., Morewedge, C. K., Risen, J. L., & Wilson, T. D. (2004). Looking forward to looking backward: The misprediction of regret. *Psychological Science, 15*(5), 346–350.

Gilbert, D. T., Pinel, E. C., Wilson, T. D., Blumberg, S. J., & Wheatley, T. P. (1998). Immune neglect: A source of durability bias in affective forecasting. *Journal of Personality and Social Psychology, 75*(3), 617–638.

Folkes, V. S. (1988). The availability heuristic and perceived risk. *Journal of Consumer Research, 15*(1), 13–23.

Tversky, A., & Kahneman, D. (1973). Availability: A heuristic for judging frequency and probability. *Cognitive Psychology, 5*(2), 207–232.

Tversky, A., & Kahneman, D. (1982). Judgements of and by representativeness. In D. Kahneman, D. P. Slovic, & A. Tversky (Eds.), *Judgements under uncertainty: Heuristics and biases* (pp. 84–98). Cambridge University Press.

CAPÍTULO 5 A antecipação do arrependimento leva à ação ou à inércia?

Arkes, H. R., & Ayton, P. (1999). The sunk cost and Concorde effects: Are humans less rational than lower animals? *Psychological Bulletin, 125*(5), 591–600.

Arkes, H. R., & Blumer, C. (1985). The psychology of sunk cost. *Organizational Behavior and Human Decision Processes, 35*(1), 124–140.

Leahy, R. (2000). Sunk costs and resistance to change. *Journal of Cognitive Psychotherapy, 14*, 355–371.

CAPÍTULO 7 Como lidar efetivamente com desfechos decepcionantes

Arkes, H. R. (2001). Overconfidence in judgmental forecasting. In J. S. Armstrong (Ed.), *Principles of forecasting. International series in operations research and management science* (Vol. 30, pp. 495–515). Springer.

Einhorn, H., & Hogarth, J. (1978). Confidence in judgment: Persistence of illusion validity. *Psychological Review, 85*(5), 395–416.

Farrell, J., Hook, J., Ramos, N., Davis, M., van Tongeren, D., Ruiz, D., et al. (2015). Humility and relationship outcomes in couples: The mediating role of commitment. *Couple and Family Psychology: Research and Practice, 4*(1), 14–26.

Gazdik, M. (2017, January). Key failures of Steve Jobs that made him the world's best entrepreneur. *LinkedIn*. www.linkedin.com/pulse/keyfailuressteve jobs-why-made-him-worlds-best-part-marian-gazdik.

Gilbert, P. (2009). *The compassionate mind.* Constable.

Krause, N., Pargament, K. I., Hill, P. C., & Ironson, G. (2016). Humility, stressful life events,and psychological well-being: Findings from the landmark spirituality and health survey. *Journal of Positive Psychology, 11*(5), 499–510.

Peters, A., Rowat, W., & Johnson, M. (2011). Associations between dispositional humility and social relationship quality. *Psychology, 2,* 155–161.

Roese, N., & Vohs, K. (2012). Hindsight bias. *Perspectives on Psychological Science, 7*(5).

Schlitz, P. J. (1999). On being a happy, healthy, ethical member of an unhappy, unhealthy, and unethical profession. *Vanderbilt Law Review, 52*(4), 871.

Stellar, J. E., Gordon, A., Anderson, C. L., Piff, P. K., McNeil, G. D., & Keltner, D. (2018). Awe and humility. *Journal of Personality and Social Psychology, 114*(2), 258–269.

Su, J. (2019, July 1). Bill Gates admits that his biggest mistake was letting Android win, costing Microsoft $400 billion. *Forbes.* www.forbes.com/sites/jeanbaptiste/2019/07/01/billgatesadmitsthathisbiggestmistakewas lettingandroid-wincostingmicrosoft400billion/?sh=640ee6f95689.

Waldman, P. (2014, September 29). Obama admits administration got it wrong on ISIS. That's a good thing. *Washington Post.* www.washingtonpost.com/ blogs/plumline/wp/2014/09/29/obamaadmittedhegotitwrongon isis-thats-a-good-thing.

Weiss, D. (2014, April). "After the JD study" shows many leave law practice. *ABA Journal.* www.abajournal.com/magazine/article/after_the_jd_study_shows_many_leave_law_practice.

Zuckerman, G., & Chung, J. (2017, January 13). Billionaire George Soros lost nearly $1 billion in weeks after Trump election. *Wall Street Journal.* www. wsj.com/articles/billionairegeorgesoroslostnearly1billioninweeks after-trump-election-1484227167.

CAPÍTULO 8   Deixando a ruminação de lado

Carney, C. E., Harris, A. L., Falco, A., Edinger, J. D. (2013). The relation between insomnia symptoms, mood, and rumination about insomnia symptoms. *Journal of Clinical Sleep Medicine, 9*(6), 567–576.

de Jong-Meyer, R., Beck, B., & Riede, K. Relationships between rumination, worry, intolerance of uncertainty and metacognitive beliefs. *Personality and Individual Differences, 46*(4), 547–551.

Hilt, L., Sander, L. C., Nolen-Hoeksema, S., & Simen, A. A. (2007). The BDNF Val66Met polymorphism predicts rumination and depression differently in young adolescent girls and their mothers. *Neuroscience Letters, 429*(1), 12–16.

Jacobs, R. H., Watkins, E. R., Peters, A. T., Feldhaus, C. G., Barba, A., Carbray, J., et al. (2016). Targeting ruminative thinking in adolescents at risk for depressive relapse: Rumination-focused cognitive behavior therapy in a pilot randomized controlled trial with resting state fMRI. *PLoS One, 11*(11).

Leahy, R. L. (2005). *The worry cure: Seven steps to stop worry from stopping you.* Harmony Books.

Leahy, R. L. (2017). *Cognitive therapy techniques: A practitioner's guide* (2nd ed.). Guilford Press.

Moore, M. N., Salk, R. H., Van Hulle, C. A., Abramson, L. Y., Hyde, J. S., Lemery-Chalfant, K., et al. (2013). Genetic and environmental influences on rumination, distraction, and depressed mood in adolescence. *Clinical Psychological Science, 1*(3), 316–322.

Nolen-Hoeksema, S. (2000). The role of rumination in depressive disorders and mixed anxiety/depressive symptoms. *Journal of Abnormal Psychology, 109*, 504–511.

Nolen-Hoeksema, S., Larson, J., & Grayson, C. (1999). Explaining the gender difference in depressive symptoms. *Journal of Personality and Social Psychology, 77*(5), 1061–1072.

Nolen-Hoeksema, S., Morrow, J., & Fredrickson, B. L. (1993). Response styles and the duration of episodes of depressed mood. *Journal of Abnormal Psychology, 102*(1), 20–28.

Papageorgiou, C., & Wells, A. (2001). Metacognitive beliefs about rumination in recurrent major depression. *Cognitive and Behavioral Practice, 8*(2), 160–164.

Takano, K., & Tanno, Y. (2011). Diurnal variation in rumination. *Emotion, 11*(5), 1046–1058.

Wells, A. (2000). *Emotional disorders and metacognition: Innovative cognitive therapy.* Wiley.

Wells, A. (2002). Worry, metacognition and GAD: Nature, consequences and treatment. *Journal of Cognitive Psychotherapy, 16*, 179–192.

Wells, A. (2005). Detached mindfulness in cognitive therapy: A metacognitive analysis and ten techniques. *Journal of Rational-Emotive and Cognitive-Behavior Therapy, 23*, 337–355.

Wells, A. (2006). The metacognitive model of worry and generalized anxiety disorder. In G. C. L. Davey & A. Wells (Eds.), *Worry and psychological disorders: Theory, assessment and treatment* (pp. 179–200). Wiley.

Wells, A. (2010). Metacognitive therapy. In J. D. Herbert & E. M. Forman (Eds.), *Acceptance and mindfulness in cognitive behavior therapy: Understanding and applying the new therapies* (pp. 83–108). Wiley.

Wells, A., & Matthews, G. (1994). *Attention and emotion: A clinical perspective.* Erlbaum.

Wells, A., & Papageorgiou, C. (2004). Metacognitive therapy for depressive rumination. In C. Papageorgiou & A. Wells (Eds.), *Depressive rumination: Nature, theory and treatment* (pp. 259–273). Wiley.

CAPÍTULO 9 Aprendendo com a culpa

Acker, K. E. (2011). *When do we forgive?: The role of apology and empathy-based guilt in facilitating forgiveness*. Available from ProQuest Dissertations & Theses Global (920884172). https://tc.idm.oclc.org/login?url=https://www.proquest.com/dissertationstheses/whendoweforgiveroleapologyempathybased/docview/920884172/se2?accountid=14258.

Adams, G. S., & Inesi, M. E. (2016). Impediments to forgiveness: Victim and transgressor attributions of intent and guilt. *Journal of Personality and Social Psychology, 111*(6), 866–881.

Aronfreed, J. (1968). *Conduct and conscience: The socialization of internalized control over behavior*. Academic Press.

Fehr, R., Gelfand, M. J., & Nag, M. (2010). The road to forgiveness: A meta-analytic synthesis of its situational and dispositional correlates. *Psychological Bulletin, 136*(5), 894–914.

Gilbert, P. (2003). Evolution, social roles, and the differences in shame and guilt. *Social Research, 70*(4), 1205–1230.

Leith, K. P., & Baumeister, R. F. (1998). Empathy, shame, guilt, and narratives of interpersonal conflicts: Guilt-prone people are better at perspective taking. *Journal of Personality, 66*(1), 1–37.

New York State Unified Court System. (n.d.) *Statute of Limitations* (chart). nycourts.gov/CourtHelp/GoingToCourt/SOLchart.shtml.

Ohtsubo, Y., Matsunaga, M., Tanaka, H., Suzuki, K., Kobayashi, F., Shibata, E., et al. (2018). Costly apologies communicate conciliatory intention: An fMRI study on forgiveness in response to costly apologies. *Evolution and Human Behavior, 39*(2), 249–256.

Rosenstock, S., & O'Connor, C. (2018). When it's good to feel bad: An evolutionary model of guilt and apology. *Frontiers in Robotics and AI, 5,* 9.

Schaumberg, R. L., & Flynn, F. J. (2017). Clarifying the link between job satisfaction and absenteeism: The role of guilt proneness. *Journal of Applied Psychology, 102*(6), 982–992.

Schumann, K. (2012). Does love mean never having to say you're sorry?: Associations between relationship satisfaction, perceived apology sincerity, and forgiveness. *Journal of Social and Personal Relationships, 29*(7), 997–1010.

Wade, N. G., & Worthington, E. L., Jr. (2005). In search of a common core: A content analysis of interventions to promote forgiveness. *Psychotherapy: Theory, Research, Practice, Training, 42*(2), 160–177.

CAPÍTULO 10 Como usar o arrependimento produtivo

Petroski, H. (2006). *Success through failure: The paradox of design.* Princeton University Press.

Pierce, D., & Goode, L. (2018, December 7). The Wired guide to the iPhone. *Wired.* www.wired.com/story/guideiphone.

Índice

A

Aceitação
    aprendendo com os erros e, 192-193, 199
    arrependimento produtivo e, 191-192
    expectativas inflexíveis e, 150-151
    remorso e, 185
    ruminação e, 160-163
    visão geral, 162, 206-207
Aceitar a ignorância, 162-163
Ações valorizadas, 164-165, 181
Acreditar no que você quer
    aprender com os erros e, 197-199, 202-203
    subestimar o risco e, 75-76, 79-80
Adaptabilidade, 200-202, 205
Agência, 119-121
Agir em decisões tomadas, 87-102, 179-180.
    Ver também Decisões; Inércia
Alívio, 110-112
Ambivalência, 24-28, 107-108
Ancorar-se em algo, 30-32, 42
Ansiedade
    compaixão e, 185
    estratégia da espera ao fazer escolhas e, 185-186
    hábitos das pessoas altamente arrependidas e, 32-35
    não eventos e, 68-69
    superestimando o risco e, 71-73
    técnica do tédio e, 165-168
Ansiedade social, 34-36
Antecipar arrependimentos futuros. *Ver também* Futuro
    arrependimento produtivo e, 39-41

    decisões e, 39-43
    estratégia da espera ao fazer escolhas e, 108-115
    lado negativo do arrependimento e, 34-36
    lado positivo do arrependimento e, 37-39
    percepção de risco e, 65-67
    remorso e, 172-173
    visão geral, 131, 190
Apego a perdas irrecuperáveis, 87, 94-102
Apoio social, 104
Aprender com os erros. *Ver também* Aprender com os erros dos outros; Arrependimento produtivo
    arrependimento produtivo e, 39, 41-42, 192-203
    autocrítica e, 156-157
    desafiar crenças de custos irrecuperáveis e, 101-102
    estilo de decisão e, 50-51
    estilo explicativo e, 55-56
    lado positivo do arrependimento e, 36-38
    o que não aprendemos com os erros, 197-203
    o que realmente aprendemos com os erros, 195-198
    remorso e, 177-182
    valor de, 192-196
    visão geral, 4-5, 23, 189-190
Aprendizado, 13-15, 36-38. *Ver também* Aprender com os erros; Autocorreção
Armadilhas. *Ver* Reações em cadeia e armadilhas
Arrepender-se do arrependimento, 59, 62-64.
    Ver também Ruminação
Arrependimento como uma estratégia de sobrevivência, 189

Arrependimento em geral. *Ver também* Antecipar arrependimentos futuros; Arrependimentos passados; Arrependimentos produtivos; Possibilidade de emoção
    altos e baixos do arrependimento, 34–43
    ambivalência e, 24–28
    arrependimentos comuns, 17–21
    crenças sobre como lidar com a decepção e, 28–32
    explorando arrependimentos, 15–17
    hábitos das pessoas altamente arrependidas e, 32–35, 42–43, 206–209
    mecanismos por trás do arrependimento, 24–35
    negligência imunológica, 29–32
    oportunidade e, 31–32
    prever demais as emoções, 29–30
    remorso do comprador e, 27–29
    vieses de pensamento e, 26–28
    visão geral, 1–6, 12–17, 23–24, 205–209
Arrependimento improdutivo. *Ver também* Lado negativo do arrependimento
    em comparação ao arrependimento produtivo, 191–193
    remorso e, 178–182
    visão geral, 5–6, 39–42
Arrependimento produtivo. *Ver também* Lado positivo do arrependimento
    aprendendo com os erros e, 192–203
    decisões e, 39, 41–43
    experiências de aprendizagem e, 151–152
    remorso e, 172–173, 178–182
    sucesso por meio de falhas, 190–192
    visão geral, 5–7, 23, 39–42, 132, 168, 189–193
Arrependimentos passados
    lado negativo do arrependimento e, 34–36
    ruminação e, 156
    viés retrospectivo e, 133–138
    visão geral, 11, 206–207
Arrependimentos relacionados à carreira, 17–19, 21
Arrependimentos relacionados à família, 17–19
Arrependimentos relacionados a relacionamentos
    aprendendo com os erros e, 200–202
    arrependimento produtivo e, 39, 41–42
    arrependimentos comuns e, 17–18
    tentar assegurar na tomada de decisões e, 117–118
Aspirações. *Ver também* Emoção da possibilidade
Assentar, 33–34
Assumir riscos, 38–39, 50–51, 205–206

Atividades agradáveis, 78–79. *Ver também* Experiências recompensadoras
Autocompaixão, 152–153, 185. *Ver também* Compaixão
Autoconfiança, 49–50
Autoconhecimento. *Ver* Formulários e questionários
Autocontrole
    aprender com os erros e, 197–198
    lado positivo do arrependimento e, 36–38
    remorso e, 171–173
Autocorreção. *Ver também* Aprendizagem
    decisões e, 42, 50–51
    deveres e, 13–15
    remorso e, 171, 180
    visão geral, 39, 41–42
Autocrítica
    arrependimento improdutivo e, 191–193
    compaixão e, 185
    decisões e, 42, 50–51
    deveres e, 13–15
    estilo explicativo e, 54–56, 59
    hábitos das pessoas altamente arrependidas e, 33–34
    remorso e, 170–173, 182–185
    tentar assegurar na tomada de decisões e, 116
    tomada de decisão pessimista e, 90–91
    visão geral, 23, 39, 41–42, 133, 150–153, 207–208
Autoenganação, 197–199
Aversão ao risco, 87–89

B

Bondade, 185. *Ver também* Gentileza consigo mesmo

C

Capacidade para o risco, 50–53
Catastrofização, 26–27
Causas de satisfação, 56, 59–62, 205
Causas dos desfechos, 135–136. *Ver também* Certeza dos desfechos
Certeza. *Ver também* Incerteza
    hábitos das pessoas altamente arrependidas e, 33–35
    ruminação e, 161–163
    superestimar o risco e, 74–76
    tomada de decisão pessimista e, 89–90
    visão geral, 24–27
Compaixão, 180–181, 185–187. *Ver também* Autocompaixão

Competência, 49–50, 117–118
Comportamentos, 164–165, 172–173, 191–193
Comprometimento com uma escolha, 121–124, 199. *Ver também* Escolha
Confiança
    aprender com os erros e, 197–199
    buscar segurança ao tomar decisões e, 116–118
    em previsões, 136–137
    estilo de decisão e, 49
    ilusão de, 136–137
    lado positivo do arrependimento e, 38–39
    visão geral, 25–26
Confiança excessiva, 49, 197–199. *Ver também* Confiança
Confiar em imagens intensas, 67–68, 70–72
Conformidade, 119–121
Conformidade médica, 39–41
Conselhos para os outros, 99–101
Consequências de ações/escolhas/decisões
    aprender com os erros e, 197–199
    buscar segurança ao tomar decisões e, 117–118
    deveres e, 14–15
    estratégia da espera ao tomar decisões e, 110–111
Contrafatuais, 37–38
Controle. *Ver também* Falta de controle
    aprender com os erros e, 197–198, 200–202
    decepção e, 132
    falta de, 67–68, 74–75
    pressupostos sobre, 12–15
    remorso e, 171–173
    ruminação e, 156–157, 160–163
Convencimento, 149–151
Conversar consigo mesmo, 182–185. *Ver também* Autocrítica; Pensamentos
Crédito. *Ver também* Culpa; Responsabilidade
    buscar segurança ao tomar decisões e, 115–116
    estilo explicativo e, 54–56, 59
    remorso e, 177–178
    resiliência e, 104–105
    viés retrospectivo e, 133–134
Crianças pequenas, 17–20
Criticismo. *Ver* Autocrítica
Culpa. *Ver também* Crédito; Responsabilidade
    aprender com os erros e, 198–200
    buscar segurança ao tomar decisões e, 115–116
    deveres e, 14–15
    estilo explicativo e, 54–56, 59
    lado negativo do arrependimento e, 35–36
    perfeccionismo emocional e, 62–63
    remorso e, 169, 171, 175–178, 181–182
    seguir a multidão ao tomar decisões e, 120–122
    tomada de decisão pessimista e, 88–91
    viés retrospectivo e, 133–134
Culpa de sobrevivente, 173
Culpar a si mesmo
    remorso e, 171
    tomada de decisão pessimista e, 88–91
    viés retrospectivo e, 133–134
    visão geral, 169
Custos de curto prazo, 101–102
Custos de oportunidade
    desafiar crenças de custos irrecuperáveis, 98–100
    efeito de custo irrecuperável e, 95–97
    estratégia da espera na tomada de decisões e, 109–112
    opção de não negociar na tomada de decisões e, 124–125
Custos de pesquisar, 114. *Ver também* Informação antes da tomada de decisão
Custos e benefícios, 24–25, 51–52, 71–73, 124–125. *Ver também* Efeito dos custos irrecuperáveis; Trocas

D

Decepção
    arrependimento produtivo e, 191–192
    crenças sobre lidar com as coisas e, 28–32
    estilo de decisão e, 50–51
    resiliência e, 28–32, 103–104
    visão geral, 23, 132
Decisões. *Ver também* Estilo de decisão; Tomada de decisão
    ambivalência e, 24–25
    arrependimento improdutivo e, 191–193
    arrependimento produtivo e, 23, 39–43
    desafiar crenças de custos irrecuperáveis, 97–102
    essencialismo e, 141
    estilo explicativo e, 54–56, 59
    estratégia de espera na tomada de decisão e, 108–115
    expectativas e, 56, 59, 62
    explorar os arrependimentos e, 15–17
    hábito do arrependimento e, 59, 62

hábitos das pessoas altamente arrependidas e, 32-35
justificar decisões passadas, 96-97
número de escolhas, 31-32
oportunidade e, 31-32
percepção do risco e, 66-67
remorso do comprador e, 27-29
ruminação e, 59, 62-64
superestimando o risco e, 71-73, 75-76
visão geral, 3-6, 87-88, 126-127, 131-132, 206
Decisões voltadas para trás, 94-97. *Ver também* Decisões
Depressão
aprender com os erros e, 192-193
compaixão e, 185
lado negativo do arrependimento e, 35-36
lado positivo do arrependimento e, 38-39
ruminação e, 156-158
tomada de decisão pessimista e, 88-91
Derrota
desafiar crenças de custos irrecuperáveis, 97-102
estilo de decisão e, 54
resiliência e, 103-104
tomada de decisão pessimista e, 89-91
Desânimo, 50-52
Desapegar, 165-166, 177-178, 206-207
Descontentamento, 62-63, 206
Desengajamento, 19, 165-166, 177-178
Desesperança, 55
Desistir, 50-52, 96-97, 100-102, 200-202
Desvalorizar o que temos, 139-140. *Ver também* Idealizar a alternativa
Deveres, 12-15, 26-27
Dificultar para si mesmo, 123-124
Direitos individuais, 175-176
Duas medidas, 145-146, 177-178

E

Efeito de custos irrecuperáveis
desafiar crenças de custos irrecuperáveis, 97-102
tomada de decisão e, 87, 94-102
visão geral, 94, 132
Efeito rebote, 24
Efetividade, 49-50, 117-118
Emoção da possibilidade. *Ver também* Imaginar possibilidades
prever demais as emoções, 29-30
remorso do comprador e, 27-29
superestimar o risco e, 74-76
visão geral, 11-16
Emoção de oportunidade, 31-32, 50-51
Emoções. *Ver também* Sentimentos
desafiando crenças de custos irrecuperáveis, 101-102
lado positivo do arrependimento e, 38-39, 41
perfeccionismo emocional, 61-63
prever emoções exageradamente, 29-30
ruminação e, 156
visão geral, 189
Emoções desagradáveis. *Ver também* Emoções
lado positivo do arrependimento e, 38-39, 41
perfeccionismo emocional, 61-63
ruminação e, 156
Emoções positivas, 38-41, 101-102. *Ver também* Emoções
Emoções positivas valiosas, 38-41. *Ver também* Emoções
Equilíbrio, 51-52, 196-197, 208-209
Escolha. *Ver também* Processo de tomada de decisão
ambivalência e, 24-25
arrependimento produtivo e, 23, 39-41, 191-193
autocrítica e, 150-153
deveres e, 13-15
evitação emocional e, 77-79
evolução dos arrependimentos durante a vida e, 20
explorando seus arrependimentos e, 15-17
hábitos das pessoas altamente arrependidas e, 32-35
idealizar alternativas em vez da decisão que tomamos, 138-140
ilusão da escolha forçada e, 91-93
lado negativo do arrependimento e, 34-36
número de escolhas, 31-32
oportunidade e, 31-32
preferências relativas e, 144-145
remorso e, 175-177
vieses de pensamento e, 26-28
visão geral, 5-7, 87-98, 107-108, 132, 206-209
Escolhas de estilo de vida, 40-41
Esperanças, 55
Essencialismo, 133, 140-147. *Ver também* Perfeccionismo existencial
Estar certo, 99-100, 197-199, 202-203
aprender com os erros e, 197-199, 202-203

desafiar crenças de custos irrecuperáveis, 99–100
Esteira hedonista, 28–30, 133
Estilo de decisão. *Ver também* Decisões; Tomada de decisão
    dimensões de, 52–54
    examinar o próprio estilo de decisão, 47–53
    fazer escolhas e, 108
    visão geral, 47, 131, 205
Estilo de decisão e competitividade, 53–54
Estilo explicativo, 54–56, 59, 117–118, 135–137
Estilo explicativo e esforço, 54–56, 59
Estimar o risco. *Ver* Percepção do risco; Subestimar o risco; Superestimar o risco
Estratégia de deixar para a sorte na tomada de decisão, 125–127. *Ver também* Processo de tomada de decisão
Estratégia de tentar assegurar na tomada de decisão, 121–124. *Ver também* Processo de tomada de decisão
"Eu posso ser especial", 67–68, 75–76
Evidência contra e a favor de pensamentos, 184. *Ver também* Pensamentos
Evitação
    escolhas e, 108–116, 124–125
    lado negativo do arrependimento e, 35–36
    perfeccionismo emocional e, 62–63
    remorso e, 170, 180
    subestimar o risco e, 75–79
    tomada de decisão e, 50–52, 89–91
    visão geral, 132, 205
Evitação emocional, 75–79. *Ver também* Evitação
Evitar emoções negativas, 75–79, 101–102. *Ver também* Emoções
Evolução dos arrependimentos durante a vida, 18–20
Evolução dos arrependimentos no decorrer da vida, 18–20
Exigência, 200–202
Exigir à sua maneira, 200–202
Expectativas. *Ver também* Expectativas inflexíveis
    perfeccionismo existencial e, 62–64
    ruminação e, 59, 62
    visão geral, 56, 59–62, 205
Expectativas inatingíveis. *Ver* Expectativas; Expectativas inflexíveis
Expectativas inflexíveis, 133, 147–151. *Ver também* Expectativas
Experiências recompensadoras
    estilo de decisão e, 50–51
    resiliência e, 104–105
    subestimando o risco, 77–79
Experimentação, 36–39, 41–42
Explorar opções, 92–93. *Ver também* Tomada de decisão
Explorar os arrependimentos, 15–21

F

Falhas. *Ver também* Aprender com os erros
    arrependimento produtivo e, 190–192
    estilo explicativo e, 54–56, 59
    remorso e, 169
    tomada de decisão pessimista e, 90–91
Falta de controle, 67–68, 73–74. *Ver também* Controle
Fases da vida, 18–20
Fator idade, 18–20
Fatores culturais, 4–5, 17–18, 20, 176–178
Fatores de desenvolvimento durante a vida, 18–20
Fatores de gênero, 4–5, 17–19
Fatores genéticos na ruminação, 156
Feedback de opções rejeitadas, 32
Ficar preso. *Ver também* Inércia
    desafiar crenças de custos irrecuperáveis, 97–102
    efeito de custos irrecuperáveis e, 94–102
    lado negativo do arrependimento e, 34–36
    visão geral, 132
Filtragem negativa, 26–27
Flexibilidade
    aprender com os erros e, 200–202
    expectativas inflexíveis e, 133, 147–151
    visão geral, 25–26
Focalismo, 30–32
Foco em ameaças, 68–69
Formulário "Como Explico os Resultados para Diferentes Áreas de Minha Vida", 56–58
Formulário "Seus Vieses ao Subestimar o Risco", 83–85
Formulário "Seus Vieses ao Superestimar o Risco", 80–83
Formulários e questionários
    Formulário "Seus Vieses ao Subestimar o Risco", 83–85
    Formulário "Seus Vieses ao Superestimar o Risco", 80–83
    Questionário "Como Eu Explico os Resultados para Diferentes Áreas da Minha Vida", 56–58
    Questionário de Arrependimento, 61–62
    Questionário de Estilo de Decisão, 47–53, 87–88

Questionário de Maximização, 59-60
Função de cancelamento do arrependimento, 15-17
Funcionamento de grupos, 173, 176-178
Futuro. *Ver também* Antecipar arrependimentos futuros; Emoção da possibilidade; Imaginar possibilidades; Preocupações; Trocas
    desafiando crenças de custos irrecuperáveis, 98-99
    eventos recentes e, 69-70
    tomada de decisão pessimista e, 88-89
    tomada de decisão racional e, 90-92

G
Ganhar e perder, 53-54, 89-90, 205-206
Gentileza consigo mesmo, 152-153, 185
Gratidão, 141-143

H
Habilidade, estilo explicativo e, 54-56, 59
Habilidades sociais emocionais, 172
Hábitos
    hábito do arrependimento, 59, 62
    hábitos das pessoas altamente arrependidas, 32-35, 42-43, 206-209
    subestimando os, 75-76, 78-79
Habituação, 76-78, 165-168
Hesitação
    estilo de decisão e, 53-54
    tomada de decisão pessimista e, 88-90
    tomada de decisão racional e, 92-93
    visão geral, 205-206
Hostilidade, 38-39, 193-194, 197-203
Humildade, 149-151, 207-209

I
Idealizar a alternativa, 133, 138-140, 206-208
Identidade, 119-121
Ignorar os aspectos positivos, 26-27, 141, 206-208
Ignorar probabilidades. *Ver* Probabilidades
Ilusão da diligência, 32
Ilusão da escolha forçada, 91-93
Ilusão de confiança, 136-137. *Ver também* Confiança
Ilusão de escassez, 91-93
Imagens intensas, 67-68, 70-72
Imaginar probabilidades. *Ver também* Emoção da possibilidade
    evolução dos arrependimentos durante a vida e, 20

lado positivo do arrependimento e, 36-39
ruminação e, 167-168
visão geral, 11, 205
Imperfeição, 146. *Ver também* Perfeccionismo
Imprudência, 193-194
Impulsividade, 4-5, 53-54
Incerteza. *Ver também* Certeza
    estratégia da espera na tomada de decisões e, 113-114
    notar não eventos e, 68-69
    ruminação e, 156-157, 161-163
    superestimar o risco e, 74-76
    visão geral, 24-27, 205
Individualidade, 119-121
Inércia, 112-114. *Ver também* Agir em decisões tomadas; Decisões; Ficar preso
    desafiando crenças de custos irrecuperáveis e, 97-102
    efeito dos custos irrecuperáveis e, 94-102
    estratégia da espera na tomada de decisão e, 108-115
    pessimismo e, 87-93
Informação antes da tomada de decisão
    culpa subsequente e, 175-176
    desafiar crenças de custos irrecuperáveis, 99-100
    estilo de decisão e, 53-54
    estratégia da espera na tomada de decisão e, 113-114
    estratégia de deixar para a sorte e, 125-127
    ruminação e, 162-163
    tentar assegurar ao tomar decisões e, 117
    visão geral, 208-209
Intenção, 175-177
Intolerância à incerteza, 161-163. *Ver também* Incerteza
Intuição, 53-54
Inveja, 38-41

J
Julgar. *Ver também* Processo de tomada de decisão
    ambivalência e, 24-25
    aprender com os erros e, 197-199
    essencialismo e, 145-147
    medo do julgamento dos outros, 97-98, 145-146
    percepção de risco e, 66-67
    perdão e, 185-187
    remorso e, 176-178, 184-187
    vieses de pensamento e, 26-28
Julgar a si mesmo, 145-146

Justificar decisões passadas. *Ver também* Decisões
aprender com os erros e, 199-201
desafiar crenças de custos irrecuperáveis, 100-101
efeito dos custos irrecuperáveis e, 96-97
tentar assegurar ao tomar decisões e, 117-118

L

Lado negativo dos arrependimentos, 34-36.
Ver também Arrependimento improdutivo
Lado positivo do arrependimento, 36-43.
Ver também Arrependimento produtivo
Lidar com eventos negativos. *Ver também* Resiliência
lidar com arrependimento, 3-5
negligência imunológica e, 29-32
percepção de risco e, 66
tomada de decisão e, 49-50, 102-105
visão geral, 131
Limitações, 196-197, 207-208
Listas. *Ver também* Formulários e questionários
Lógica hedonista, 75-78

M

Mania, 38-39
Marcar um horário para ruminar. *Ver também* Ruminação
Maximizadores
essencialismo e, 141
estratégia da espera na tomada de decisões e, 114-115
estratégia de tentar assegurar na tomada de decisões e, 123-124
expectativas e, 56-59, 62
o mito da maximização, 208-209
opção de não negociar na tomada de decisões e, 125
visão geral, 205, 207-209
Medo de desaprovação, 97-98, 145-146
Medo de desperdício, 95-96
Memória, 133-138
Mentalidade de Santo Graal, 63-64
Mente inquieta, 160-162. *Ver também* Ruminação
Mente pura, 160-162, 206
Minimizar problemas, 197-198, 200-201
Mito do almoço grátis, 124-125
Modo de validação, 179-180
Moralidade, 169-170
Motivação
autocrítica e, 150-152
lado positivo do arrependimento e, 36-38
remorso e, 177-178
ruminação e, 159-161
Mudança
ancorar-se em algo e, 30-32
aprender com os erros e, 198-199, 201-203
desafiar crenças sobre custos irrecuperáveis, 97-102
notar não eventos e, 68-69
percepção do risco e, 66
remorso do comprador e, 27-29
resiliência e, 102-105
ruminação e, 159-161
visão geral, 3-5
Mudar o foco, 159-161

N

Não eventos, 67-69
Negação, 159-160, 179-180
Negligência imunológica, 29-32
Normalizar falhas e erros. *Ver também* Processo de escolha; Trocas
aprender com os erros e, 193-194, 196-199
arrependimento produtivo e, 191
sentimentos e, 71-72
tomada de decisão racional e, 90-91

O

Objetivos
aprender com os erros e, 196-198, 200
essencialismo e, 146-147
estilo de decisão e, 50-52
resiliência e, 104-105
ruminação e, 164-165
seguir a multidão ao fazer escolhas e, 118-120
tomada de decisão racional e, 90-93
Objetivos positivos, 146-147. *Ver também* Objetivos
Opção de não negociar na tomada de decisões e, 124-125
Opções, 121-124, 132
Oportunidades, 104, 181-182
Orgulho, 198-199, 202-203
Os oito hábitos das pessoas altamente arrependidas, 32-35, 206-209
Otimismo, 52-54

P

Pedido de desculpas
arrependimento produtivo e, 39-42, 191-192
perdão e, 186-187

remorso e, 173-174
Pensamento de tudo ou nada, 26-27, 183-184
Pensamento preto e branco, 26-27, 183-184
Pensamentos. *Ver também* Ruminação; Vieses
  ancorar-se em algo e, 30-32
  aprender com os erros e, 202-203
  autocrítica, 133, 150-153
  ciclo de pensamento negativo, 157-159
  como é o arrependimento, 14-16
  crenças sobre como lidar com a decepção e, 28-32
  desafiar crenças de custos irrecuperáveis, 97-102
  essencialismo, 133, 140-147
  expectativas inflexíveis e, 133, 147-151
  idealizar a alternativa, 133, 138-140
  lado negativo do arrependimento e, 34-36
  mais arrependimento após os resultados e, 132-133
  remorso e, 182-185
  subestimar o risco, 75-80
  superestimar o risco, 67-76
  tentativas de eliminar, 23-25
  viés retrospectivo, 133-138
  vieses em, 26-28
Pensamentos distorcidos. *Ver* Pensamentos
Pensamentos negativos. *Ver* Autocrítica; Pensamentos; Ruminação
Pensar demais. *Ver* Pensamentos; Ruminação
Percepção do risco. *Ver também* Antecipar arrependimentos futuros; Previsões
  percepção errada do risco, 66-80
  subestimar o risco, 75-80
  superestimar ou subestimar o risco e, 67-76, 80-85
  tomada de decisão racional e, 90-91
  visão geral, 65-67, 131
Perdão, 171, 185-187
Perdoar a si mesmo, 185-187. *Ver também* Perdão
Perfeccionismo
  essencialismo e, 141-142, 145-146
  estratégia da espera na tomada de decisão e, 115
  expectativas inflexíveis e, 147-149
  perfeccionismo emocional, 61-63
  perfeccionismo existencial, 62-64
  remorso e, 177-178
  ruminação e, 161-162
  visão geral, 206-209
Perfeccionismo emocional, 61-63, 71-73, 206. *Ver também* Perfeccionismo

Perfeccionismo existencial. *Ver também* Perfeccionismo
  essencialismo e, 141-142
  estratégia da espera na tomada de decisão e, 115
  visão geral, 62-64
Perspectiva evolutiva, 171, 205
Pessimismo
  efeito dos custos irrecuperáveis e, 95
  estilo de decisão e, 52-54
  estratégia da espera na tomada de decisão e, 113-114
  ilusão de escassez e, 91-93
  inércia e, 87-93
  percepção do risco e, 66
  tomada de decisão e, 87, 93-97
  tomada de decisão racional e, 90-93
Planejamento, 36-38, 194-196. *Ver também* Emoção de possibilidade; Imaginar possibilidades
Poder do arrependimento, 23-24
Pontos fortes, 104
Prazos na tomada de decisão, 92-93, 111-113, 163-164. *Ver também* Tomada de decisão
Preferências relativas, 144-145
Preocupações, 4-5, 32-35, 162. *Ver também* Futuro; Incerteza; Ruminação
Preparação para a ação, 111-113. *Ver também* Períodos de tempo na tomada de decisão
Pressão para tomar uma decisão. *Ver também* Tomada de decisão
  seguir a multidão na tomada de decisões e, 117-119
  tomada de decisão racional e, 92-93
Pressuposições, 59, 62
Prever o futuro, 26-27
Previsões do futuro. *Ver também* Percepção do risco
  estilo de decisão e, 50
  expectativas e, 147-148
  remorso e, 175-177
  viés retrospectivo e, 133, 135-138, 207-208
  visão geral, 24-26, 66-67, 207-208
Probabilidade
  confiar em imagens intensas, 71-72
  "desta vez é diferente", 74-75
  eventos recorrentes, 70-71
  percepção do risco e, 66-67
  reações em cadeia e armadilhas, 72-74
  superestimar o risco e, 67-68
Processo de tomada de decisão. *Ver também* Escolha; Julgamento; Tomada de decisão

buscar segurança e, 115-118
estratégia da espera e, 108-115
estratégia de deixar para a sorte e, 125-127
estratégia de tentar assegurar e, 121-124
mito do almoço grátis e, 124-125
seguindo a multidão e, 117-122
visão geral, 108-109, 126-127, 132
Procrastinação, 35-36, 108-115
Próximos capítulos, 167-168, 206-207.
Ver também Imaginar possibilidades

Q
Questionário de Arrependimento, 61-62
Questionário de estilo de decisão, 38-39, 47, 49-53, 87-88
Questionário de Maximização, 59-60
Questionários. *Ver* Formulários e questionários

R
Raciocínio emocional, 26-27, 67-68, 71-73
Raiva, 37-39, 197-203
Reações em cadeia e armadilhas, 67-68, 72-74, 88-89
Reconstrução da memória, 133-135
Reduzir as perdas, 100-102
Regras para o arrependimento, 32-35, 42-43, 206-209
Remorso
  autocrítica e, 182-185
  comparado a vergonha, 170
  diminuindo o, 173-179
  lado negativo e lado positivo do, 171-174
  perdão e, 185-187
  técnica do tédio e, 165-168
  uso produtivo do, 39-42, 178-182
  visão geral, 169-170
Remorso do comprador, 27-29
Remorso e confiança, 171-172, 179-180
Repensar decisões, 59, 62
Representatividade, 66-67
Resgatar o valor de uma decisão, 96-98.
  Ver também Decisões
Resiliência, 28-32, 87, 102-105, 131. *Ver também* Lidar com eventos negativos
Resiliência e retrocessos, 104-105
Resolução de problemas
  aprender com os erros e, 197-198
  resiliência e, 104-105
  ruminação e, 156-157
Responsabilidade. *Ver também* Crédito; Culpa
  aprender com os erros e, 198-199

estratégia de deixar para a sorte e, 125-126
pedir desculpas, 173-174
perdão e, 185-186
remorso e, 169, 173-174, 177-178, 181-182, 185-186
ruminação e, 156-157
seguir a multidão na tomada de decisões e, 117-122
tentar assegurar na tomada de decisões e, 115-116
Resultados
  deveres e, 14-15
  hábitos das pessoas altamente arrependidas e, 33-34
  viés retrospectivo e, 133-138
  visão geral, 132, 206-209
Revisão de meia-idade, 17-20
Rigidez
  ambivalência e, 24-27
  expectativas inflexíveis e, 133, 147-151
  vieses de pensamento e, 27-28
Roleta russa, 75-78
Rotular
  aprender com os erros e, 201-203
  autocrítica e, 150-152
  deveres e, 14-15
  estilo explicativo e, 55
  remorso e, 170, 182-184
  ruminação e, 158-160
  visão geral, 26-27
Ruminação
  arrependimento improdutivo e, 191-193
  ciclo de, 156-159
  consequências da, 156-157
  decisões e, 42
  deveres e, 13-15
  essencialismo e, 147
  hábitos das pessoas altamente arrependidas e, 32-35
  lado negativo do arrependimento e, 34-36
  remorso e, 170, 179-180
  superação da, 158-168
  tomada de decisão pessimista e, 90-91
  visão geral, 3-5, 59, 62-64, 155-159, 206-207
Ruminação e negócios inacabados, 161-163
Ruminação e resolução, 156-157

S
Sabedoria, 11-12, 51-52
Satisfação

essencialismo e, 141
estilo de decisão e, 50-51
expectativas inflexíveis e, 148-150
idealizando a alternativa e, 139-140
perfeccionismo existencial e, 62-64
Saúde, 39-41
Saúde mental, 35-36, 38-39. *Ver também*
Ansiedade; Decisões
Seguir a multidão na tomada de decisão, 117-122.
Ver também Processo de tomada de decisão
Sentimento de plenitude, 111-112
Sentimentos. *Ver também* Emoções
ancorar-se em algo e, 30-32
hábitos de pessoas altamente arrependidas e, 32-35
incerteza, 24-27
prever emoções exageradamente, 29-30
tentativas de eliminar, 23-24
Separando tempo para ruminação, 163-164.
Ver também Ruminação
Significado, 104-105, 206-207
Síndrome cognitiva atencional (SCA), 156-158.
Ver também Ruminação
Sorte, 55-56, 125-127
Subestimar a resiliência. *Ver* Resiliência
Subestimar maus hábitos, 75-76, 78-79
Subestimar o arrependimento, 49
Subestimar o risco, 75-85, 90-91, 131. *Ver também*
Percepção do risco
Sucessos, 54-56, 59
Suicídio, 170, 195-197
Superestimar o arrependimento, 49
Superestimar o risco. *Ver também* Percepção de risco
tomada de decisão racional e, 90-91
visão geral, 67-76, 80-85, 131
Superestimar o risco e recência, 67-70
Superestimar os risco e eventos recorrentes, 67-71
Superioridade, 149-151
Supressão, 159-160, 179-180

T
Técnica da exposição, 76-78, 165-168
Técnica da negação, 142-143
Técnica de indução de humor, 134-135
Técnica do tédio, 165-167
Tentar assegurar, 115-118
Teoria da mente, 160-162
Terapia cognitivo-comportamental (TCC), 4-5, 23
Terapia focada na compaixão (TFC), 185
Terapia metacognitiva, 157-158

"Todo mundo também está fazendo", 75-76, 79-80
Tolerância de incerteza, 161-163. *Ver também*
Incerteza
Tomada de decisão. *Ver também* Decisões; Estilo de decisão; Processo de tomada de decisão
evolução dos arrependimentos durante a vida e, 19-20
pessimismo e, 87-93
resiliência e, 102-105
superestimar ou subestimar o risco e, 80-85
tomada de decisão racional, 90-93
visão geral, 5-7, 126-127, 132, 205
Tomada de decisão racional. *Ver também* Tomada de decisão
autocrítica e, 152
tentar assegurar na tomada de decisões e, 115-116
visão geral, 90-93, 206
Transtorno bipolar, 38-39
Transtorno de pânico, 35-36
Transtorno obsessivo-compulsivo (TOC), 35-36
Transtornos psicológicos, 35-36, 38-39.
Ver também Ansiedade; Depressão
Trocas
efeito de custos irrecuperáveis e, 95-97
essencialismo e, 142-145
hábitos das pessoas altamente arrependidas e, 33-34
tomada de decisão e, 124-125
visão geral, 205, 208-209

V
Valor das decisões, 96-98. *Ver também* Decisões
Valor do que temos, 139-140
Valores
aprender com os erros e, 192-196
estilo de decisão e, 49-53
estratégia da espera na tomada de decisões e, 108-115. *Ver também* Processo de tomada de decisão
remorso e, 181
ruminação e, 164-165
seguir a multidão na tomada de decisões e, 118-121
tentar assegurar na tomada de decisões e, 116
Vantagens do arrependimento, 12. *Ver também*
Arrependimento produtivo
Vantagens e desvantagens
ambivalência e, 24-25
catastrofização e, 26-27

escolha e, 51–52, 90–91, 93, 96–97
opção de não negociação e, 124
ruminação e, 159–161
tomada de decisão e, 108
Vencer e perder, 53–54, 89–90, 205–206
Vergonha, 39, 41–42, 170, 195–197
Vício, 77–79
Vida ideal, 62–64. *Ver também* Perfeccionismo
Vida sem arrependimentos, 12, 24–25, 206–207
Viés de confirmação, 133–136. *Ver também* Vieses
Viés de memória de humor, 134–135. *Ver também* Vieses
Viés de positividade, 18–19
Viés retrospectivo, 133–138, 207–208. *Ver também* Vieses
Viés retrospectivo e complexidade, 135–136
Vieses. *Ver também* Pensamentos

coleta de informações na tomada de decisão e, 54
negligência imunológica, 29–32
percepção de risco e, 66–67
remorso e, 185
superestimar ou subestimar o risco e, 80–85
tomada de decisão pessimista e, 87–91
viés de confirmação, 134–136
viés de memória de humor, 134–135
viés retrospectivo, 133–138, 207–208
visão geral, 26–28
Vieses de pensamento. *Ver também* Pensamentos; Vieses
"desta vez é diferente", 67–68, 74–75
negligência imunológica, 29–32
viés retrospectivo e, 133–138
visão geral, 26–28